Refrigerantes

Definición:

Es cualquier cuerpo o sustancia que actúa como agente de enfriamiento absorbiendo calor de otro cuerpo o sustancia. Con respecto al ciclo compresión-vapor, el refrigerante es el fluido que alternativamente se vaporiza y se condensa absorbiendo y cediendo calor, respectivamente. Para que un refrigerante sea apropiado y se le pueda usar en el ciclo antes mencionado, debe poseer ciertas propiedades físicas, químicas y termodinámicas que lo hagan seguro durante su uso.

No existe un refrigerante "ideal" ni que pueda ser universalmente adaptable a todas las aplicaciones. Entonces, un refrigerante se aproximará al "ideal", solo cuando sus propiedades satisfagan las condiciones y necesidades de la aplicación para la que va a ser utilizado.

Propiedades:

Para ser seleccionado como refrigerante, se busca que los fluidos cumplan con la mayoría de las siguientes características:

- ¾ Baja temperatura de ebullición: Un punto de ebullición por debajo de la temperatura ambiente, a presión atmosférica. (evaporador)
- ¾ Fácilmente manejable en estado líquido: El punto de ebullición debe ser controlable con facilidad de modo que su capacidad de absorber calor sea controlable también.
- ¾ Alto calor latente de vaporización: Cuanto mayor sea el calor latente de vaporización, mayor será el calor absorbido por libra de refrigerante en circulación.
- ¾ No inflamable, no explosivo, no tóxico.
- ¾ Químicamente estable: A fin de tolerar años de repetidos cambios de estado.
- ¾ No corrosivo: Para asegurar que en la construcción del sistema puedan usarse materiales comunes y la larga vida de todos los componentes.
- ¾ Moderadas presiones de trabajo: las elevadas presiones de condensación requieren un equipo extra pesado. La operación en vacío profundo aumenta la posibilidad de penetración de aire en el sistema.
- ¾ Fácil detección y localización de pérdidas: Las pérdidas producen la disminución del refrigerante y la contaminación del sistema.

¾ Inofensivo para los aceites lubricantes: La acción del refrigerante en los aceites lubricantes no debe alterar la acción de lubricación.

¾ Bajo punto de congelación: La temperatura de congelación tiene que estar muy por debajo de cualquier temperatura a la cuál pueda operar el evaporador.

¾ Alta temperatura crítica: Un vapor que no se condense a temperatura mayor que su valor crítico, sin importar cuál elevada sea la presión.

¾ Moderado volumen específico de vapor: Para reducir al mínimo el tamaño del compresor.

¾ Bajo costo: A fin de mantener el precio del equipo dentro de lo razonable y asegurar el servicio adecuado cuando sea necesario.

Todos los refrigerantes se identifican mediante un número reglamentario.

Eficiencia

Las propiedades más importantes del refrigerante que influyen en su capacidad y eficiencia son:

¾ El calor latente de evaporación
¾ La relación de compresión
¾ El calor específico del refrigerante tanto en estado líquido como de vapor

Cuando se tiene un valor alto del calor latente y un volumen específico bajo en la condición de vapor, se tendrá un gran aumento en la capacidad y eficiencia del compresor, lo que disminuye el consumo de potencia. Y permite el uso de un equipo pequeño y compacto.

Efectos de la humedad:

Al combinarse la humedad con los refrigerantes a diferentes grados, da lugar a la formación de compuestos altamente corrosivos (ácidos) los cuáles podrán reaccionar con el aceite lubricante y con algunos otros materiales del sistema, incluyendo a los metales, lo que provoca daños en las válvulas, sellos, soportes, paredes de cilindros y de otras superficies pulidas. Esto causa deterioro en el aceite lubricante y forma sedimentos, lo cuál tiende a obstruir las válvulas y los conductos de aceite, reduce la velocidad del equipo y contribuye a la falla de las válvulas del compresor y en los compresores herméticos con frecuencia causa la rotura del aislamientos del devanado del motor .

Refrigeración y Aire Acondicionado

Relaciones refrigerante-aceite:

Cuando hay contaminantes en el sistema tales como aire y humedad, en una cantidad apreciable, se desarrollan reacciones químicas y tanto el refrigerante como el aceite pueden entrar en descomposición, formándose ácidos corrosivos y sedimentos en superficies de cobre y/o corrosión ligera en superficies metálicas pulidas. Las temperaturas altas en las descargas, por lo general aceleran estos procesos.

Las desventajas antes nombradas se podrán reducir al mínimo mediante el uso de aceites lubricantes de alta calidad que tengan puntos muy bajos de "fluidez o congelación" y/o de "precipitación", manteniendo al sistema relativamente libre de contaminaciones, tales como aire y humedad y diseñando al sistema de tal forma que las temperaturas en las descargas sean moderadas.

Detección de fugas:

Las fugas en un sistema de refrigeración pueden ser hacia adentro o hacia fuera, dependiendo de si la presión del sistema en el punto de fuga sea mayor o menor a la presión atmosférica. Si es mayor, el refrigerante se fugará del sistema al exterior, si es menor que la atmosférica, no se fugará refrigerante al exterior, sino que el aire y la humedad serán arrastrados hacia dentro del sistema. Las fugas hacia fuera son menos serias que las que van hacia adentro. Se requiere que la fuga sea localizada y reparada y que el sistema sea recargado con la cantidad adecuada de refrigerante.

Cuando la fuga es hacia adentro, el aire y la humedad arrastrados **aumentan la presión y la temperatura de la descarga** y aceleran el proceso de corrosión. La humedad en el sistema puede también causar congelamiento en la válvula de control del refrigerante.

Un método de detección de fugas universalmente usado con todos los refrigerantes es una solución de agua y jabón relativamente libre de burbujas. La solución de jabón es primero aplicada en la punta del tubo o en algún área sospechosa, después es examinada con la ayuda de una luz. La formación de burbujas en la solución de jabón
indica la presencia de una fuga. Para que resulte adecuada la prueba con
la solución de jabón, la presión del sistema deberá ser de 50 libras por
pulg² o mayor.

Los detectores electrónicos de fugas son muy eficientes pero, cuando se usan en lugares cerrados, tienden a leer las partículas que están en el aire como si fura una fuga. Es bueno ventilar el área primero.

Baterías	(4) AA alkaline
Duración:	25 Horas/trabajo
Medidas:	8-1/2"L x 3-1/4"W x 2"D
Punta de prueba:	16 in.
Peso	1.14 lbs.

Detector
Electrónico

Refrigeración y Aire Acondicionado

Detección de fugas con antorcha:

Consiste en un elemento de cobre el cuál es calentado por una flama. Tiene una manga la cuál está fijada a la antorcha por un lado y el extremo libre de la manguera es pasado a través de las áreas sospechosas.

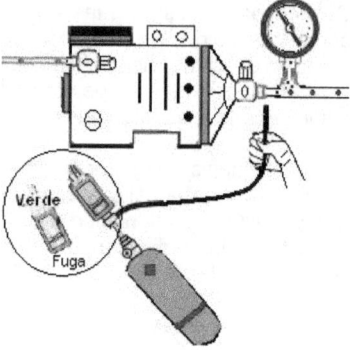

La presencia de un vapor halo carburo es detectada cuando la flama cambia su color normal a un verde brillante.

La antorcha debe manejarse solo en espacios bien ventilados.

Inflamabilidad y Explosividad:

Casi todos los refrigerantes de uso común no son inflamables ni explosivos.
Una notable excepción es el **amoníaco**. El amoníaco es ligeramente inflamable y explosivo cuando se mezcla en determinadas proporciones con el aire.

La serie de hidrocarburos son altamente inflamables y explosivos y deben usarse como refrigerantes tan solo para algunas aplicaciones especiales.

Debido a sus excelentes propiedades la serie de hidrocarburos frecuentemente se usa para aplicaciones de temperaturas muy bajas.

Toxicidad:

Debido a que todos los fluidos no son otra cosa que aire tóxico, en el sentido que pueden causar sofocación cuando se tienen en concentraciones suficientemente altas que evitan tener el oxígeno necesario para sustentar la vida.

La toxicidad es un término relativo el cuál tiene significado sólo cuando se especifica el grado de concentración y tiempo de exposición requeridos para producir efectos nocivos.

De acuerdo a su toxicidad el American Standard Safety Code for Mechanical Refrigeration (código Americano Estándar de Seguridad para la Refrigeración Mecánica) y la norma ASHRAE 12-58 agrupan los refrigerantes en tres clases.

Puesto que muchos de ellos ya no se utilizan, solo describiremos los de uso más corriente.

Refrigeración y Aire Acondicionado

Refrigerantes del grupo 1:

Son los de toxicidad e inflamabilidad menores. Estos son los refrigerantes 11, 113 y 114 que se emplean en compresores centrífugos. Los refrigerantes 12, 22, 500 y 502 se usan normalmente en compresores alternativos y en los centrífugos de elevada capacidad.

Refrigerantes del grupo 2:

Son tóxicos o inflamables, o ambas cosas. El grupo incluye el Amoníaco, Cloruro de etilo, Cloruro de metilo y Dióxido de azufre, pero solo el Amoníaco (R-717) se utiliza todavía.

Refrigerantes del grupo 3:

Estos refrigerantes son muy inflamables y explosivos. A causa de su bajo costo se utilizan mucho en las plantas petroquímicas y en las refinerías de petróleo. El grupo incluye el Butano, Propano, Izo butano, Etano, Etileno, Propileno y Metano.

Estos refrigerantes deben trabajar a presiones mayores que la atmosférica para evitar que aumente el peligro de explosión.

Medio ambiente

Una de las propiedades más importantes es que no debe contaminar el medio ambiente. Los estudios demostraron que los químicamente inalterables CFC son poco estables hacia la radiación UV-C, se produce una reacción fotoquímica que da lugar a la liberación de átomos de cloro, los cuáles son muy reactivos y colisionan con los átomos de ozono produciendo monóxido de cloro y oxígeno molecular. El monóxido de cloro puede reaccionar con los átomos de oxígeno y se regenera el cloro atómico. Los átomos de cloro liberados cierran el llamado "ciclo cloro catalítico del ozono". Se estima que un solo átomo liberado de un CFC puede dar origen a una reacción en cadena que destruya 100000 moléculas de ozono. Este ciclo puede ser bloqueado por dióxido de nitrógeno, que puede secuestrar monóxido de cloro mediante una reacción química en la que se forma nitrato de cloro, esta reacción es conocida como "reacción de interferencia", porque bloquea la degradación del ozono producida por derivados del CFC.

Los HCFC continúan destruyendo la capa de ozono, aunque algo menos que los CFC, y tanto los HCFC como los HFC son gases de invernadero potente. Debido a que los HCFC destruyen el ozono, solo son considerados "compuestos de transición" lo que significa que tendrán que ser reemplazados a su vez por compuestos mas aceptables desde el punto de vista ambiental.

Lo mismo puede decirse con respecto a los HFC, que por su elevado potencial de calentamiento global han sido incluidos en el protocolo de Kyoto. El absurdo paso intermedio entre los HCFC o HFC doblará los costos de los nuevos equipos, de los cambios en las líneas de producción y del entrenamiento del personal.

Refrigeración y Aire Acondicionado

Diferentes tipos de refrigerantes (características)

Amoníaco (Color aluminio)

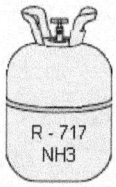

R - 717
NH3

Aunque el amoníaco es tóxico, algo inflamable y explosivo bajo ciertas condiciones, sus excelentes propiedades térmicas lo hacen ser un refrigerante ideal para fábricas de hielo, para grandes almacenes de enfriamiento, etc., donde se cuenta con los servicios de personal experimentado y donde su naturaleza tóxica es de poca consecuencia. El amoníaco es el refrigerante que tiene el más alto efecto refrigerante por unidad de peso. El punto de ebullición del amoníaco bajo la presión atmosférica estándar es de 28°F (–2,22°C). En la presencia de humedad el amoníaco se vuelve corrosivo para los materiales no ferrosos. El amoníaco no es miscible con el aceite y por lo mismo no se diluye con el aceite del compresor. Deberá usarse un separador de aceite en el tubo de descarga de los sistemas de amoníaco. El amoníaco es fácil de conseguir y es el más barato de los refrigerantes. Su estabilidad química, afinidad por el agua y no-miscibilidad con el aceite hacen al amoníaco un refrigerante ideal para ser usado en sistemas muy grandes donde la toxicidad no es un factor importante. (Tanque color aluminio)

Refrigerante 22 (Color verde)

R-22

Conocido con el nombre de Freón 22, se emplea en sistemas de aire acondicionado domésticos y en sistemas de refrigeración comerciales e industriales incluyendo: cámaras de conservación e instalaciones para el procesado de alimentos: refrigeración y aire acondicionado a bordo de diferentes transportes. Se pude utilizar en compresores de pistón, centrífugo y de tornillo. El refrigerante 22 (CHCIF) tiene un punto de ebullición a la presión atmosférica de (-41.4 °F). La temperatura en la descarga con el R 22 es alta, la temperatura sobrecalentada en la succión debe conservarse en su valor mínimo, sobre todo cuando se usan unidades herméticas motor-compresor. Los condensadores enfriados por aire que usan R 22, deben ser de tamaño generoso. Aunque el refrigerante 22 es miscible con aceite en la sección de condensación a menudo suele separarse del aceite en el evaporador. No se han tenido dificultades en el retorno de aceite después del evaporador cuando se tiene el diseño adecuado del evaporador y de la tubería de succión.

Refrigerante 123 (Color gris claro)

Es un sustituto viable para el **freón 11**(Color naranja) Las propiedades termodinámicas y físicas del refrigerante 123 en conjunto con sus características de no-inflamabilidad lo convierte en un reemplazo eficiente del Freón 11 para chillers centrífugos. El refrigerante 123 fue diseñado para trabajar en equipos nuevos y existentes. Los equipos nuevos que han sido diseñados para trabajar con el refrigerante 123 tienen menor costo de operación, comparados con los equipos existentes. Debido a que tiene un olor tan leve que no se puede detectar por medio del olfato, es necesaria una verificación frecuente de fugas y la instalación de detectores de fugas en áreas cerradas. Su composición es de 100% HFC-123.

Refrigeración y Aire Acondicionado

Refrigerante 134-a (Color azul claro)

 El refrigerante R-134a sustituye al R-12. Sus aplicaciones incluyen el reemplazo y uso en instalaciones nuevas de acondicionamiento de aire en automóviles así como en equipos de refrigeración comercial estacionario de alta temperatura y en enfriadores. El refrigerante R-134A también se ha vuelto de uso normal en muchos equipos nuevos. Este refrigerante (HFC-134ª) no contiene cloro y puede ser usado en muchas aplicaciones que actualmente usan CFC-12. Sin embargo en algunas ocasiones se requieren cambios en el diseño del equipo para optimizar el desempeño del R134ª. Las propiedades termodinámicas y físicas del R 134ª y su baja toxicidad lo convierten en un reemplazo seguro y muy eficiente del CFC-12, No debe ser mezclado con aire para pruebas de fuga. Su composición es de 100% HFC-134ª. Requiere lubricante polyolester. (Tanque azul claro)

Refrigerante R 407C (Color chocolate) **Reemplaza el R-22** (Verde)

El refrigerante R 407C es un HFC que reemplaza al R-22 en equipos tales como acondicionadores de aire residenciales y comerciales, nuevos o existentes. El refrigerante R 407C ofrece un desempeño similar al del R-22 y puede usarse como reemplazo en equipos de aire acondicionado con R-22 existentes. Las presiones manométricas son similares. Lubricante polyolester. Compuesto (HFC -125, HFC -134ª Y HFC -32).

Refrigerante 401ª (Color coral)

 Comercializado con el nombre de Suva MP39. Algunas aplicaciones de este refrigerante son refrigeradores domésticos, congeladores, equipos de refrigeración para alimentos de media temperatura de humidificadores, máquinas de hielo y máquinas expendedoras de bebidas. Tiene capacidades y eficiencia comparables a las del Freón 12, en sistemas que operan con una temperatura de evaporación de −23°C (-10°F) y superiores. Su composición es de 60% HCFC-22, 13% HCF-152ª y 27% HCFC-124. Color coral.

Refrigerante R-410A reemplaza a R-22

El refrigerante R- 410A, es un HFC que reemplaza al R-22 en equipos de aire acondicionado, residenciales. El refrigerante R- 410A ofrece un desempeño mejor que el del R-22. Es un refrigerante con mayor presión que el R-22 y debe usarse únicamente en equipos específicamente diseñados para R-410A. Se recomienda removerlo del tanque en estado líquido. Esta en los 13.5 EER. Requiere manómetros diseñados para sus altas presiones, un 60% más altas que el R-22. Lubricante polyolester. Color rosa.

Refrigeración y Aire Acondicionado

Refrigerante 401-b (Color amarillo mostaza)

Provee capacidades comparables al CFC-12 en sistemas que operan a temperatura de evaporación debajo de los –23°C (-10°F), haciéndolo adecuado para el uso en equipos de transporte refrigerado y en congeladores domésticos y comerciales. También puede ser utilizado para reemplazo en equipos que usan R-500. Sus composición es de 60% HCFC-22, 13% HFC-152ª y 27% HCFC-124.

Refrigerante 402ª (Color marrón claro)

Reemplaza al R-502 en sistemas de media y baja temperatura. Tiene aplicaciones muy variadas en la industria de la refrigeración. Es usado ampliamente en aplicaciones de supermercados, almacenamiento y transporte de alimentos en sistemas de cascada de temperatura. Ofrece buena capacidad y eficiencia. Su composición es de 60% HCFC-22, 38.5% HFC-125 y 2% de propano.

Refrigerante 402b (Color verde marrón)

Suva HP81, todos los refrigerantes designados HP fueron diseñados para reemplazar al R-502 en sistemas de refrigeración de temperatura media y baja. Está diseñado para el re

acondicionamiento de equipos como máquinas de hielo. Además ofrece una alta eficiencia comparado con el R-502. Su composición es de 60% HCFC-22, 38% HFC-125 y 2% de propano.

Hidrocarburos directos

Los hidrocarburos directos son un grupo de fluidos compuestos en varias proporciones de los dos elementos hidrógeno y carbono. Algunos son el **Metano, etano, butano, etileno** e **izo butano**. Todos son extremadamente inflamables y explosivos. Aunque ninguno de estos compuestos absorbe humedad en forma considerable, todos son extremadamente miscibles en aceite para todas las condiciones. Su uso ordinariamente está limitado a aplicaciones especiales donde se requieren los servicios de personal especializado.

Diclorodiflourometano R-12 (Color blanco)

R 12

No es tóxico, inflamable ni corrosivo. Tiene un bajo calor latente de condensación por eso su aplicación en equipos domésticos, refrigeración automotriz y acondicionamiento de aire, permite el uso de compresores fraccionarios (menos de 1HP). No mezcla con el agua, por esta razón se le instalan secadores a los sistemas. Los escapes se pueden detectan con "Halide Torch", agua de jabón y detector electrónico. Hierve a (-21.68 °F) El calor del cilindro es blanco Su fórmula química es CCL2F2. Es dañino a la capa de Ozono.

Refrigeración y Aire Acondicionado

Refrigerante R-409ª Color naranja **(60% R-22, 15% R-142b, 25% R-124)**

Refrigerante R 409A, Este refrigerante con base HCFC es un refrigerante sustituto para reemplazar el R-12 en equipos estacionarios de desplazamiento positivo para acondicionamiento de aire y refrigeración como cuartos fríos y dispensadores de bebidas. Lubricante polyolester or mineral oil.

Algunos datos técnicos sobre refrigerantes

Número	Nombre químico	Fórmula	Id EPA	Aceite	Color	Hierve °F
R-11	Trichlorofluoromethane	CCl3F	CFC	MO	Anaranjado	74.9
R-12	Dichlorodifluoromethane	CCl2F2	CFC	MO	Blanco	-21.6
R-13	Chlorotrifluoromethane	CClF3	CFC	MO	Azul claro	-114.6
R-113	Trichlorotrifluoroethane	C2Cl3F3	CFC	MO	Purpura	117.6
R-114	Dichlorotetrafluoroethane	C2Cl2F4	CFC	MO	Azul oscuro	38.8
R-22	Chlorodifluoromethane	CHClF2	HCFC	MO	Verde claro	-41.4
R-123	Dichlorotrifluoroethane	CHCl2CF3	HCFC	MO/AB	Bl. Gris	82.2
R-124	Chlorotetrafluoroethane	CHClFCF3	HCFC	MO/AB	Verde oscuro	10.3
R-141b	Dichlorofluoroethane	CCl2FCH3	HCFC	MO/AB	Color arena	89.7
R-142b	Difluorochloroethane	CH3CClF2	HCFC	MO/AB	Gris pizarra	14.4
R-23	Trifluoromethane	CHF3	HFC	POE	Med. Gris	-115.7
R-125	Pentafluoroethane	CHF2CF3	HFC	POE	Marrón claro	-55.8
R-134a	Tetrafluoroethane	CF3CH2F	HFC	POE	Azul claro	-15.1
R-152a	Difluoroethane	CH3CHF2	HFC	POE	Rojo	-11.3

Lubricante: (POE) polyolester   (MO) Mineral oil   (AB) Alkylbenzene

Número	Nombre químico	Aceite	Fórmula	Color	Hierve °F
R-500	Mezcla Azeotropica R-152a (26.2%) + R-12 (73.8%)	MO	CCL2F2/CH3CHF2	Amarillo	-28 °F
R-502	Mezcla Azeotropica R-22 (48.8%) + R-115 (51.2%)	MO	CHCLF2/CCLF2CF3	Violeta	-50 °F
R-717	Amoniaco	MO	NH3	Aluminio	-28 °F

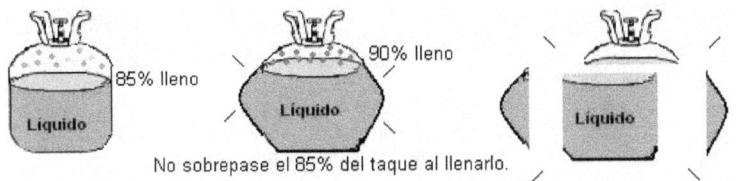

85% lleno   90% lleno

Líquido   Líquido   Líquido

No sobrepase el 85% del taque al llenarlo.

El refrigerante esta parcialmente en forma de líquido dentro del tanque, el líquido tomará calor de las paredes del cilindro para hervir y cambiar a vapor, esto ocurre constantemente y se incrementa con los cambios en la temperatura. Se requiere un espacio libre para que el vapor pueda expandirse dentro del cilindro, de lo contrario **explotará**. Mantenga los refrigerantes en un lugar fresco.

Esta prohibido llenar nuevamente los cilindros desechables, es muy peligroso.

Refrigeración y Aire Acondicionado

Otras características.

R-22 Verde   R-12 Blanco   R- 134ª Azul claro

Refrigerantes puros:
Tienen un solo tipo de molécula y no cambian su composición cuando hierven o se condensan.

R-500 Amarillo   R-502 Violeta   R-507ª Azul verdoso

Azeotropic:
Es una mezcla de dos refrigerantes puros, que forman un tercer refrigerante único con sus propias características individuales.

R-401ª Rojo coral   R-402ª Marrón pálido   R-409ª Naranja

Zeotropic:
Es la mezcla de dos o tres refrigerantes diferentes que no forman necesariamente un azeotropic. Estos refrigerantes nuevos, no interfieren con el ozono.

La letra R puesta al frente del número significa refrigerante. Cuando un fabricante introduce un nuevo refrigerante dentro de una serie, recibe el próximo número dentro de esa serie.

R-717 NH3 Plateado   R-401ª Coral   R-502 Púrpura claro

Serie	mezcla
R-400	Zeotropic
R-500	Azeotropic
R-700	Inorganic

Si los componentes son los mismos, pero el peso por porcentaje es diferente, una letra del alfabeto es añadida al final del número. El uso de la letra R y los números le quitan la exclusividad de marca a los refrigerantes.

Estos refrigerantes son usados en sistemas centrífugos. (Página 134)

R-11 Naranja   R-113 Violeta   R-123 Gris

Refrigeración y Aire Acondicionado

Clorofluorocarbons (CFCs)

R-500 Amarillo   R502 Púrpura claro   R-12 Blanco

Contienen moléculas de cloro, floro y carbón, al paso de los años se descubrió que las moléculas de cloro destruyen el ozono y las naciones industriales acordaron dejar de fabricar los CFCs a partir del primero de enero de 1996.

Hidroclorofluorocarbons (HCFCs)

R-22 Verde   R-123 Gris claro   R-124 Verde oscuro

Son más estables que los CFCs y causan menos daños a la atmósfera. A pesar de eso esta dispuesto que a partir de enero primero del 2010 no serán usados más para equipos nuevos.

La producción de estos refrigerantes será sólo para mantenimiento de equipos existentes.

Hydrofluorocarbons (HFCs)

R-134ª Azul claro   R-507a Verde azul   R-401ª Coral

No contienen cloro y son considerados seguros para la atmósfera. Pero recuerde que la EPA requiere la recuperación de todos los refrigerantes incluyendo estos. Acta de Aire Limpio, Sección 608 y Sección 609.

Aplicaciones de algunos refrigerantes de uso común.

Aplicación	Temperatura °F	Refrigerante	Reemplazo
Alta temperatura	80° hasta 45°	R-22	R 407C
Temperatura media	45° hasta 32°	R-12	R-134ª R-401a
Temperatura baja	32° hasta -250°	R-502	R-507 R-404a
Temp. super baja	-250° hasta -460°	R-13 R-503	R-403
"Chillers" baja presión	45° hasta 55°	R-11 (Vacío)	R-123

Refrigeración y Aire Acondicionado

Revise estos otros refrigerantes

Nombre	Contenido	Fórmula Química	Color de Cilindro	Punto de Ebullición
R-40	Clorurometilo	CH3 CL	Naranja	-10.8 F
R-704	Bioxido Sulfurico	SO 2	Negro	-14 F

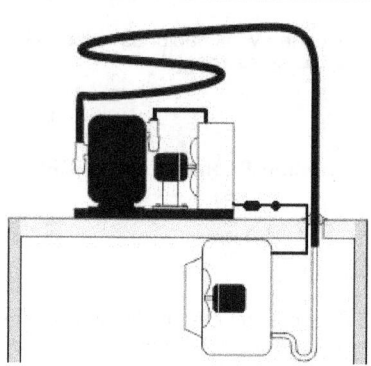

Tabla de presión temperatura.

°F	R-401A	R-401B	R-402A	R-402B	R-407C	R408A	R-409A	°C
−50	18.4"	17.2"	1.0	1.1"	11.2"	2.5"	18.6"	−46
−48	17.6"	16.4"	1.8	0.3	10.0"	1.0"	17.9"	−44
−46	16.9"	15.5"	2.7	1.1	8.9"	0.3	17.1"	−43
−44	16.1"	14.7"	3.7	1.9	7.6"	1.1	16.4"	−42
−42	15.2"	13.8"	4.6	2.8	6.3"	1.9	15.6"	−41
−40	14.3"	12.8"	5.6	3.7	4.9"	2.8	14.7"	−40
−38	13.4"	11.8"	6.7	4.7	3.5"	3.7	13.8"	−39
−36	12.4"	10.7"	7.8	5.7	2.0"	4.6	12.9"	−38
−34	11.4"	9.6"	8.9	6.7	0.4"	5.6	11.9"	−37
−32	10.3"	8.5"	10.0	7.8	0.6	6.6	10.9"	−36
−30	9.2"	7.3"	11.3	8.9	1.4	7.6	9.9"	−34
−28	8.1"	6.0"	12.5	10.1	2.3	8.7	8.8"	−33
−26	6.9"	4.7"	13.8	11.3	3.2	9.8	7.6"	−32
−24	5.6"	3.3"	15.2	12.5	4.2	11.0	6.4"	−31
−22	4.3"	1.9"	16.6	13.8	5.2	12.2	5.2"	−30
−20	2.9"	0.4"	18.0	15.2	6.2	13.4	3.8"	−29
−18	1.5"	0.6	19.5	16.6	7.3	14.7	2.5"	−28
−16	0.0	1.3	21.1	18.0	8.4	16.1	1.1"	−27
−14	0.8	2.2	22.7	19.5	9.5	17.5	0.2	−26
−12	1.6	3.0	24.4	21.0	10.7	18.9	0.9	−24
−10	2.4	3.9	26.1	22.6	12.0	20.4	1.7	−23
−8	3.2	4.8	27.9	24.3	13.3	22.0	2.5	−22
−6	4.1	5.8	29.7	26.0	14.6	23.6	3.4	−21
−4	5.0	6.8	31.6	27.7	16.0	25.2	4.3	−20
−2	6.0	7.8	33.5	29.5	17.4	26.9	5.2	−19

Refrigeración y Aire Acondicionado

°F	R-401A	R-401B	R-402A	R-402B	R-407C	R408A	R-409A	°C
0	7.0	8.9	35.6	31.4	18.9	28.7	6.1	-18
2	8.0	10.0	37.6	33.3	20.5	30.5	7.1	-17
4	9.1	11.1	39.8	35.3	22.1	32.3	8.1	-16
6	10.2	12.3	42.0	37.4	23.7	34.3	9.2	-14
8	11.3	13.5	44.3	39.5	25.4	36.3	10.3	-13
10	12.5	14.8	46.6	41.7	27.2	38.3	11.4	-12
12	13.7	16.1	49.0	43.9	29.0	40.4	12.6	-11
14	15.0	17.4	51.5	46.2	30.9	42.6	13.8	-10
16	16.3	18.8	54.0	48.6	32.9	44.9	15.0	-9
18	17.6	20.3	56.7	51.1	34.9	47.2	16.3	-8
20	19.0	21.8	59.4	53.6	37.0	49.5	17.6	-7
22	20.5	23.3	62.2	56.2	39.1	52.0	19.0	-6
24	22.0	24.9	65.0	58.8	41.3	54.5	20.5	-4
26	23.5	26.5	68.0	61.6	43.6	57.1	21.9	-3
28	25.1	28.2	71.0	64.4	46.0	59.8	23.4	-2
30	26.7	30.0	74.1	67.3	48.4	62.5	25.0	-1
32	28.4	31.8	77.3	70.3	50.9	65.3	26.6	0
34	30.1	33.5	80.5	73.3	53.5	68.2	28.3	1
36	31.9	35.5	83.9	76.4	56.2	71.2	30.0	2
38	33.7	37.5	87.3	79.7	58.9	74.2	31.8	3
40	35.6	39.5	90.9	83.0	61.7	77.4	33.6	4
42	37.6	41.6	94.5	86.4	64.6	80.6	35.5	6
44	39.6	43.7	98.2	89.8	67.6	83.9	37.5	7
46	41.7	45.9	102.0	93.4	70.7	87.3	39.5	8
48	43.8	48.2	106.0	97.1	73.8	90.7	41.5	9

°F	R-401A	R-401B	R-402A	R-402B	R-407C	R408A	R-409A	°C
50	58	62	114	106	96	96	61	10
55	64	69	125	116	106	105	67	13
60	71	76	136	126	116	115	74	16
65	78	84	148	138	127	126	82	18
70	86	92	161	150	139	137	90	21
75	94	101	174	162	151	149	98	24
80	103	110	188	175	163	161	107	27
85	112	119	203	189	177	174	116	29
90	122	130	218	204	191	188	126	32
95	132	140	235	220	206	203	137	35
100	143	152	252	236	222	219	148	38
105	154	164	270	253	239	235	159	41
110	166	176	289	271	257	252	172	43
115	179	190	309	290	275	270	184	46
120	192	203	330	310	294	289	198	49
125	206	218	353	330	315	309	212	52
130	220	233	376	352	336	330	227	54
135	236	249	400	375	358	351	242	57
140	252	266	425	399	381	374	258	60
145	268	284	451	423	405	398	275	63
150	286	302	479	449	430	423	293	66

Refrigeración y Aire Acondicionado

Otras propiedades de los nuevos refrigerantes.			
Número de Refrigerante	R-134a	R-401A	R-401B	R-409A
Reemplaza	R-12	R-12	R-12, R-500	R-12
Fórmula Química / Composición	CH_2FCF_3	R22/R152a/R124 53/13/34 %peso	R22/R152a/R124 61/11/28 %peso	R22/R142b/R124 60/15/25 %peso
Peso Molecular	102.03	94.4	92.8	97.45
Punto de ebullición a 1atm, °F (°C)	-15.7 (-26.5)	-27.3 (-33.0)	-30.4 (-34.7)	-29.6 (-34.2)
Densidad del líquido a 25°C (77°F), lb/ft^3 (kg/m^3)	75.02 (1210)	74.5 (1194)	74.4 (1193)	76 (1217)
Presión de vapor a 25°C (77°F), psia (kPa)	96 (661.9)	112.1 (772.9)	118.8 (819.2)	116.3 (801.6)
Capacidad térmica del líquido a 25°C (77°F), Btu/lb°F (kJ/kgK)	0.339 (1.42)	0.310 (1.3)	0.310 (1.3)	N/A
Capacidad térmica del vapor a 1atm y 25°C (77°F), Btu/lb°F (kJ/kgK)	0.204 (0.854)	0.176 (0.737)	0.173 (0.724)	N/A
Conductividad térmica del líquido a 25°C (77°F), Btu/hr.ft°F (W/mK)	0.0478 (0.0824)	0.0517 (0.09)	0.0517 (0.09)	N/A (0.0697)
Conductividad térmica del vapor a 1atm (101.3kPa), Btu/hr.ft°F (W/mK)	0.00836 (0.0145)	0.00688 (0.0119)	0.00688 (0.0119)	N/A
Temperatura Crítica, °F (°C)	213.9 (101.1)	226 (108)	223 (106)	224.6 (107)
Presión Crítica, psia (kPa)	588.9 (4060)	668 (4604)	679 (4682)	667.2 (4600)
AEL Límite de Exposición Aceptable (8- y 12-hr TWA), ppm	1000	1000	1000	1000
ODP Potencial de Agotamiento del Ozono, CFC-12=1	0	0.03	0.035	0.05
GWP potencial de Calentamiento Global, CO2=1	1300	973	1062	1288
Clasificación ASHRAE de Seguridad	A1	A1/A1	A1/A1	A1/A1

Refrigeración y Aire Acondicionado

Manómetros.

Estos instrumentos están diseñados para medir presiones confinadas.

En los sistemas de refrigeración y Aire Acondicionado hay dos presiones sumamente importantes para el servicio y diagnostico de la maquinaria. Por esta razón se diseño un manómetro para analizar cada presión.

Manómetro Standard o de Alta: Es el que se usa para medir las altas presiones del sistema (confinadas dentro de un sistema o en un cilindro) (Usualmente **rojo**)

Estos manómetros miden presiones sobre el nivel del mar. Estas son presiones positivas y medidas en PSI. La escala se mueve de 0 hasta 500 PSI.

Manómetro Compuesto: Miden presiones por encima y debajo de la presión atmosférica al nivel del mar. Es llamado así, porque con el se miden las presiones altas en el sistema y las presiones de vacío. (Usualmente **azul**)

La escala positiva se mueve de 0 hasta 350 psi. La escala negativa, de vacío, se mueve de 0 hasta 30 psi. (hg)

Generalmente ambos manómetros (Alta y Baja) están instalados en una pieza común llamada múltiple (manifold)

Como funcionan los manómetros.

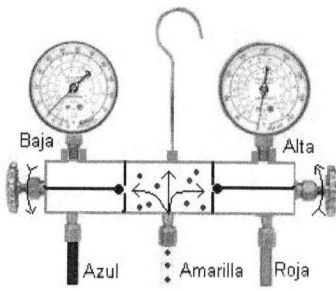

Cuando los dos vástagos de la válvulas manuales están cerrados (Asentados al frente) la sección del centro del múltiple, donde se coloca la manga amarilla, no tiene comunicación con el lado de baja ni con el lado de alta.

(No sobre apriete las válvulas)

La válvula de alta esta cerrada y la de baja esta abierta.

En esta posición, la manga amarilla tiene comunicación con el manómetro de baja y su manga azul. La manga roja tiene comunicación con el manómetro de alta pero no con la parte del múltiple donde esta conectada la manga amarilla.

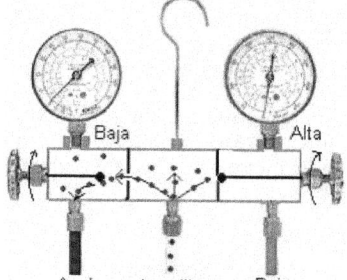

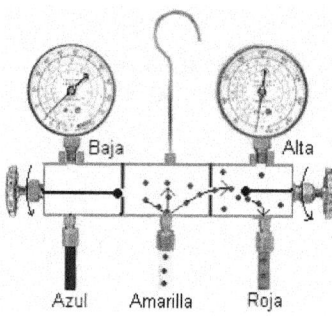

La válvula de baja esta cerrada y la de alta esta abierta.

La manga amarilla tiene comunicación con el manómetro de alta y su manga roja. El manómetro de baja, tiene comunicación con la manga azul, pero no con la parte del múltiple donde esta puesta la manga amarilla.

En esta posición la manga central (amarilla) tiene comunicación con el manómetro de baja y con el manómetro de alta. Los vástagos están asentados atrás o abiertos. En la práctica, basta con abrirlos un poco solamente.

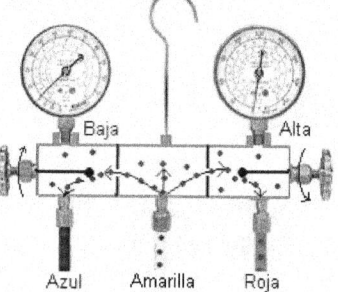

Refrigeración y Aire Acondicionado

Construcción del manómetro.

Estos manómetros están constituidos por un tubo de latón de sección elíptica con un extremo cerrado y el otro abierto en contacto con el fluido a medir.

Cuando aumenta la presión, la curvatura del tubo flexible se modifica y el movimiento se transmite a una serie de engranajes hasta llegar a la aguja indicadora, que la refleja en una escala convenientemente amplificada y graduada.

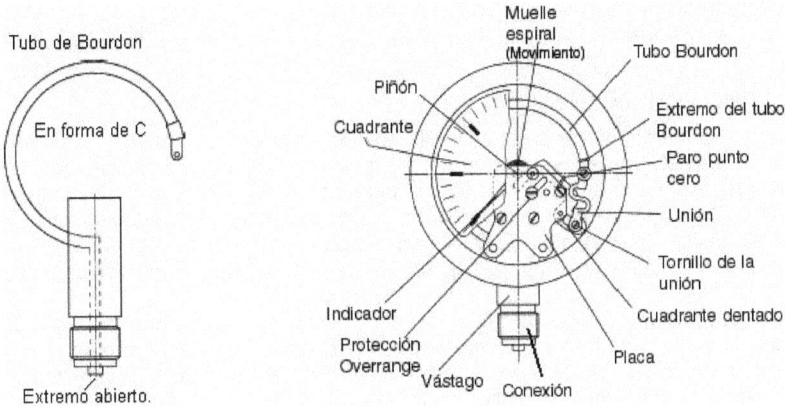

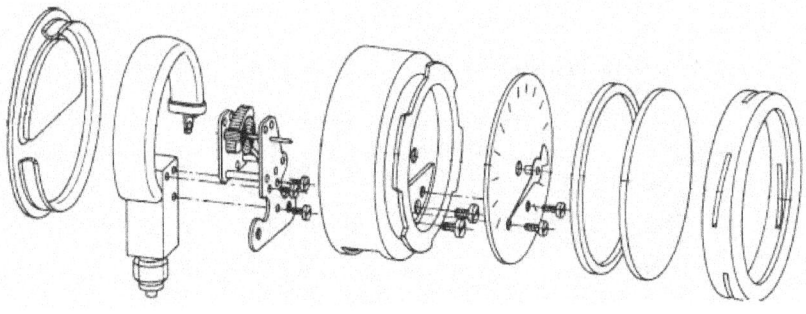

Refrigeración y Aire Acondicionado

Escalas manométricas.

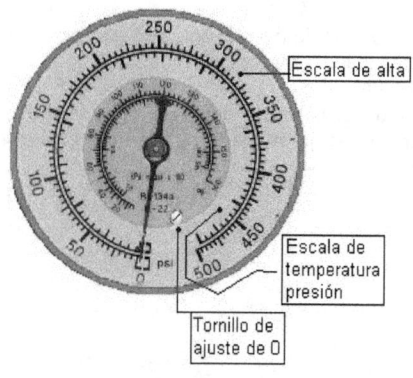

Escalas de alta y de baja

Escala de alta

Escala de temperatura presión

Tornillo de ajuste de 0

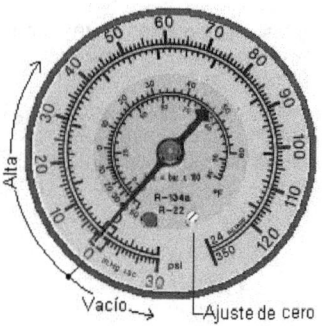

Vacío → └─Ajuste de cero

Observe a la izquierda el manómetro de alta presión en color rojo, calibrado de 0 hasta 500 PSI. Tiene también una escala que corresponde a la tabla de presión temperatura de los refrigerantes, expresada en °F o °C. Al lado derecho en color azul, tenemos el manómetro compuesto, llamado así porque puede leer presiones por encima y por debajo de cero. Tiene una escala positiva de 0 hasta 350 psi y otra escala negativa ó de vacío de 0 hasta 30 psi (hg) Ambos manómetros tienen un tornillo para ajustar la aguja en la posición de cero.

Con un destornillador pequeño, mueva el tornillo a la derecha o la izquierda un cuarto de vuelta hasta que la aguja señale exactamente el cero. Este ajuste se realiza con los manómetros abiertos a la atmósfera, puesto que el cero manométrico representa la presión atmosférica a nivel del mar. Una vez termine el ajuste, cierre las válvulas manuales del instrumento y coloque las mangas en su sitio.

El múltiple del manómetro provee para enroscar las mangas de tal modo que permanezcan cerradas a la humedad.

Manómetros

Mangas

Tapones para colocar las mangas cuando no estan en uso.

Mangas para los manómetros.

Especificaciones generales:
El máximo de presión operacional: 500 psi (34 Bar)
Prueba de presión: 2,500 psi (173 Bar)
El máximo de temperatura Activa: 250 °F (122 °C)
El radio mínimo de curvatura: 2.00" (50.8 mm)

Consulte siempre el manual del fabricante, las especificaciones pueden variar.

Refrigeración y Aire Acondicionado

Accesorios

Recibidor de líquido:

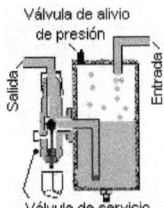

Válvula de alivio de presión

Salida

Entrada

Válvula de servicio

Es un tanque que almacena refrigerante líquido, usado en las unidades condensadoras enfriadas por aire, que controlan la entrada de líquido al evaporador con válvulas de expansión. (No se usa en unidades con tubo capilar). El tanque debe ser lo suficientemente grande para contener todo el refrigerante del sistema y debe estar equipado con una válvula de servicio en la salida. La salida del recibidor debe disponerse de tal modo que mantenga un remanente de refrigerante líquido. Cuando la salida se encuentra en la parte de arriba o por el lado del tanque, hay un tubo sumergido hasta media pulgada del fondo con un filtro en el extremo inferior, supliendo el líquido a la válvula de salida.

Deshidratador:

Elimina la humedad del sistema para evitar alteraciones o el deterioro del compresor. El deshidratador o secador se instala en la línea de líquido, lo más cerca posible de la salida del recibidor. El filtro secador elimina la humedad del refrigerante, absorbiendo y reteniendo esta humedad en la superficie de los gránulos deshidratantes. Filtra las impurezas, partículas de soldadura, carbón, suciedad, barro, polvo o cualquier otro cuerpo extraño con una precisión sorprendente. El Filtro-Secador es insuperable por su capacidad para eliminar ácidos.

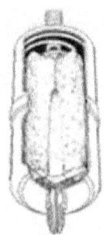

El ácido clorhídrico, fluorhídrico y varios ácidos orgánicos son absorbidos y retenidos por el desecante.

Acumulador de succión:

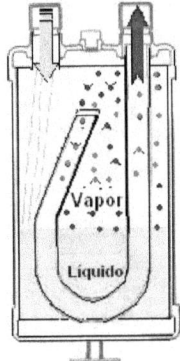

Vapor

Líquido

Es importante evitar que el refrigerante líquido inunde el sistema y que regrese al compresor en este estado. El acumulador de succión retiene el refrigerante líquido, hasta que se convierta en vapor. La función principal del acumulador consiste en interceptar el refrigerante líquido antes de que pueda alcanzar el "crank case" del compresor. Como los líquidos no son comprimibles, esto podría causar graves daños al compresor debido al golpeteo de los pistones al tratar de comprimir el refrigerante en estado líquido. Este debe colocarse en la tubería de succión entre el evaporador y el compresor, debe ser lo suficiente en volumen para acumular todo el refrigerante líquido que pudiera llegarle desde el evaporador.

Filtro en la línea de succión:

Este filtro se instala en la salida de la línea de succión. Tiene una válvula de acceso para medir la caída de presión. Su propósito principal es proteger el compresor de cualquier partícula introducida durante el proceso de instalación y soldadura del evaporador y sus accesorios. Hay modelos de filtros reemplazables, como el dibujo de la derecha.

Válvulas de servicio del compresor:

Proveen acceso desde el exterior hacia el interior del compresor y desde el interior del compresor hacia las líneas de descarga y succión. Nos permiten también obtener las presiones del sistema a través de los manómetros.

Tienen tres posiciones:

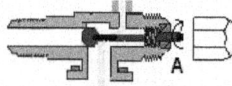

Asentada completamente al frente:
En esta posición el interior del compresor se comunica con los manómetros, pero no tiene salida hacia el sistema.

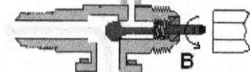

Asentada atrás:
En esta posición el interior del compresor se comunica con el sistema pero no tiene acceso a los manómetros.

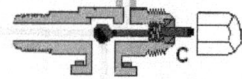

Asentada en el centro:
En esta posición el interior del compresor se comunica con el sistema y con los manómetros al mismo tiempo.

Estas válvulas de servicio se encuentran también en otras partes del sistema, como en el recibidor de líquido.

Refrigeración y Aire Acondicionado

Intercambiador de calor:

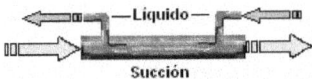

Se utilizan para transferir el calor del refrigerante líquido (Tibio) al gas de la succión (Frío), causando la evaporización de cualquier refrigerante que salga del evaporador en estado líquido.

El intercambiador de calor eleva la temperatura del gas de succión y evita la escarcha o la condensación. La tubería del liquido y la de la succión están instalados en contra flujo.

Las neveras residenciales y algunos sistemas comerciales pequeños, utilizan un intercambiador de calor que consiste en soldar el tubo capilar (Tibio), a el tubo de la succión (Frío).

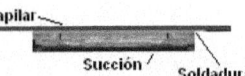

Crank case heater:

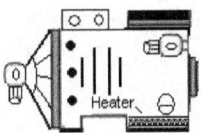

La función principal de este resistor es evaporar el refrigerante que pueda llegar en estado líquido al "crank case" del compresor y mantener una viscosidad adecuada en el aceite.   En lugares de bajas temperaturas el resistor permanece energizado mientras el compresor esta apagado, para que el aceite no se congele y destruya el compresor cuando trate de arrancar.

Separador de aceite:

Este dispositivo es una cámara de separación del aceite y el gas de descarga.   El separador se instala en el conducto de descarga (Línea de alta) entre el compresor y el condensador.   La mayor parte del aceite es separado del gas caliente y devuelto al "crank case" del compresor mediante una válvula de flotador y a través de una tubería de conexión.   La eficacia de un separador nunca es 100% aún con las condiciones ideales.   Se usa en unidades de baja temperatura y cuando el refrigerante y el aceite no mezclan.

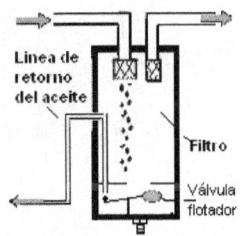

Mirilla (Sight glass)**:** Permite observar el flujo de refrigerante en el sistema.   La burbuja o espuma es una advertencia de poco refrigerante en el sistema.   (Se instala en la línea de líquido)

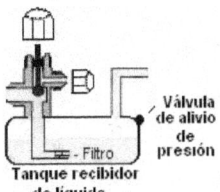

Válvula de alivio:

La válvula se instala en el lado de alta presión, de baja presión, en la descarga y en el recibidor. Cuando ocurre una alta presión, descarga a la atmósfera. (Es un dispositivo mecánico de seguridad).

Posición del separador de aceite.

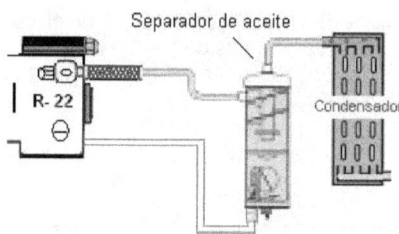

Válvula solenoide:

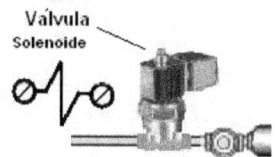

Es un dispositivo electromecánico para controlar el flujo de refrigerante. Se utilizan en la línea de líquido para detener el flujo del refrigerante o para individualizar cada evaporador.

Válvula reguladora del evaporador (EPR):

"Evaporator Pressure Regulator"

Están diseñadas para proveer un medio económico de balancear el sistema durante los periodos de baja carga. El propósito de la válvula reguladora de presión es mantener una presión constante en el evaporador. Controla la temperatura y la presión de evaporación, se instala en la salida del evaporador. Se cierra cuando la presión de entrada disminuye y previene que la presión del evaporador descienda.

Válvulas de servicio de tornillos: (Line Piercing Valves)

Se utilizan en sistema domésticos y algunos equipos comerciales pequeños que no traen instalada una válvula de servicio. Usualmente se ajustan al tubo de succión, cerca del compresor a través de cuatro tornillos provistos para este propósito.

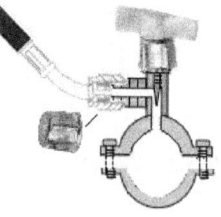

Refrigeración y Aire Acondicionado

Introducción

En este capítulo se verá la importancia del uso de los equipos para recuperación y reciclado de refrigerantes; se describirá el efecto de los refrigerantes clorofluorcarbonados (CFC's) sobre la capa de ozono, en la atmósfera; se entenderán las reglas que gobiernan el desfasamiento de los refrigerantes totalmente halogenados (CFC's); así como los procedimientos adecuados para recuperar, reciclar y re-utilizar los CFC's.

Los CFC's y la Capa de Ozono.

La capa de ozono es una delgada capa dentro de la atmósfera de la tierra, se extiende hasta más de 35 km de ancho. Se sabe que esta capa cambia su espesor dependiendo la estación del año, hora del día y temperatura. A la capa de ozono se le acredita como protectora contra los dañinos rayos ultravioleta (UV) del sol. La capa de ozono funciona como un filtro para estos rayos y protege la vida humana, vegetal y marina de sus efectos dañinos. Desde hace muchos años, se había sostenido la teoría de que algunos gases emitidos desde la tierra, principalmente cloro y bromo, deterioran la capa de ozono. Esta hipótesis, presentada desde 1974 por los científicos Molina y Rawland (Premio Nobel de Química 1995), fue posteriormente confirmada por estudios de la NASA, mediante el uso de satélites y detectores de ozono, principalmente en la Antártica, donde el problema parece ser más serio. Las últimas investigaciones realizadas en la atmósfera, indican que puede haber un "agujero" en la capa de ozono sobre la Antártica, como consecuencia de las emisiones de cloro y bromo. Así mismo, se ha observado que en algunas áreas densamente pobladas de ambos hemisferios, **se está presentando un agotamiento de la capa de ozono de aproximadamente 3% en verano y 5% en invierno.** En los trópicos no se ha encontrado disminución de esta capa. Los clorofluorocarbonos (CFC's) son una familia de compuestos químicos que contienen cloro, flúor y carbono. Fueron desarrollados hace más de 60 años y tienen propiedades únicas. Son de baja toxicidad, no son inflamables, no son corrosivos y son compatibles con otros materiales. Además, ofrecen propiedades físicas y termodinámicas que los hacen ideales para una variedad de usos. Los CFC's se utilizan como refrigerantes; agentes espumantes en la manufactura de aislamientos, empaques y espumas acojinantes, propelentes en aerosoles; como agentes de limpieza para componentes metálicos electrónicos, y en muchas otras aplicaciones. Sin embargo, los CFC's son compuestos muy estables, por lo que al ser liberados, alcanzan grandes alturas sin descomponerse, y pueden pasar muchos años antes de descomponerse químicamente. **El cloro, importante componente de los CFC's, es el principal causante del deterioro de la capa de ozono.** Mediante una acción acelerada por la luz del sol, el cloro se desprende de la molécula, reaccionando con una molécula de ozono y formando una molécula de monóxido de cloro y otra de oxígeno: $CFC + O_3 \longrightarrow ClO + O_2$ El monóxido de cloro, por ser una molécula muy inestable, se separa fácilmente y deja el cloro libre de nuevo: $ClO \longrightarrow Cl + O$. Este radical de cloro libre comienza el proceso otra vez: $Cl + O_3 \longrightarrow ClO + O_2$. Por lo que una molécula de CFC puede destruir una cantidad grande de moléculas de ozono, dependiendo del número de átomos de cloro y de su estabilidad. Los CFC'S con mayor número de átomos de cloro son el R-11 (3 átomos) y el R-12 (2 átomos), y también son los más estables. Se estima que una molécula de R-11 puede destruir hasta 100,000 moléculas de ozono

Refrigeración y Aire Acondicionado

El Protocolo de Montreal.

Después de varios años de negociaciones, a mediados de 1989, se tomó un acuerdo internacional para regular la producción y el uso de compuestos químicos, que pudieran afectar la capa de ozono, conocido como el Protocolo de Montreal, este acuerdo importante fue un llamado a reducir de manera gradual los CFC'S en los países desarrollados, que son los mayores productores.

En esta primera reunión, se hicieron varias propuestas de la forma en que se haría esta reducción. Finalmente, la más aceptada fue que, tomando como base los niveles de producción de 1986, en los países desarrollados debería haber una transición completa para el año 2030. A los países menos desarrollados, se les otorgaron 10 años más para completar el cambio a nuevas tecnologías.

El Protocolo es un esfuerzo unido de gobiernos, científicos, industria y grupos ecologistas. Coordinado por el Programa Ambiental de las Naciones Unidas, el Protocolo ha sido ratificado por aproximadamente la mitad de las naciones soberanas del mundo, lo que representa más de 90% del consumo de CFC's en el mundo.

En Estados Unidos, la Agencia de Protección Ambiental (EPA) ha decretado regulaciones, las cuales establecen que para finales del siglo, los siguientes refrigerantes totalmente halogenados CFC'S deberán estar descontinuados:

R- 11 (Tricloromonofluorometano)

R- 12 (Diclorodifluorometano)

R-113 (Triclorotrifluoroetano)

R-114 (Diclorotetrafluoroetano)

R-115 (Cloropentafluoroetano)

Periódicamente, se hacen revisiones al Protocolo de Montreal y nuevas propuestas sobre el desarrollo de nuevos sustitutos. En junio de 1990 se hizo una nueva revisión, acordándose acelerar la transición para el año 2000. Mientras tanto, los grandes productores mundiales de refrigerantes habían estado ya trabajando en el desarrollo de nuevos productos que sustituyeran los CFC's.

Las alternativas eran, compuestos con menos contenido de cloro, llamados hidroclorofluoro-carbonos (HCFC) o sin contenido de cloro, llamados hidrofluorocarbonos (HFC).

Ese mismo año (1990), ya se habían desarrollado a nivel experimental, los refrigerantes que podían sustituir R-11 y al R-12, que son el R-123 y el R-134a respectivamente, cuyas propiedades termodinámicas son muy semejantes, pero como no contienen cloro, no deterioran capa de ozono.

Refrigeración y Aire Acondicionado

Algunas de estas precauciones, tales como el reciclado de refrigerantes, tienen un impacto positivo en el ambiente, y ayudan a facilitar la difícil transición de los CFC's a sus alternativas. Los HCFC's aunque tienen un bajo potencial de agotamiento de ozono, también están regulados como sigue:

Producción congelada y uso limitado a equipo de refrigeración hasta el 1 de enero del 2015. Se permite su uso en equipos de refrigeración nuevos hasta el 1 de enero del 2020. Transición total efectivo al 1 de enero del 2030.

En 1991 se desarrollaron, además, mezclas ternarias de refrigerantes para sustituir al R-22, al R-500 y al R-502, por lo que, en la revisión del Protocolo en 1992, se decidió acelerar la transición de los CFC's para el 31 de diciembre de 1995.

Recuperación y Reciclado de Refrigerantes.

Conforme a las leyes que gobiernan la liberación de refrigerantes clorofluorocarbonados (CFC's) hacia la atmósfera, ha tenido como consecuencia el desarrollo de procedimientos para recuperar, reciclar y volver a utilizar los refrigerantes.

La industria ha adoptado definiciones específicas para estos términos:

Recuperación - Remover el refrigerante de un sistema en cualquier condición que se encuentre, y almacenarlo en un recipiente aprobado por DOT, de color amarillo y gris.

Reciclado - Limpiar el refrigerante para volverlo a utilizar, para lo cual hay que separarle el aceite y pasarlo varias veces a través de dispositivos, tales como filtros deshidratadores, lo cual reduce la humedad, la acidez y las impurezas.

Este término, generalmente se aplica a procedimientos implementados en un taller de servicio local.

Reproceso - Reprocesar el refrigerante hasta las especificaciones de un producto nuevo por medios que pueden incluir la destilación. Esto requerirá análisis químicos del refrigerante, para determinar que se cumplan con las especificaciones apropiadas del producto.

Este término, generalmente se refiere al uso de procesos o procedimientos, disponibles solamente en instalaciones o plantas que tienen la facilidad de reprocesar o fabricar refrigerantes.

Los equipos para recuperación y manejo de refrigerante, pueden dividirse en tres categorías:

1. Recuperación - Unidad que recupera o remueve el refrigerante.
2. Recuperación / Reciclado (R y R) - Unidad que recupera y recicla el refrigerante.
3. Reproceso - Unidad que reprocesa el refrigerante dentro de las normas de la Agencia de Protección Ambiental (EPA).

Refrigeración y Aire Acondicionado

Equipos para Recuperar Refrigerante.

Hay máquinas de recuperación disponibles en diferentes diseños. Las unidades pequeñas básicas, como la que se muestran, están diseñadas para usarse con R-12, R-22, R-500 y R-502, y para actuar como estaciones de recuperación, sin ventilación hacia la atmósfera. El refrigerante es removido en su condición presente y almacenado en un cilindro desechable o transferible. Esta unidad remueve el aceite del refrigerante, y puede manejar vapor o líquido en un tiempo muy rápido. Después, el refrigerante puede reciclarse en el centro de servicio, o enviado a una estación de reproceso para reutilizarlo posteriormente. Utilizando un dispositivo de recuperación de refrigerante, el técnico es capaz de remover refrigerante de sistemas pequeños de aire acondicionado, comercial, automotriz y residencial. Durante el proceso de recuperación, el refrigerante es removido del sistema en forma de vapor utilizando la fuerza de bombeo de la máquina recuperadora.

La recuperación es similar a la evacuación de un sistema con una bomba de vacío. Los procedimientos varían con cada fabricante. Básicamente, la manguera se conecta a un puerto de acceso en el lado de baja, hacia la válvula de succión de la unidad recuperadora. Una vez que la manguera de salida está conectada, el dispositivo de recuperación se arranca y comienza la recuperación. Algunas unidades tienen una señal para indicar cuando el proceso de recuperación ha terminado. Esto significa que el equipo de recuperación no está procesando más vapor. En algunas ocasiones, el dispositivo de recuperación cierra automáticamente el sistema de vacío. Cuando se ha completado la recuperación, se cierra la válvula del lado de baja. El sistema deberá asentarse por lo menos 5 minutos. Si la presión se eleva a 10 psig o más, puede significar que quedaron bolsas de refrigerante líquido frío a través del sistema, y puede ser necesario reiniciar el proceso de recuperación. Puesto que es mucho más rápido recuperar el refrigerante

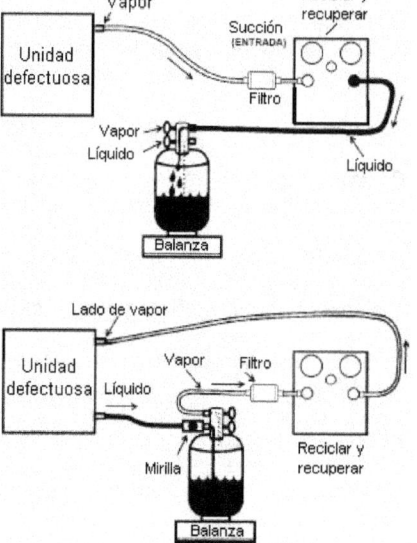

en fase líquida, que en fase vapor, el técnico puede preferir una máquina que remueva el refrigerante líquido.

Muchas máquinas son diseñadas para llevar a cabo este proceso usando cilindros para refrigerante normales. Algunas unidades de transferencia pequeñas, utilizan cilindros de recuperación especiales, que le permiten al técnico remover refrigerante líquido y vapor. En la figura anterior se muestra un procedimiento para remover refrigerante mediante el concepto de transferencia de líquido. Este tipo de unidad de recuperación, requiere un cilindro con válvula de dos puertos.

La unidad de transferencia bombea el vapor de refrigerante de la parte superior del cilindro, y presuriza la unidad de refrigeración. La diferencia de presión entre el cilindro y la unidad, transfiere el refrigerante líquido hacia el cilindro. Una vez que se ha removido el líquido, el vapor restante es removido al cambiar las conexiones. Se recomienda cambiar el aceite del compresor y de la unidad de recuperación, después de la recuperación de un sistema quemado, o antes de la recuperación de un refrigerante diferente. También se recomienda que el filtro deshidratador se reemplace, y que las mangueras se purguen, antes de transferir un refrigerante diferente. El técnico deberá asegurarse que no se sobrellene el cilindro. Lo normal es llenarlo al 80% de su capacidad. Conforme se va llenando el cilindro, deberá observarse la presión. Si la unidad de recuperación cuenta con indicador de líquido y humedad, deberá notarse cualquier cambio que ocurra. Si el técnico utiliza un sistema que sólo recupera refrigerante, la recarga puede llevarse a cabo de muchas maneras.

Equipo para Reciclar Refrigerante.

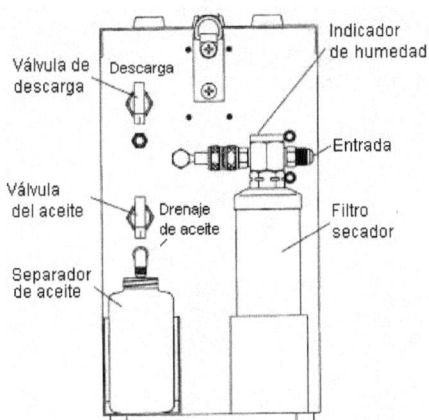

En el pasado, para hacerle servicio a un sistema, lo típico era descargar el refrigerante a la atmósfera. Ahora, el refrigerante puede ser recuperado y reciclado mediante el uso de tecnología moderna. Sin embargo, los clorofluorocarbonos viejos o dañados, no pueden ser reutilizados simplemente por el hecho de removerlos de un sistema y comprimirlos. El vapor, para ser reutilizado, debe estar limpio. Las máquinas de recuperación /reciclado, como la que aparece en la figura, están diseñadas para recuperar y limpiar el refrigerante en el sitio de trabajo o en el taller de servicio. El reciclado como se realiza por la mayoría de las máqui- nas en el mercado actualmente, reduce los contaminantes a través de la separación del aceite y la filtración. Esto limpia el refrigerante, pero no necesariamente a las especificaciones de pureza originales del fabricante. Muchas de estas unidades, conocidas como unidades de transferencias de refrigerante, están dise- ñadas para evacuar el sistema. Esto proporciona una máquina recicladora, capaz de regre- sar los refrigerantes reciclados a un mismo sistema. Algunas unidades tienen equipo para separar el aceite y el ácido, y para medir la cantidad de aceite en el vapor. El refrigerante usado puede reciclarse. En la parte del frente, tiene los manómetros de alta y baja presión, así como los puertos de acceso, válvulas, interruptores, selectores, luces indicadoras y el indicador de líquido y humedad. En la parte baja tienen los filtros deshidratadores. En algu- nos equipos se puede recuperar refrigerante por ambos lados, baja y alta, al mismo tiempo. Este procedimiento evita restricciones a través de la válvula de expansión o tubo capilar. Si el técnico recupera solamente por uno de los lados, el resultado puede ser un tiempo exce- sivo de recuperación o una recuperación incompleta. Por lo tanto, las mangueras se conec- tan a los lados de alta y baja del sistema de recuperación, y luego a través del lado de alta y baja del sistema de refrigeración. Por ningún motivo deberá removerse líquido del sistema en forma continua. La unidad está diseñada para recuperar vapor. La recuperación inicial de refrigerante del lado de alta presión, será de aproximadamente 200 psig. La separación de aceite del refrigerante usado, se lleva a cabo circulándolo una o varias veces a través de la unidad. La máquina recicladora de un solo paso, procesa el refrigerante a través de un filtro deshidratador o mediante el proceso de destilación. Lo pasa sólo una vez por el proceso de reciclado a través de la máquina, para luego transferirlo al cilindro de almacenamiento. La máquina de pasos múltiples, recircula varias veces el refrigerante a través del filtro deshidratador. Después de un período de tiempo determinado, o un cierto número de ciclos, el refrigerante es transferido hacia el cilindro de almacenamiento.

Procedimiento para el Reproceso del Refrigerante:

Como se definió anteriormente, reprocesar un refrigerante, es llevarlo a las especificaciones originales de producción, verificándolo mediante análisis químicos. Para poder llevar esto a cabo, ésta máquina debe cumplir con las normas SAE y remover 100% la humedad y partículas de aceite. Muchas máquinas de recuperación / reciclado, no pueden garantizar que el refrigerante será restaurado a sus especificaciones originales.

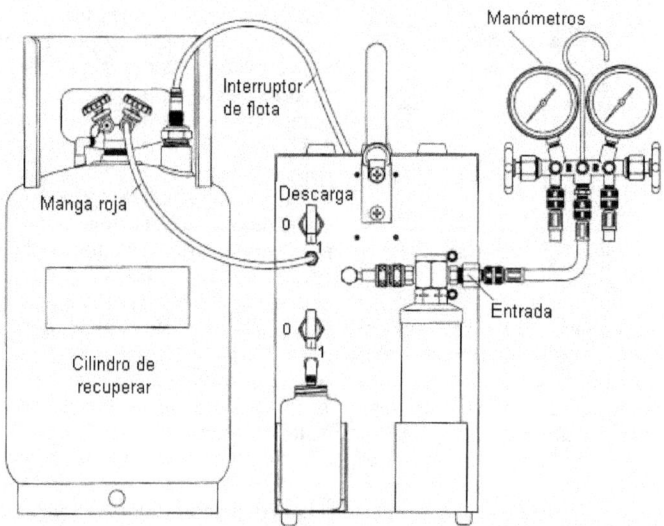

Una estación de reciclado para el sitio de trabajo, deberá ser capaz de remover el aceite, ácido, humedad, contaminantes sólidos y aire, para poder limpiar el refrigerante utilizado. Este tipo de unidades las hay disponibles para usarse con refrigerantes R-12, R-22, R-500 y R-502, y están diseñadas para el uso continuo que requiere un procedimiento prolongado de recuperación / reciclado. Este tipo de sistema puede describirse mejor como sigue:

Refrigeración y Aire Acondicionado

1. El refrigerante es aceptado en el sistema, ya sea como vapor o líquido.
2. El refrigerante hierve violentamente a una temperatura alta, y bajo una presión extremadamente alta.
3. El refrigerante entra entonces a una cámara separadora única, donde la velocidad es reducida radicalmente. Esto permite que el vapor a alta temperatura suba. Durante esta fase, los contaminantes tales como las partículas de cobre, carbón, aceite, ácido y todos los demás, caen al fondo del separador para ser removidos durante la operación de "salida del aceite".
4. El vapor destilado pasa al condensador enfriado por aire, donde es convertido a líquido.
5. El líquido pasa hacia la cámara de almacenamiento. Dentro de la cámara, un evaporador disminuye la temperatura del líquido, de aproximadamente 100°F, a una temperatura sub enfriada de entre 37° y 39°F.
6. En este circuito, un filtro deshidratador recargable remueve la humedad, al mismo tiempo que continúa el proceso de limpieza para remover los contaminantes microscópicos.
7. Enfriar el refrigerante también facilita transferirlo a cualquier cilindro externo, aunque esté a la temperatura ambiente.

Muchos fabricantes de refrigerante y otros, han dispuesto servicios de recuperación y reproceso de refrigerante, que ofrece a los técnicos. El técnico de servicio debe usar cilindros retornables aprobados, con etiquetas adecuadas. Los cilindros normales son de una capacidad aproximada de 100 lbs, de refrigerante usado y aceite, aunque otros contenedores andarán en el rango de 40 lbs, hasta 1 tonelada. La máquina de aire comprimido de desplazamiento positivo, remueve tanto líquido como vapor. El refrigerante es reprocesado a las especificaciones de pureza designadas.

En instalaciones comerciales de gran tamaño, al técnico de servicio se le proporcionan cilindros muestra que son regresados a un centro de reproceso. Esto es a fin de obtener análisis de contaminantes de refrigerante, antes de su evacuación.

Una vez aprobado para reprocesarlo, el refrigerante es removido. Los técnicos llevan entonces

el refrigerante al centro de servicio, donde es embarcado a la compañía y procesado de conformidad, para regresarlo para venta futura como refrigerante usado.

El reproceso puede utilizarse para refrigerantes de baja (R-11 y R-113) y de alta presión (R-12, R-22, R-114, R-500 Y R-502). Las normas de cada compañía varían con respecto al tipo de recipiente usado, para transportar el refrigerante del área de servicio al fabricante. Algunos aceptan cantidades mínimas de 200 lts, 38 lts, etc. Cada fabricante tiene su propio procedimiento y cada compañía requiere de cierto número de documentos.

Las compañías de reproceso también proporcionan soluciones para el desecho de refrigerantes no deseados. El desecho de refrigerantes sólo se puede llevar a cabo por incineración a 650°C (1200°F). Actualmente existen aproximadamente 5 plantas en los Estados Unidos.

Refrigeración y Aire Acondicionado

Normas de Seguridad para la Recuperación / Reciclado / Reproceso de los CFC's

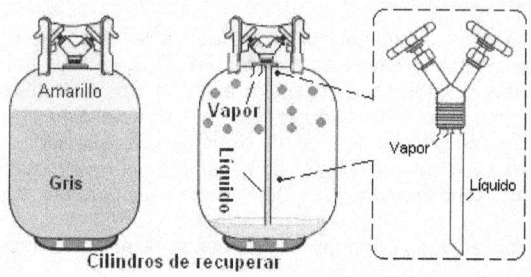

Cilindros de recuperar

Comúnmente, diferentes organiza cio-nes ofrecen seminarios para lograr un mejor entendimiento de los requeri-mientos sobre la recuperación y repro-ceso de los CFC's, tal como lo estable-cen los reglamentos de la EPA. Los mayores tópicos que se abarcan son el manejo, almacenamiento, transporta-ción, procedimientos, recuperación y reglamentaciones para el almacena-miento y manejo de desechos peligro-sos.

También, es esencial que el técnico de servicio tenga un completo entendimiento, sobre la seguridad que involucra el manejo y almacenamiento de los refrigerantes. Se ofrecen pro-gramas para certificación, aprobados por la EPA. Otras áreas que cubren la mayoría de es-tos cursos de capacitación, son los procedimientos para la remoción, pruebas básicas sobre la pureza de refrigerantes, aislamiento de los componentes del sistema para evitar que se escape el refrigerante, detección y reparación de fugas.

Es responsabilidad del técnico seguir los procedimientos de las prácticas de seguridad. Esto incluye el reemplazo de los filtros deshidratadores de líquido y succión. Si el sistema sólo tiene uno, instale otro en el lado opuesto. Esto ayudará al proceso de purificación del refrige- rante.

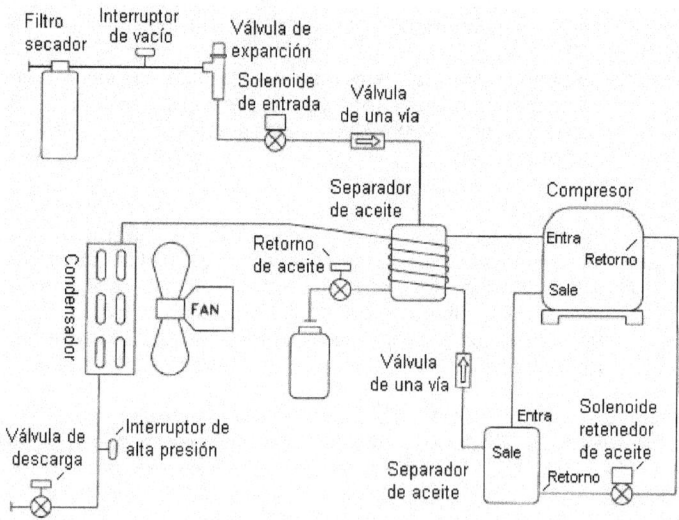

Dispositivos comunes.

Todos estos dispositivos se consideran bajo las normas del Código Eléctrico en el Artículo 370 -- Salidas, dispositivos, cajas de empalmes y accesorios.

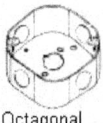 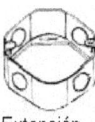

Octagonal   Extensión

Este es el tipo de caja octagonal más usada para luminarias. Tiene un espacio interno de: 3.25" x 3.25" x 1.25 = 13.20 pulg³. Las extensiones se usan, cuando la caja esta muy profunda en la pared o el techo.

Caja 4x4   Extensión 4x4

Tiene un espacio interno de: 4 x 4 x 1.25 = 20 pulg³ son las de mayor uso porque cumplen bien con los requisitos de espacio para acomodar los conductores eléctricos y sus empalmes.

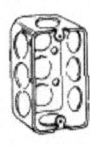 

Su uso es muy limitado ya que no reúnen los nuevos requisitos de espacio para los conductores y sus empalmes. Tienen un espacio de 2 x 4 x 1.25 = 10 pulg³.

Para una instalación nueva, use mejor una caja 4x4 con "Rise cover" de una ganga.

Dispositivos comunes.

Leer: NEC. Artículo 100 A Fitting: Conectadores, conduletos, grapas, uniones, "locknut" y otros aplicables, están considerados como accesorios.

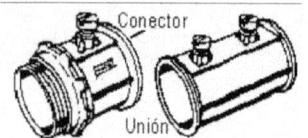

Unión y conectador E. M. T. los puede comprar de ½ pulgada en adelante, el conectador usa una tuerca (lock nut) para sujetarlo a la caja. (La palabra correcta es conectador) los electricistas le decimos conectores por tradición.

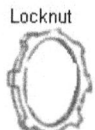

Locknut

Simplemente sujetan el conectador a la caja. Se pueden usar con conectivos emt y con pvc en el interior de la caja. Se compran de ½ pulgada en adelante.

Leer: NEC. 348: "Electrical Metal Tubing" E. M. T.
Los tubos eléctricos vienen cortados a 10 pies de largo y pulidos por dentro. Se compran de ½ pulgada de diámetro en adelante. NEC. Artículo 348-5 (a) (b) Tienen una pared muy delgada y no permite cortar una rosca en ellos. Usos permitidos, NEC. Artículo 348-1; 348-9; 348-12.

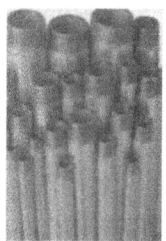

Leer: NEC. Artículo 346 Rigid Metal Conduit.
Tubos de metal rígidos, son parecidos al tubo de agua pero pulidos por dentro y galvanizados, su pared es gruesa y permite hacer rosca en ellos, se compran en diámetros de ½ pulgada en adelante y tienen 10 pies de largo.
Ver: NEC. Artículos: 346-1; 346-5; 346-8; 348-10 y 348-12.

Dispositivos comunes.

Leer: NEC. Artículo 347
Tubo PVC "Polyvinyl Conduit" Se compran de ½ pulgada en adelante y 10 pies de largo. Sus uniones, conectadores y otros accesorios deben ser también en PVC, incluyendo la pega. El grueso de la pared del tubo debe ser (SCH 40) lo mínimo para ser usados en trabajos eléctricos.

Usos permitidos: NEC: Artículo 347-2.
Mire también los artículos 347-3; 347-8

ENT Electrical Non Metalic tubing.
Este tipo de conducto esta cubierto bajo el Artículo 331 del NEC.

Azul o Gris

Electricidad

Comunicaciones

Amarillo

Para señales
de seguridad

Rojo

Tamaños de 1/2 hasta 2"

Usos permitidos: NEC. Artículo 331-3

Es fabricado con el mismo material que el tubo PVC, pero éste es corrugado y permite doblarlo con la mano. Usa los mismos accesorios que el tubo PVC.

Su temperatura máxima no debe exceder los 50°C 122°F.

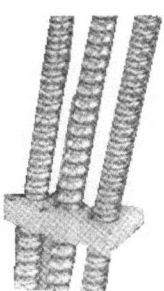

Tubo Metálico Flexible "Greenfield"
Leer: NEC. Artículo 349
Se compra en tamaños de ½" Y ¾"

Su uso esta limitado a 6 pies de largo máximo y ½" de diámetro. No se puede usar como soporte de lámparas u otros artefactos.

Usos permitidos, NEC. Artículo 349-3.
Usos no permitidos Artículo 349-4. Mire también, el artículo 349-10 (a) 349-18 y 20.

Dispositivos comunes.

Liquidtight: Se usa cuando los conductores eléctricos requieren protección contra líquidos o vapores Artículo 351. Se puede usar expuesto o empotrado en la pared.

Usos permitidos: Artículo 351-4 (a)

Usos no permitidos: Artículo 351-4(b)

"Rise covers" 4 x 4

Están diseñados para usarlos con cajas 4x4. La tapa ciega cierra la caja totalmente cuando se usa como caja de empalme. La cubierta canopy reemplaza la caja octagonal y provee mayor espacio interior para los empalmes.

La cubierta de una ganga permite montar un interruptor o un receptáculo en la caja 4x4. La cubierta de dos gangas permite montar dos receptáculos, dos interruptores o combinación de estos.

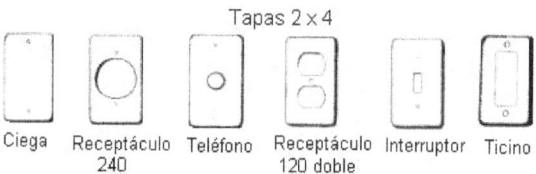

Estas son tapas de terminación, vienen en diferentes colores y formas decorativas. Su selección dependerá del gusto del dueño de la propiedad y del presupuesto disponible.

Refrigeración y Aire Acondicionado

Dispositivos comunes.

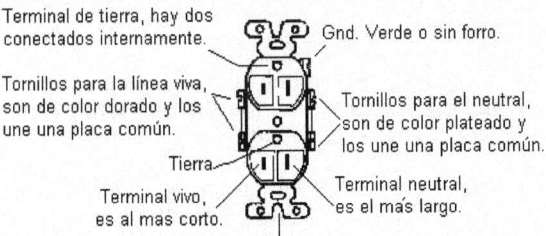

Terminal de tierra, hay dos conectados internamente.

Gnd. Verde o sin forro.

Tornillos para la línea viva, son de color dorado y los une una placa común.

Tornillos para el neutral, son de color plateado y los une una placa común.

Tierra

Terminal vivo, es al mas corto.

Terminal neutral, es el más largo.

Se usa para sujetar el receptáculo a la caja con tornillos de 6/32.

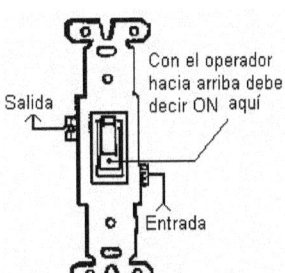

Salida

Con el operador hacia arriba debe decir ON aquí

Entrada

-Nuestra regla de oro-

Nunca, por ningún motivo, conecte un conductor neutral a un interruptor.

Los interruptores modernos, traen el tornillo verde para el conductor de tierra.

En los interruptores de tres vías, siempre hay un tornillo de color diferente, este es el lado común. Fíjese que no dice on/off en el operador.

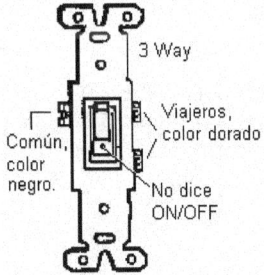

3 Way

Común, color negro.

Viajeros, color dorado

No dice ON/OFF

Los interruptores de tres vías, tienen siempre un tornillo identificado con color diferente para el lado común. No todas las marcas lo tienen en el mismo lado.

Interruptor de cuatro vías.

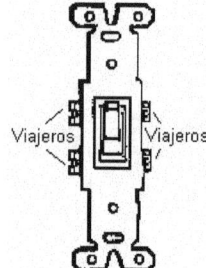

En los interruptores de 4 vías tanto las entradas como las salidas son conductores viajeros. Siempre hay dos tornillos marcados, con colores o formas diferentes.

No todas las marcas tienen los comunes o viajeros en el mismo lado, pero todos están identificados, fíjese bien.

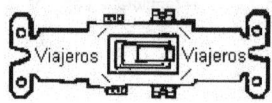

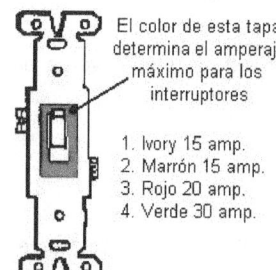

El color de esta tapa, determina el amperaje máximo para los interruptores

1. Ivory 15 amp.
2. Marrón 15 amp.
3. Rojo 20 amp.
4. Verde 30 amp.

Los interruptores de este tipo se fabrican hasta un máximo de 30 amperes, para capacidades mayores de interrupción se utilizan otros tipos de controles que estudiaremos mas adelante

El conductor eléctrico debe estar colocado en la misma dirección que usted aprieta el tornillo. **Pele solamente 5/8 del aislador**, esto es suficiente para la conexión.

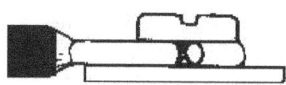

No sobre apriete el tornillo o la moldura del dispositivo se romperá, costándonos dinero a nosotros.

El torque máximo al apretar, debe ser 8 - 10 lbs.

Dispositivos comunes.

Rosetas

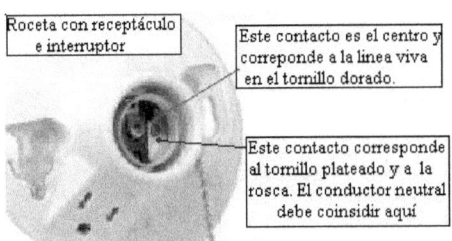

Roceta con receptáculo e interruptor

Este contacto es el centro y correponde a la línea viva en el tornillo dorado.

Este contacto corresponde al tornillo plateado y a la rosca. El conductor neutral debe coinsidir aquí

Cuando se invierten las líneas en los tornillos dorado y plateado de una roseta hay riesgo para la persona que intenta cambiar una bombilla fundida, ya que al tocar la rosca se pone en contacto con la línea viva del circuito eléctrico.

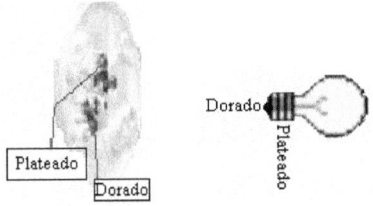

Plateado

Dorado

Dorado

Plateado

Tornillo de 10/32 verde, clip y conductor verde con tornillo. Son accesorios que facilitan la conexión del sistema de tierra.

El conductor verde con el tornillo se conecta en el fondo de la caja, en el agujero con rosca. El clip se utiliza en el borde de la caja cuando no se puede usar un tornillo.

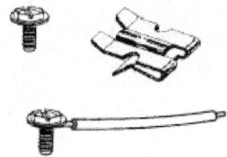

Sección V Artículo B:

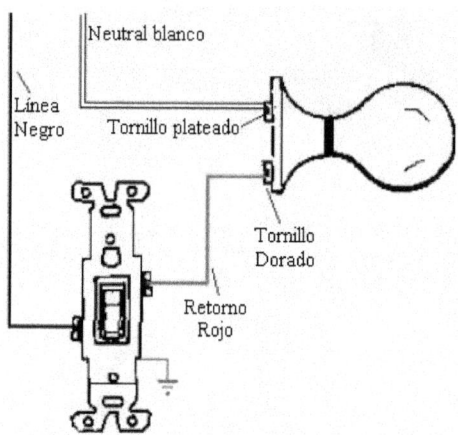

Requisitos, para identificar los conductores eléctricos en un circuito.

¾ Los conductores de un circuito ramal se identificarán mediante colores o marcas:

¾ El neutral deberá ser de color continuo blanco o gris claro.

¾ El conductor de puesta a tierra deberá ser de color continuo verde ó desnudo (sin aislamiento)

¾ Los conductores energizados podrán ser de cualquier color que no se confunda, con el neutral, ni con el "conductor de puesta a tierra".

Refrigeración y Aire Acondicionado

Aprendamos algunos símbolos comunes.

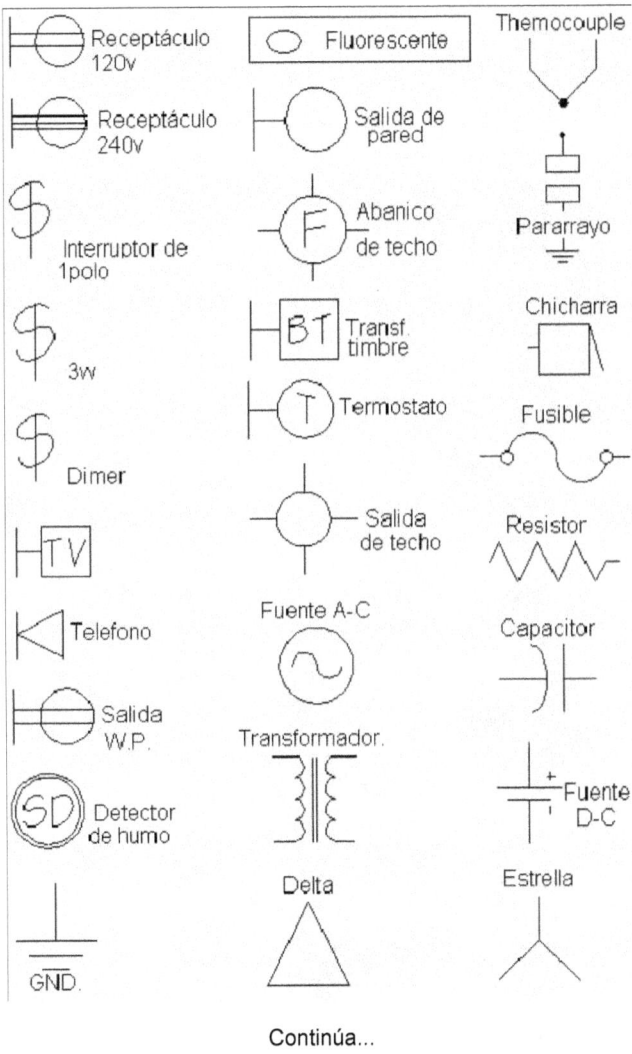

Continúa...

Más símbolos comunes relacionados.

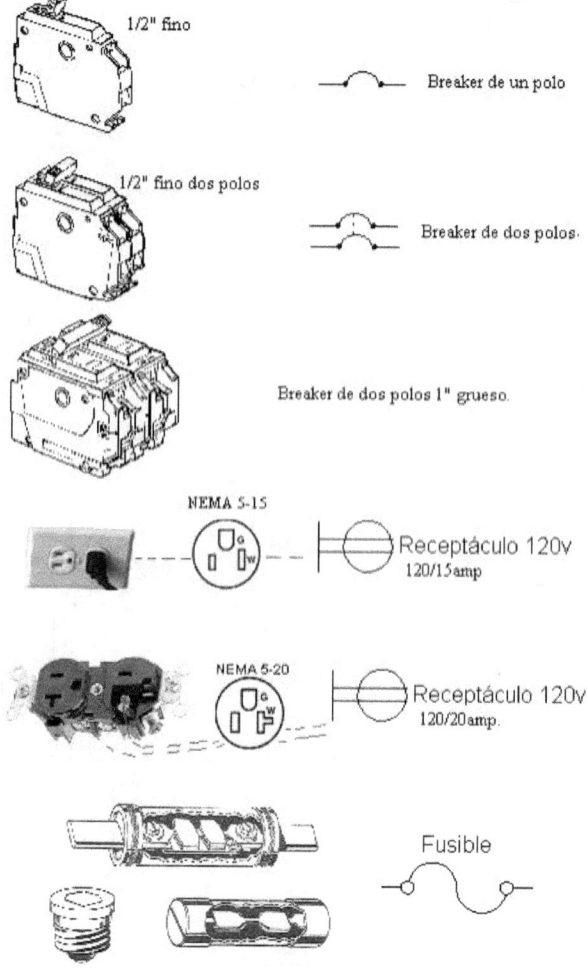

1/2" fino

Breaker de un polo

1/2" fino dos polos

Breaker de dos polos·

Breaker de dos polos 1" grueso.

NEMA 5-15

Receptáculo 120v
120/15amp

NEMA 5-20

Receptáculo 120v
120/20amp.

Fusible

Los breakers (disyuntivos) se compran de (½" finos) y de (1" gruesos.)

Refrigeración y Aire Acondicionado

Símbolos eléctricos relacionados.

"Overload"	Cerrado	Abierto	Interruptor térmico
		—(M)— Motor eléctrico	Motor eléctrico
	Abre con el nivel	Cierra con el nivel	Interruptor de flota
	Abre al activar-se	Cierra al activarse	Interruptor de limite
	Abre con pre-sión	Cierra con presión	Interruptor de presión
		Transformador Para bajar voltaje.	
		"Time Delay" Cuando se apaga la unidad, espera 3 a 5 minutos antes de energizar el sistema, para que las presiones en el compresor se nivelen.	
	Abre por temperatura	Cierra por tem-peratura	Control de temperatura. Termostato

Refrigeración y Aire Acondicionado

Más símbolos comunes 240 Voltios.

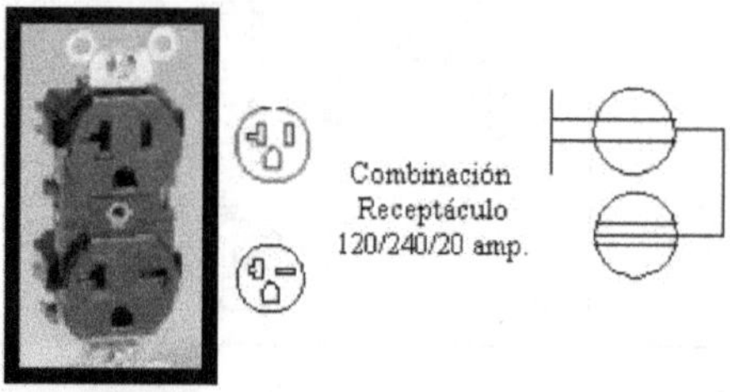

Combinación
Receptáculo
120/240/20 amp.

Receptáculo 240/30 amp.
Típico para A/C

A/C

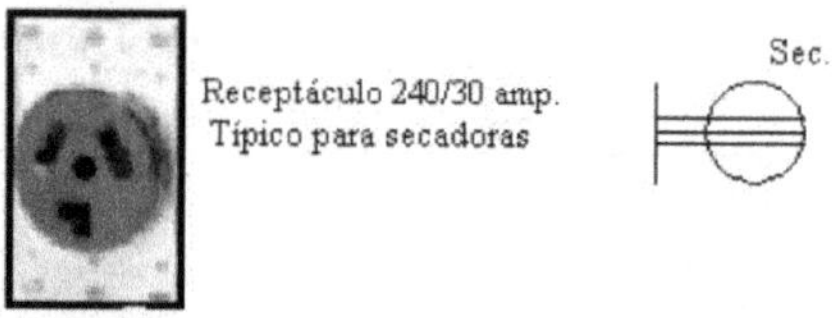

Receptáculo 240/30 amp.
Típico para secadoras

Sec.

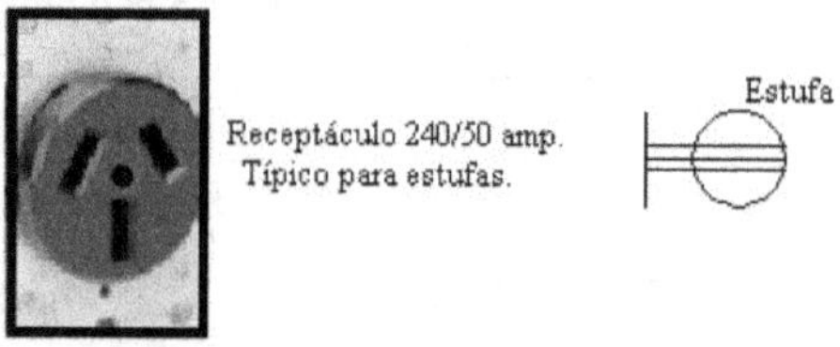

Receptáculo 240/50 amp.
Típico para estufas.

Estufa

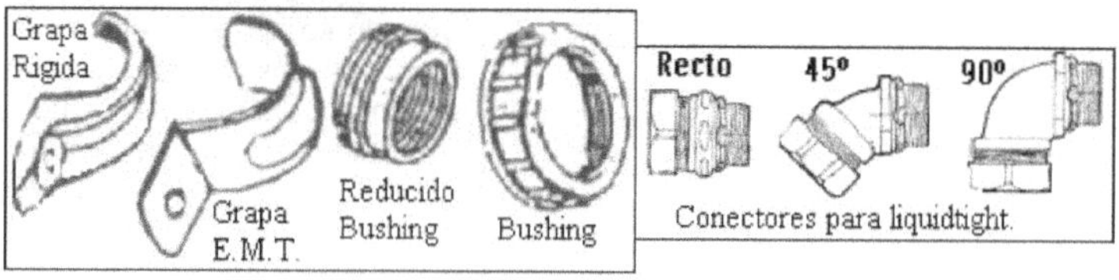

Grapa
Rigida

Grapa
E.M.T.

Reducido
Bushing

Bushing

Recto   45°   90°

Conectores para liquidtight.

Todos los materiales que se usen como parte del sistema eléctrico en una montura nueva o reparada, deben estar listados bajo NEMA y tener uno de estos sellos. El sello debe estar impreso en alguna parte visible del dispositivo eléctrico o mecánico.

Refrigeración y Aire Acondicionado

GFCI

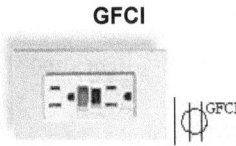

Leer: NEC. 1996   Artículo 511-10 interruptores de falla a tierra.

Como funciona un GFCI típico: Se apoya en el principio básico que todo electrón que sale de la fuente de voltaje, debe regresar a ella en la misma proporción. El dispositivo permanece en estado cerrado, siempre que la corriente en el conductor que alimenta la carga, sea igual a la corriente que retorna por el otro conductor a la fuente. Si uno de los conductores entra en contacto con el cuerpo de una persona, o algún otro objeto conductivo, la corriente tomará un comino alterno y las dos líneas quedarán fuera de proporción.

Un circuito comparador instalado dentro del dispositivo se da cuenta que hay una diferencia entre las corrientes que pasan a través de las bobinas de inducción electromagnéticas, y el circuito establece un estado de apagado. El GFCI se dispara con una diferencia entre los dos niveles de corriente de 5 MA. Las normas permiten un diferencial de 4 a 6 MA.
Hay una variedad de receptáculos y "Breakers" GFCI disponibles. Cada uno tiene un interruptor de prueba para verificar su funcionamiento periódicamente.

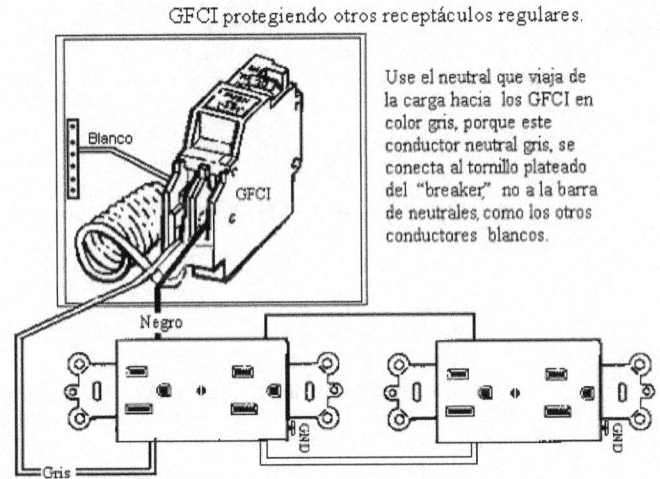

GFCI protegiendo otros receptáculos regulares.

Blanco

GFCI

Use el neutral que viaja de la carga hacia los GFCI en color gris, porque este conductor neutral gris, se conecta al tornillo plateado del "breaker," no a la barra de neutrales, como los otros conductores blancos.

Negro

GND

GND

Gris

Descripción de los transformadores

NEC Artículo 450

Son dispositivos, que convierten energía eléctrica en energía magnética (Lado primario) y energía magnética en energía eléctrica (Lado secundario.) Funcionan bajo el principio de inducción mutua y tienen la función de aumentar o disminuir el voltaje aplicado en el lado primario.

Michael Faraday, William Gilbert, Hans Christian Orstedt, todos estos son nombres de científicos que estudiaron el comportamiento y los efectos producidos por el magnetismo y establecieron los principios básicos necesarios para la construcción de los transformadores, los mismos que hoy usamos en la industria eléctrica.

Faraday descubrió, que si hacia pasar un conductor eléctrico a través del campo magnético de un imán, de modo que el conductor al pasar en ambas direcciones corte las líneas de fuerza magnéticas, el instrumento registra la presencia de una corriente en el sistema.

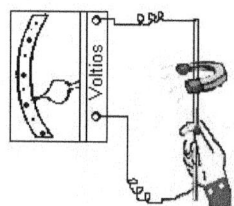

Faraday llamó al conductor eléctrico **inductor** y al fenómeno que estaba ocurriendo en ese momento, **inducción.**

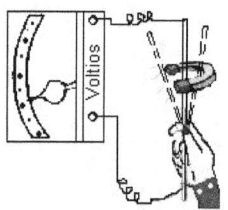

Para que se dé el fenómeno de inducción, el campo magnético debe ser cortado primero en una dirección y luego en la otra dirección. Se puede decir también, que debe haber un movimiento alterno, constante.

Campo magnético alterno.

Los transformadores usados en el sistema eléctrico, solamente pueden funcionar con corriente alterna.

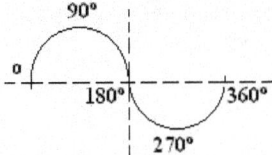

Como aprendimos anteriormente, la corriente alterna esta constantemente cambiando de polaridad y dirección a razón de 60 ciclos por segundo.

Como sabemos que un ciclo alterno esta formado por dos crestas, una positiva y una negativa, entonces hay 120 crestas o cambios de polaridades en una corriente de 60 ciclos por segundos.

(60 ciclos x 2 crestas cada ciclo = 120 cambios de polaridades en un segundo)

Cuando se alimenta una bobina con corriente alterna, el campo magnético resultante también será alterno. Puesto que la corriente alterna cambia de dirección constantemente, el campo magnético estará fluyendo durante la primera mitad del ciclo en una dirección y luego en la otra mitad fluirá en dirección contraria.

Estos cambios están sucediendo en la misma bobina a razón de 120 veces por segundo, conforme se comporta el ciclo de la corriente alterna en el circuito.

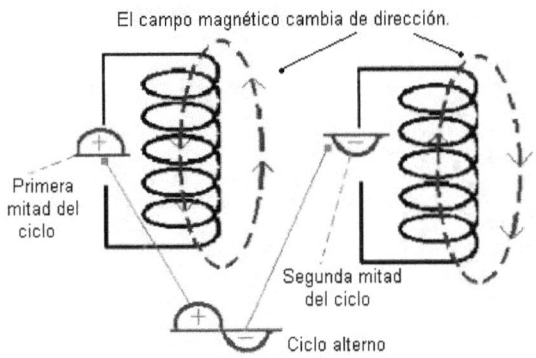

El campo magnético cambia de dirección.

Primera mitad del ciclo

Segunda mitad del ciclo

Ciclo alterno

Refrigeración y Aire Acondicionado

Inducción mutua.

Los transformadores eléctricos funcionan bajo el principio de inducción mutua. Esto se da cuando alimentamos una bobina con corriente alterna y acercamos otra bobina de tal modo que las líneas de fuerza del campo magnético alterno de la primera bobina, corten las vueltas de la segunda bobina. Hay una diferencia entre cortar las vueltas y pasar a través de ellas. Observe con atención la imagen abajo.

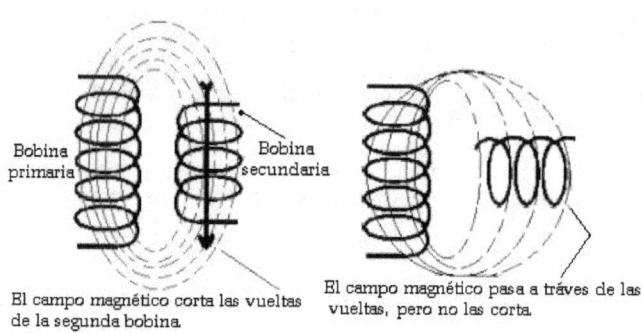

Bobina primaria   Bobina secundaria

El campo magnético corta las vueltas de la segunda bobina

El campo magnético pasa a tráves de las vueltas, pero no las corta.

Pudimos ver en la lección anterior que si asemos pasar un conductor eléctrico atravesando el campo magnético de un imán, se registra una salida de corriente en el instrumento de medición.

De igual forma, si logramos que el campo magnético alterno de una bobina primaria, corte las vueltas de una bobina secundaria se crea el efecto de inducción mutua y aparecerá un voltaje en la bobina secundaria.

Se le llama bobina primaria, **a la que recibe el voltaje de una fuente alterna** y bobina secundaria, a **la que recibe el voltaje por inducción del lado primario.**

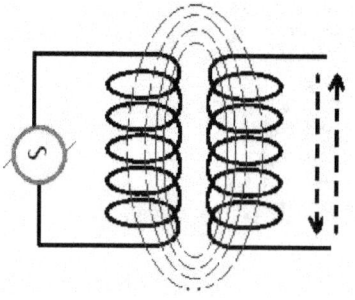

Recuerde que durante el primer medio ciclo, el campo magnético fluye en una dirección y en el otro medio ciclo fluye en dirección contraria.

Refrigeración y Aire Acondicionado

Partes del transformador.

Las tres (3) partes principales de un transformador son:

1. El núcleo, el cual forma un circuito de baja reluctancia al flujo magnético.

(La oposición que ofrece un cuerpo al paso de las líneas magnéticas se llama reluctancia.)

2. El arrollamiento primario, es la bobina que recibe la energía de una fuente de alimentación.

3. El arrollamiento secundario, es la bobina que recibe el voltaje por inducción del circuito primario.

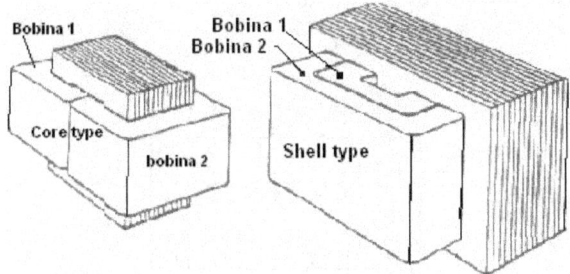

Los núcleos de los transformadores están construidos de láminas de acero de silicio. Pueden ser del tipo CORE TYPE o SHELL TYPE.

También encontraremos en un circuito de transformadores, una fuente de voltaje alterno que alimenta la bobina primaria y una carga, (Artefacto que utiliza y convierte la energía eléctrica.)

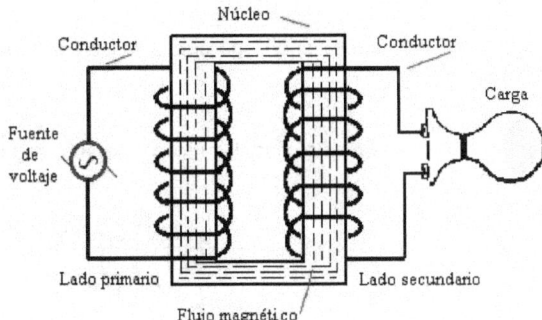

Se utilizan como parte del circuito, conductores de electricidad adecuados para interconectar el transformador con la carga, y con la fuente de voltaje alterno que suplirá la energía al lado primario del transformador.

47

Refrigeración y Aire Acondicionado

Identificación de los terminales.

Una vez el transformador esta terminado y listo para instalarlo, solamente el que lo fabricó, sabe cuantas vueltas contienen sus bobinas.

Tendríamos que acudir a los manuales de diseño, que son poco accesibles.

Este es el modo típico, mediante el cual los fabricantes de transformadores marcan el lado de mayores vueltas y el lado de menores vueltas.

Las H "High" representan el lado que contiene más cantidad de vueltas. Por consiguiente, son también las de mayor voltaje.

Las X representan las bobinas que contienen la cantidad menor de vueltas. Por consiguiente, son también las de menor voltaje.

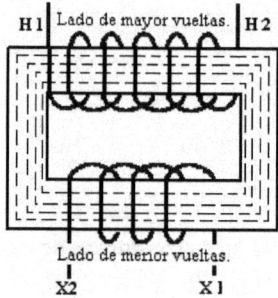

Algunos transformadores tienen una derivación en la bobina con menores vueltas, llamada en inglés "TAP".

En este caso, las marcas estarán según esta figura.

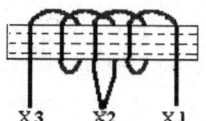

Refrigeración y Aire Acondicionado

Transformador para dos voltajes.

Lo ideal sería tener un transformador que supla dos voltajes, en lugar de tener un almacén lleno con transformadores de diferentes voltajes.

Alguien soluciono esto, dividiendo el embobinado del transformador en dos mitades.

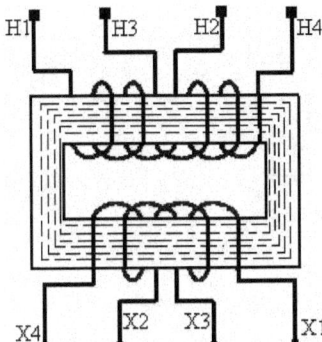

El lado primario tiene una bobina marcada con los terminales H1 y H2. Más otra con los terminales H3 y H4.

El lado secundario tiene las marcas X1 y X2 en una mitad de la bobina, más X3 y X4 en la otra mitad.

Estos transformadores que por lo general son del tipo seco (Enfriados por aire) la placa colocada por el fabricante, indica dos voltajes de funcionamiento, uno alto y otro bajo.

Una combinación de voltajes típicos es: 240/480 (En el lado de mayor vueltas) donde 480 es el voltaje alto y 240 el voltaje bajo.

Otra combinación es 120/240 (En el lado de menor vueltas) donde 120 es el voltaje bajo y 240 es el voltaje alto.

Para que el transformador funcione con el voltaje alto, las boinas se combinan en serie. H2 con H3 en lado con más vueltas. X2 con X3 en lado con menos vueltas.

Cuando queremos el voltaje bajito, las bobinas se combinan en paralelo. (X1 con X3) y (X2 con X4) en el lado de menores vueltas.

(H1 con H3) Y (H2 con H4) en el lado de mayores vueltas.

Fíjese que aquí, en la combinación paralela, lo que hicimos fue combinar los números nones juntos (1y3) y los números pares juntos (2y4).

Refrigeración y Aire Acondicionado

Combinaciones comunes.

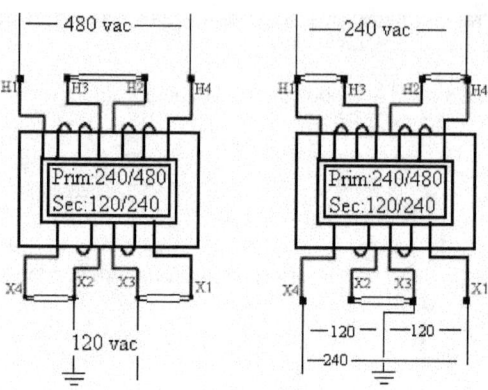

Observe que en todas las combinaciones 120 VAC secundarías, un terminal del transformador está conectado a tierra.

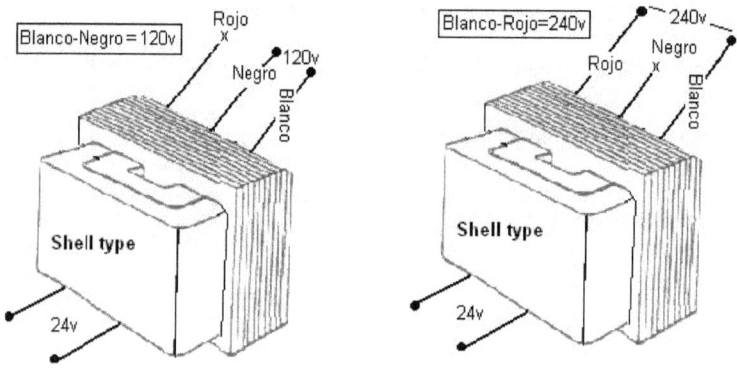

Refrigeración y Aire Acondicionado

Capacidad en KVA del transformador.

La capacidad de un transformador para hacer trabajo, se mide en:

(VA) Voltio / ampere, (KVA) Kilo voltios - amperes y (MVA) Mega voltios / amperes.

Siendo el más común en nuestro trabajo el **KVA**.

La placa puesta en el transformador por el fabricante, nos dice el voltaje primario y secundario máximo que pueden soportar las bobinas. También nos dicen la capacidad del transformador en KVA.

Si conocemos el voltaje y los KVA del transformador, podemos entonces calcular la corriente primaria y secundaria que pueden suplir los embobinados, usando la siguiente ecuación matemática. $I = \dfrac{KVAx1,000}{E}$

Si estamos calculando la corriente primaria usamos: Voltaje primario. **Ep**

Pero si calculamos la corriente secundaria usaremos: Voltaje secundario **Es**

Tomemos un transformador de 2,400 voltios en el lado primario y 120 voltios en el lado secundario con 50KVA de capacidad.

¿Cuánto es la corriente en el lado primario? Ip

$$Ip = \frac{KVAx1000}{Ep} = \frac{50x1,000}{2,400} = \frac{50,000}{2,400} = 20.83amp.$$

¿Cuánto es la corriente en el lado secundario? Is

$$Is = \frac{KVAx1,000}{Es} = \frac{50x1,000}{120} = \frac{50,000}{120} = 416.666amp.$$

Refrigeración y Aire Acondicionado

Combinación de las bobinas secundarias.

Los fabricantes proveen el modo de combinar las bobinas secundarias, mediante tornillos o barras, de tal forma, que se pueda obtener más de un voltaje en su salida.

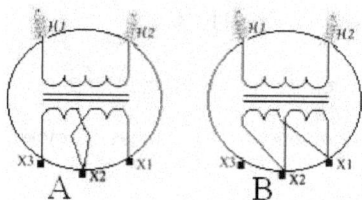

Cuando se trabaja el transformador para conseguir el voltaje mayor en la salida secundaria, sus bobinas se conectan en serie, figura (A).

Si estamos trabajando para conseguir el voltaje menor, entonces combinamos las bobinas secundarias en paralelo, figura (B).

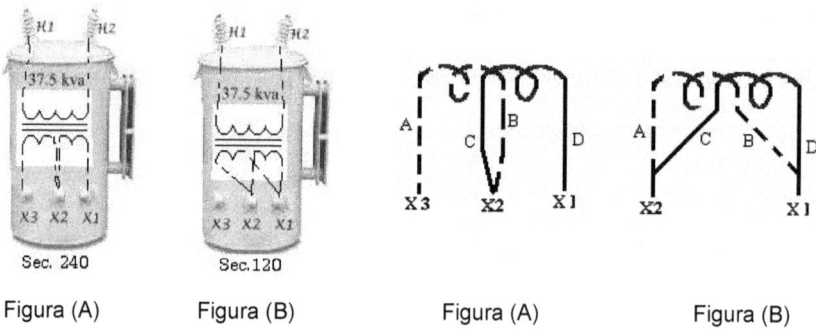

| Figura (A) | Figura (B) | Figura (A) | Figura (B) |

Si remueve la tapa del tanque, notará que los terminales de conexión están marcados con las letras (A – B) en una bobina y (C – D) en la otra.

Refrigeración y Aire Acondicionado

Definición de motores eléctricos.

NEC 96 artículo 430

El motor eléctrico es un compuesto de piezas electromecánicas bien organizadas y bien delineadas, con la capacidad de convertir, energía eléctrica en energía mecánica.

Apoyándose en el principio descubierto por Orstedt, Faraday construyó en 1821 el primer prototipo de un motor eléctrico.

 Aunque este motor no era un modelo de utilidad funcional, dejaba ver los principios de rotación que son necesarios para su construcción.

Las partes básicas del motor eléctrico son:

1. **El estator:** Es la parte del motor que no se mueve, aloja los embobinados en su interior.
2. **El rotor:** Es la parte del motor que gira constantemente y tiene un saliente o eje.
3. **Las bobinas:** Su arreglo interno en el motor le dan forma a los polos o campos magnéticos.
4. **Las tapas:** Cubren los embobinados y sostienen el eje en su centro a través de cajas de bolas o casquillos de metal.

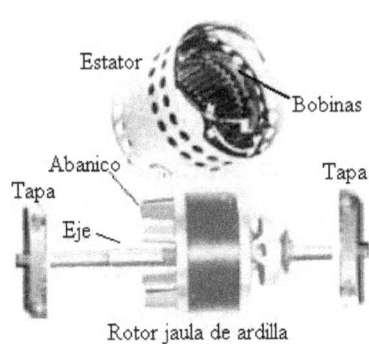

Rotor jaula de ardilla

Refrigeración y Aire Acondicionado

Motores eléctricos comunes.

El motor más común de A-C es el tipo de inducción, que no tiene conexión física entre el rotor y el estator.

Hay aproximadamente una separación de 10 milésimas de pulgada entre el rotor y el núcleo de metal que contiene las bobinas.

Cada embobinado representa un polo magnético.

Este arreglo es, para un motor de dos polos.

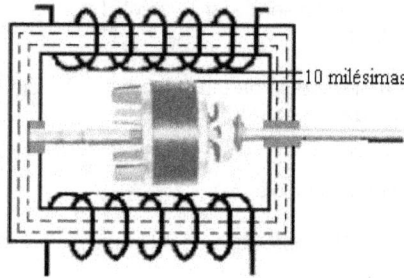

El rotor del motor de inducción se le llama jaula de ardilla por la construcción del embobinado semejante a la jaula usada para ardillas.

El rotor se comporta en el circuito como si fuera un imán permanente.

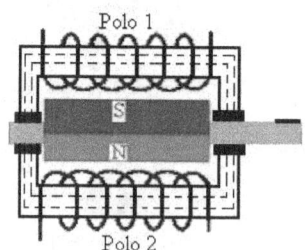

Refrigeración y Aire Acondicionado

Movimiento de la corriente en los motores eléctricos.

Las bobinas se alambran de tal modo, que la corriente fluye en una dirección en el polo 1 y en dirección contraria en el polo 2. Según cambie la dirección del ciclo alterno, los polos magnéticos también cambiarán de polaridad.

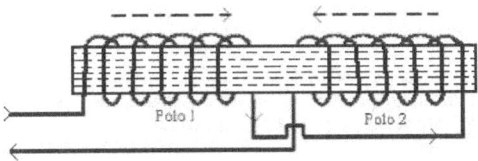

Cuando se aplica corriente alterna a los polos del estator, el campo magnético resultante interactúa con los polos del rotor causando que éste gire sobre su eje. El rotor efectúa una vuelta completa por cada ciclo de corriente alterna que se le aplique al estator.

Podemos notar que cada vez que la corriente está en cero (0°) la inercia impulsa el rotor más allá de la posición horizontal.

Nuevamente en está posición, la corriente alterna invierte su dirección y se repite la operación, logrando que el rotor gire 360° eléctricos para completar una vuelta o revolución.

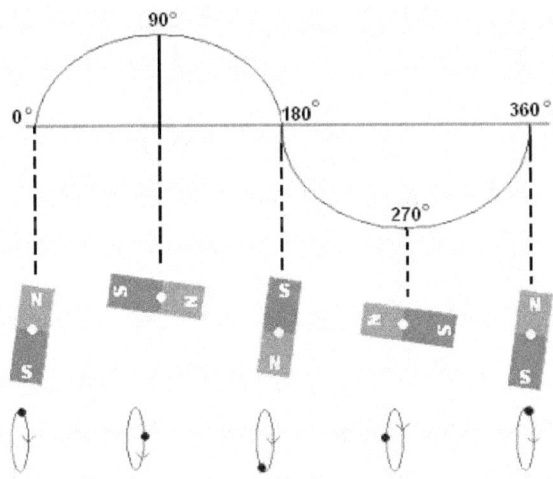

Inercia: Es la fuerza que mantiene los cuerpos en movimiento.

Refrigeración y Aire Acondicionado

Velocidad de los motores eléctricos.

La velocidad a que gira un motor se expresa en revoluciones por minuto R.P.M. Se Calcula mediante la siguiente ecuación matemática

$$R.P.M. = \frac{ciclos X 120}{Polos} =$$

Este es el caso de un motor de **2** bobinas o polos, la frecuencia es de **60** ciclos por segundo y la corriente hace **120** alternaciones en un segundo.

$$R.P.M. = \frac{ciclos X 120}{Polos} = \frac{60 X 120}{2} = \frac{7,200}{2} = 3,600 RPM$$

Podemos calcular los polos de un motor, si conocemos la velocidad a que esta girando el rotor, en revoluciones por minuto.

$$Polos = \frac{60 x 120}{R.P.M.} = \frac{7,200}{3,600} = 2$$

Un motor de 4 polos 230V esta conectado a una corriente de 60 ciclos por segundos. ¿Cuántas vueltas completará en un minuto?

$$R.P.M. = \frac{60 x 120}{Polos} = \frac{7,200}{4} = 1,800$$

Un motor que gira a 1,800 revoluciones por minuto. ¿Cuántos polos tiene en su embobinado interior?

$$Polos = \frac{60 x 120}{R.P.M.} = \frac{7,200}{1,800} = 4$$

En los motores eléctricos, encontraremos dos velocidades diferentes:

1. La que se calcula mediante la formula anterior, llamada **velocidad sincrónica**.

2. La que se mide con un tacómetro, con el motor a plena carga, llamada velocidad operacional.

Tacómetro: Instrumento para medir velocidad en R.P.M.

Refrigeración y Aire Acondicionado

Deslizamiento de rotor.

La corriente monofásica no es eficiente totalmente, puesto que tiene periodos de tiempo en que su valor esta en cero. Un motor eléctrico tendría que continuar moviendo la carga durante los periodos de cero corriente.

Lógicamente podemos deducir que la carga bajo estas condiciones funcionará como un freno en los momentos que el motor no esta recibiendo energía.

Por suerte estos espacios de cero corriente son cortos y la inercia mantiene el rotor girando pero con una reducción en la velocidad por efecto de la carga.

Mientras mayor sea la carga movida, mayor será la reducción en la velocidad. Esta velocidad se llama operacional y el efecto de reducción se llama, deslizamiento del rotor. Se expresa en por ciento %.

El deslizamiento se calcula con la siguiente ecuación:

$$DESLIZAMIENTO = \frac{RPMS - RPMO}{RPMS} X100$$

RPMS = Revoluciones por minutos, sincrónicas.
RPMO = Revoluciones por minutos, operacionales.

Un motor de 240 VAC 60 Hz de 2 polos, funciona a 3,600 RPMS.

$$RPM = \frac{Ciclos X120}{Polos} = \frac{60 X120}{2} = \frac{7,200}{2} = 3,600$$

Esta es la velocidad sincrónica, la que se calcula por esta ecuación matemática.

El operador, usando un tacómetro, mide la velocidad del rotor en plena carga y toma una lectura de **3,500 RPM**. Esto es la velocidad operacional, la que se mide con un tacómetro con el motor funcionando a plena carga.

$$D = \frac{RPMS - RPMO}{RPMS} X100 = \frac{3,600 - 3,500}{3,600} X100 = \frac{100}{3,600} X100 = 2.77\%$$

Este rotor tiene un deslizamiento de 2.77% que es adecuado para un buen funcionamiento. El máximo permisible es de 3%, un por ciento mayor es indicativo de problemas con el mo- tor, con el cálculo de la carga que puede mover este motor o con las partes mecánicas del sistema.

Refrigeración y Aire Acondicionado

Caballos de fuerza.

La capacidad de los motores eléctricos para hacer trabajo, se expresa en caballos de fuerza (HP).

El "Horse power" es una medida de trabajo mecánica, equivalente a levantar 33,000 libras de peso a una altura de 1 pie en 1 minuto.

Tiene la siguiente ecuación matemática:

$$\frac{\text{Pies X Libras}}{\text{Tiempo X 33,000}} \qquad \text{Tiempo en minutos.}$$

$$\frac{\text{Pies X Libras}}{\text{Tiempo X 550}} \qquad \text{Tiempo en segundos.}$$

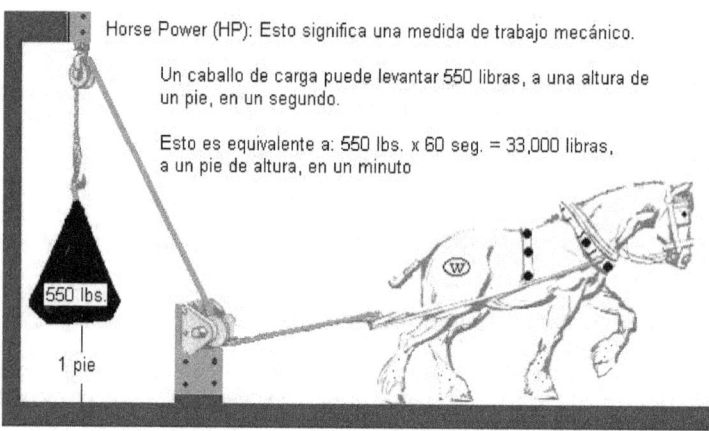

Horse Power (HP): Esto significa una medida de trabajo mecánico.

Un caballo de carga puede levantar 550 libras, a una altura de un pie, en un segundo.

Esto es equivalente a: 550 lbs. x 60 seg. = 33,000 libras, a un pie de altura, en un minuto

Un caballo de fuerza mecánica, tiene una equivalencia matemática de **746** watts eléctricos.

Esto quiere decir que para mover 33,000 libras de peso a una distancia de 1 pie, en un minuto, se requieren unos 746 watts de potencia eléctrica.

De igual modo para mover 550 libras de peso a una distancia de un pie, en un segundo, se requieren 746 watts eléctricos.

Refrigeración y Aire Acondicionado

Motores monofásicos de inducción.

Los motores monofásicos de inducción están provistos de bobinas auxiliares y otros meca-nismos electromecánicos para el arranque. Son diseñados para usos residenciales o co-merciales.

Los motores monofásicos hasta 5 H.P. se clasifican de acuerdo a su construcción y forma de arranque.

1. Universal
2. "Split phase" (Fase partida)
3. "Capacitor Start" (Arranque por capacitor)
4. Polo Inducido
5. Sincrónico

Veamos cada uno, en el mismo orden que fueron listados.

Motor universal.

Este motor es de uso diario para nosotros, se le llama universal porque puede funcionar con corriente alterna o con corriente directa.
Lo encontramos en la sierra eléctrica, en el taladro, en los utensilios de cocina y muchos otros más.

Los motores para corriente directa, incluyendo los universales se distinguen por su rotor de-vanado y las escobillas.

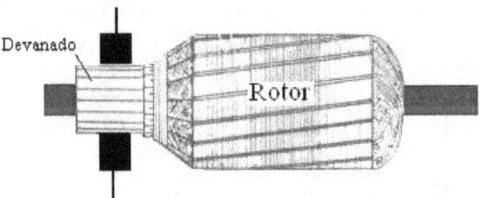

En el punto del devanado que tiene contacto con la escobilla superior, comienza una bobina que esta alojada en el interior del rotor y termina en el devanado que tiene contacto con la escobilla inferior.

En esta forma cuando las escobillas aplican corriente a esta bobina se forma un campo magnético o polo que hace girar el rotor, hasta el otro par de devanados más cercano para repetir la misma operación, uno por uno, hasta el final de la vuelta completa o rotación. Las escobillas siempre estarán en contacto con ambos extremos de alguna bobina colocada en el rotor, para formar un campo magnético.

Refrigeración y Aire Acondicionado

Motor universal.

Sus partes básicas son:

El rotor devanado, los campos, las escobillas, los porta escobillas, el estator, los casquillos o cajas de bola y las dos tapas.

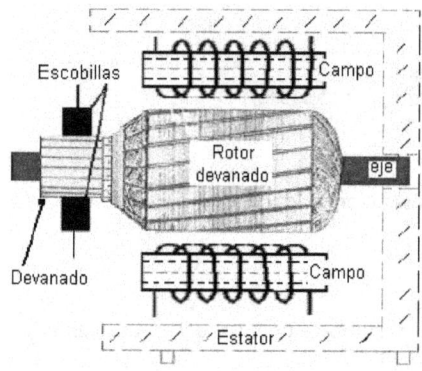

Su circuito eléctrico es muy simple, solamente hay un camino para el paso de la corriente. **El circuito esta conectado en serie.**

Este motor tiene un gran potencial de arranque o torque, pero no esta diseñado para uso continuo.

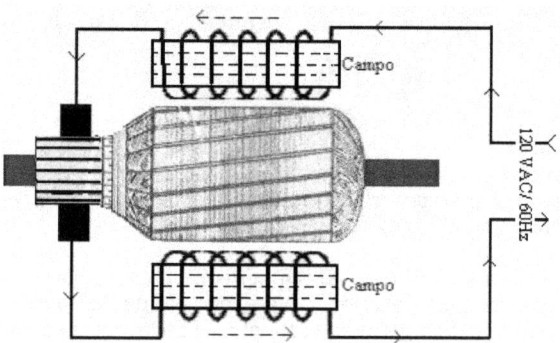

Refrigeración y Aire Acondicionado

Motor de fase partida. (Split phase)

El motor "Split phase" se usa frecuentemente en potencias de 1/30 a ½ H.P. para abanicos, trituradores, lavadoras, secadoras. Este motor requiere la ayuda de equipo auxiliar para el arranque. Suele usar, además de las bobinas de marcha, otro embobinado auxiliar para el arranque.

Estos dos embobinados, se colocan en el estator, a 90° eléctricos.

Las bobinas de marcha: Son de un calibre más grueso de alambre y permanecen conectadas al circuito todo el tiempo que el motor esta en funcionamiento. El conductor eléctrico es más grueso que el de las bobinas de arranque y su resistencia es menor en ohmios.

Las bobinas de arranque: Son de un calibre de alambre más fino que las bobinas de marcha. Estas bobinas están conectadas al circuito por unas fracciones de segundo e inmediatamente que el rotor alcanza un 75% de su velocidad son desconectadas del circuito.

Su resistencia en ohmios resulta mucho mayor, que la resistencia en las bobinas de mar- cha.

La bobina de marcha tiene sus terminales marcados (T1) Y (T4)

La bobina de arranque tiene sus terminales marcados (T5) Y (T8)

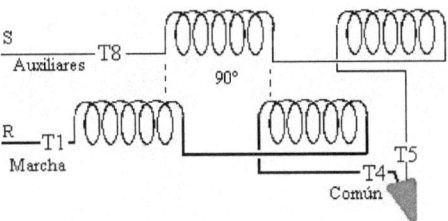

Una vez interconectadas las bobinas, saldrán del sistema tres conductores, marcados **C** para el lado donde se une un terminal de cada bobina. **R** para la bobina de marcha y **S** para la bobina de arranque. Las letras corresponden a sus palabras originales en ingles, "**R**un winding" y "**S**tart winding". Este motor funciona con un rotor jaula de ardilla.

El interruptor centrífugo.

Es un dispositivo mecánico que consta de dos partes, la parte eléctrica que esta montada en una de sus tapas y la parte mecánica que esta montada en el eje del rotor.

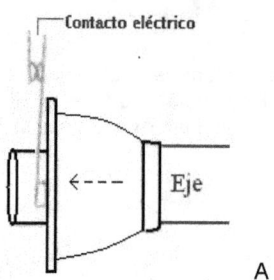

A

La parte eléctrica es un interruptor que se activa por la acción del mecanismo montado en el eje del rotor.

Cuando el motor se detiene la parte mecánica se desliza hacia el frente y cierra el interruptor al presionarlo. Figura (A)

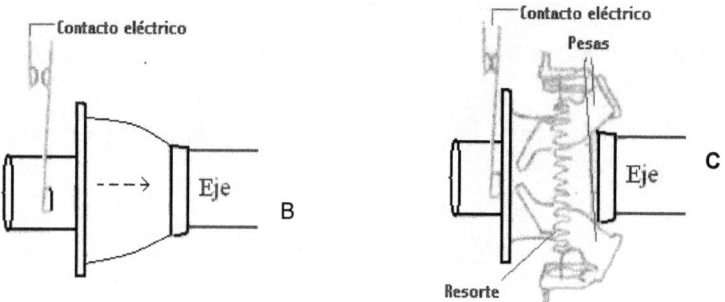

Cuando el motor arranca y alcanza el 75% de su velocidad, la fuerza centrífuga que se crea en la rotación, activa el mecanismo montado en el eje, haciendo que se mueva hacia atrás. Figura (B) De esta forma el interruptor queda libre y abre sus contactos.

Esta pieza contiene en su interior un par de contrapesas y uno ó dos resortes. (C)

Refrigeración y Aire Acondicionado

Motor de fase partida. (Split phase)

Esquemáticos

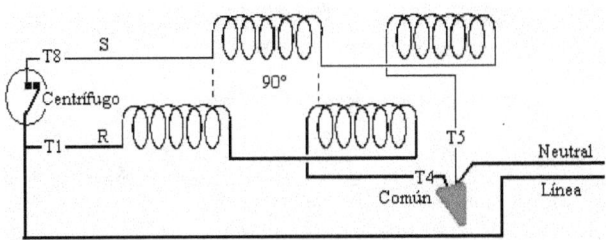

Puede notar que la bobina de marcha tiene el terminal **T4** conectado a **neutral** y el terminal **T1** conectada a línea.

Esta bobina permanece conectada al voltaje mientras el motor esta energizado.

La bobina de arranque tiene el terminal **T5** conectado a **neutral** y el terminal **T8** conectado al interruptor centrífugo.

Solamente recibirá corriente cuando el motor este parado, en posición de arrancar y se desconectará tan pronta la fuerza centrífuga active el mecanismo y abra el interruptor.

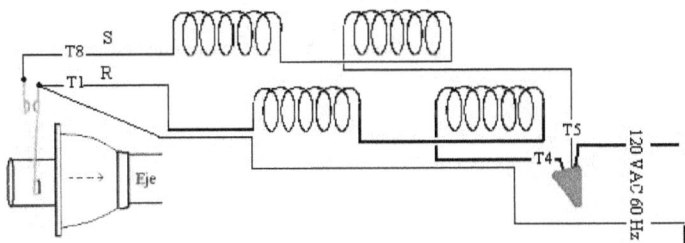

En este plano esquemático vemos el motor corriendo, Se visualiza el interruptor eléctrico abierto y la parte mecánica del centrífugo se deslizó hacia atrás.

Para cambiarle la rotación a este motor, basta con intercambiar la posición de T5 Y T8 en el alambrado del motor.

Refrigeración y Aire Acondicionado

Capacitor

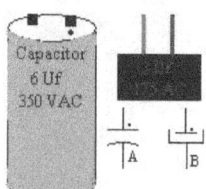 Son los dispositivos usados para aumentar el par de arranque y mejorar el factor de potencia en los motores eléctricos. Los capacitores se emplean primordialmente para adelantar la corriente en el embobinado de arranque. (Starting winding) La capacidad de estos dispositivos se expresa en microfaradios. (M F D)

Símbolos: A, esquemático. B, industrial.

El voltaje que indica la caja del capacitor, es lo máximo que se le puede aplicar. El voltaje que tiene que soportar el dispositivo es el voltaje de la línea Pico a Pico más la fuerza contraelectromotriz generada en la bobina del motor. (fcem)

Los capacitores en un motor pueden ser conectados en paralelo o en serie, ya sean estos de marcha o de arranque.

Cuando los capacitores se conectan en paralelo, la capacidad total, es la suma de todas las capacidades individuales, y el voltaje a el que pueden trabajar, será el del capacitor de me- nor voltaje en el sistema.

Tres (3) capacitores de 30 MFD/180 V, 3 MFD/200 V y 10 MFD/250V conectados en paralelo tendrían una capacidad de:

MFD = 30 +3 +10 = 43 MFD/180 V (Este es el voltaje mas bajo, de todos)

Los capacitores conectados en serie se calculan de modo diferente:

Tres capacitores de 30, 10, 3 Uf, conectados en serie su capacidad total será:

$$Uf = \frac{1}{1/30 + 1/10 + 1/3} = \frac{1}{.033 + .1 + .333} = \frac{1}{.466} = 2.145$$

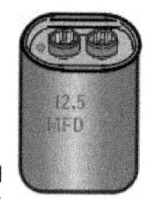

El terminal marcado con un punto o flecha en un capacitor de AC indica el terminal más cerca del borde metálico del envase y la línea viva, se conectará en este terminal marcado.

Note que cuando el capacitor se conecta en **paralelo**, se suman sus valores.

Cuando se conectan en **serie** se calculan por el reciproco de sus valores.

Refrigeración y Aire Acondicionado

Construcción del capacitor.

En su forma más sencilla el capacitor se compone de dos placas metálicas separadas por un dialéctrico de aire, cerámica, aceite o papel entre otros. .

La capacidad de estos dispositivos se determina por dos factores:

1. El área de la superficie de las placas.

2. La distancia entre las placas.

La etiqueta de cada capacitor indica, su capacidad y su voltaje nominal. El resistor en los terminales del capacitor se encarga de nivelar los potenciales eléctricos entre las dos placas, cuando esta desconectado, para reducir el riesgo de una descarga.

Usualmente son de un valor alto 240KΩ o mayores.

Recuerde el capacitor se carga con electrones y crea una diferencia de potencial entre sus dos terminales.

Si conectamos un resistor de modo que los electrones acumulados en una placa viajen hacia la otra, los potenciales se nivelarán.

Recuerde: Si no hay diferencia de potencial, no habrá voltaje en los terminales.

Los capacitores diseñados para voltaje alterno, no funcionan ni son iguales a los diseñados para corriente directa.

Los capacitores en DC almacenan corriente en forma de un campo electroestático para crear un flujo de corriente sin interrupciones a la carga.

Los que están diseñados para AC tienen la función de adelantar la corriente en el circuito 90° eléctricos con respecto al voltaje.

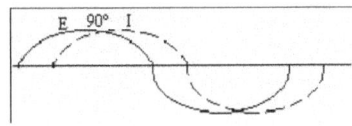

No intente remplazar un capacitor AC por uno DC.

Refrigeración y Aire Acondicionado

Motores de arranque por capacitor.

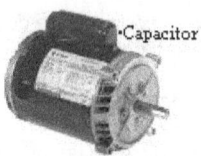

Estos motores tienen el mismo embobinado que los motores de fase partida. Con la excepción de que a éste, se le incorporo un capacitor en serie con la bobina de arranque, controlado también por el interruptor centrífugo.

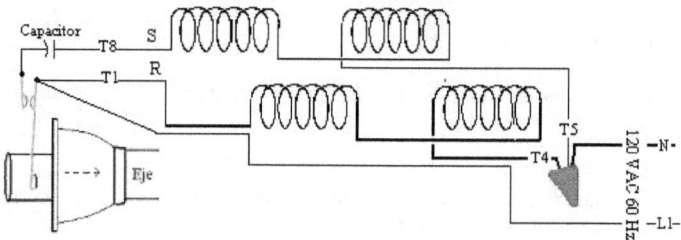

El capacitor adelanta la corriente en el circuito, para aumentar el torque de arranque en el motor y lograr que se ponga en movimiento.

Hay motores que funcionan sin el interruptor centrífugo, utilizando solamente un capacitor para el arranque. Se les llama motores de condensador permanente.

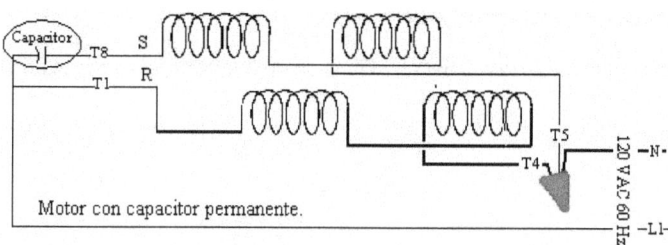

Motor con capacitor permanente.

Refrigeración y Aire Acondicionado

Cambio de voltaje y rotación.

Tanto el motor "Capacitor start" como el motor "Split phase" se compran para un solo voltaje (3 conductores) o para dos voltajes (6 conductores).

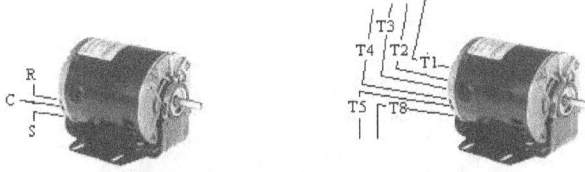

Cuando el motor tiene 3 conductores es para un voltaje específico y una rotación predeterminada.

Cuando salen del interior 6 conductores podemos cambiarle tanto el voltaje de conexión, como la rotación.

Cambiar voltaje.

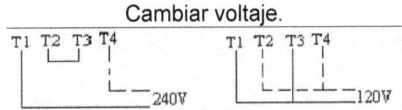

Combinación de los terminales del motor para el alto o el bajo voltaje.

Dirección de la rotación.

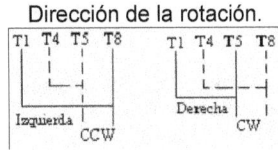

Combinación de los terminales de la bobina de arranque para rotación derecha cw o izquierda ccw

Los números y letras están impresos o clipeados en el conductor.

Refrigeración y Aire Acondicionado

Motor de polo inducido.

Este es un motor fraccionario, menos de 1 h.p. tiene un torque de arranque muy pobre y sólo se utiliza para cargas pequeñas. Es muy usado en extractores de baños y refrigeradores, especialmente para hacer circular el aire a través del evaporador.

Este motor tiene un par de anillas de cobre montadas en el núcleo, las cuales tienen la misión de retrasar el flujo magnético unos cuantos grados, de modo que el rotor pueda lograr el arranque.

Para cambiarle la rotación es necesario sacar los tornillos y la base que sujetan el rotor en su posición original e insertarlo nuevamente por el lado contrario.

Típicamente el eje del rotor tiende a pegarse de los casquillos como resultado del polvo y la grasa evitando que el rotor pueda girar.

Otros modelos tienen casquillos plásticos que se desgastan y el rotor se recuesta contra la masa cuando se magnetiza.

Los motores que se utilizan en los "Timers" son del tipo sincrónico, llamados así porque giran en consonancia con los 60 ciclos de la corriente alterna.

Normalmente son reemplazables, no se reparan no se les cambia la rotación.

Estos tipos de relojes están perdiendo terreno en el mercado con sus competidores digitales programables.

Esquemáticos

Motor universal.

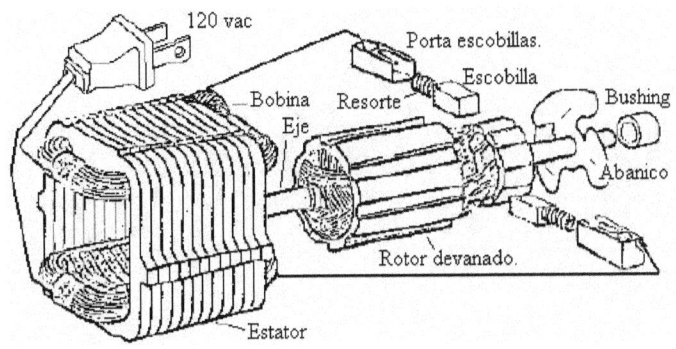

Motor de polo inducido.

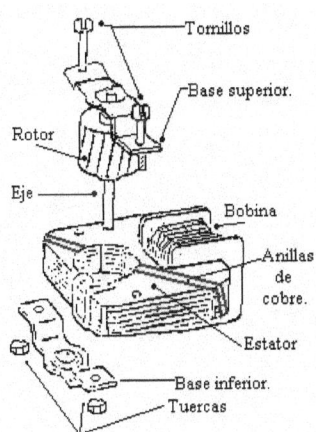

Refrigeración y Aire Acondicionado

Motor de fase partida.

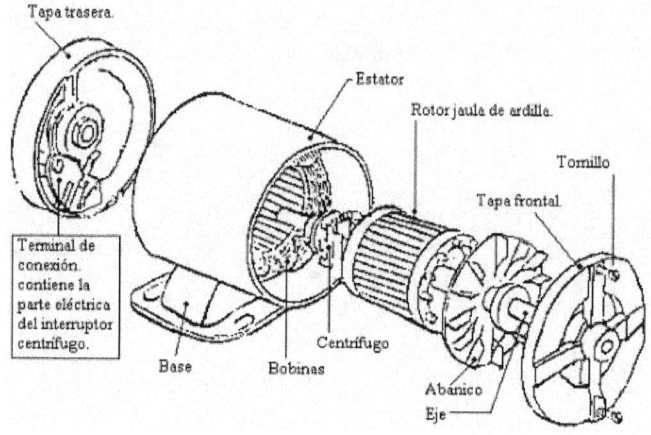

Motor con capacitor.

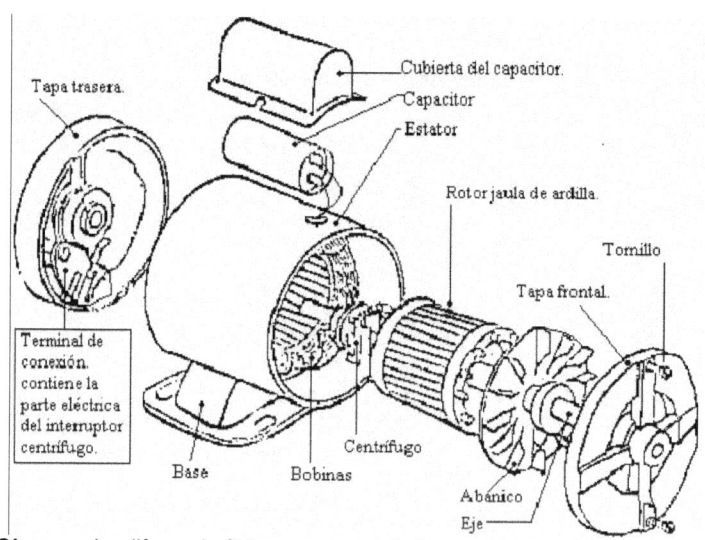

Observe: La diferencia física es, que el de fase partida no tiene capacitor.

Refrigeración y Aire Acondicionado

Motores trifásicos de inducción.

Los motores de inducción diseñados para tres fases se distinguen por el **rotor jaula de ardilla** y sus **tres embobinados** montados en el estator con **120°** de separación entre sí. Cada bobina es energizada por una línea del sistema trifásico.

El otro extremo de la bobina marcado FA, FB, y FC determinará si el motor esta en delta o en estrella, partiendo del modo como se combinen estos tres terminales.

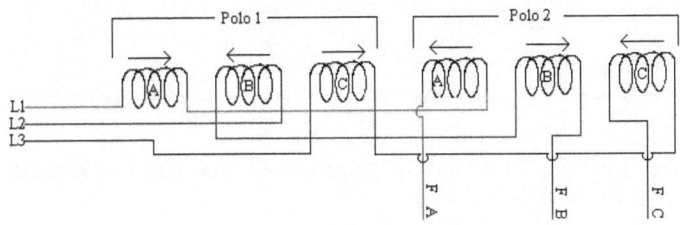

Cada polo del motor esta formado por tres bobinas, cada una representando una fase del sistema. Observe que L1 Alimenta la primera bobina A en el polo 1 y luego alimenta la siguiente bobina A pero en el polo 2.

Note que hay un solo camino a través de las dos bobinas, pero la corriente viaja en dirección contraria en cada una de ellas para asegurar que cuando una tenga un polo norte la otra tenga un polo sur. (Observe la dirección de las flechas, arriba)

Un motor de dos polos cuenta con seis bobinas, tres por cada polo. Un motor de cuatro po- los tendría:

4 polos x 3 bobinas cada polo = 12 bobinas.

Cuando se forma la bobina es muy posible que sea demasiado gruesa para acomodarse en la ranura que le corresponde en el estator. Entonces es necesario dividirla en secciones más pequeñas.

En la figura de arriba, las bobinas A, B, y C todas fueron divididas en tres pequeñas bobinas y conectadas en serie.

Refrigeración y Aire Acondicionado

Motores para dos voltajes.

Cuando del interior del motor salen tres conductores, este motor fue diseñado para un solo voltaje, el que dice la placa.

Pero si del interior salen nueve conductores, entonces este motor se puede combinar para dos voltajes diferentes, un voltaje alto y un voltaje bajito, según indique la placa del fabrican- te.

 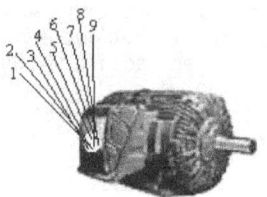

El motor diseñado para dos voltajes, sus conductores están marcados permanentemente desde T1 hasta T9.

Los terminales T10 (FA), T11 (FB) y T12 (FC) son el final de cada bobina y están combina- dos internamente en delta o en estrella.

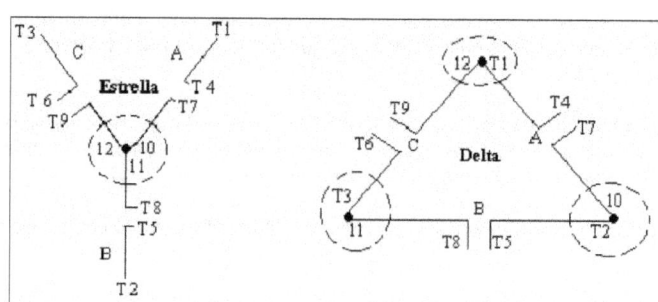

Combinación en Y ó)			
Delta	T1 y 12	T2 y 10	T3 y 11
Estrella	10, 11, 12 Juntos		

Refrigeración y Aire Acondicionado

Combinación para dos voltajes en estrella.

Motor estrella 3φ **208** / 480 voltios.

Este motor fue diseñado para dos voltajes, el alto (480) y el bajito (208)

En este caso el voltaje disponible en la planta es el bajito (208)

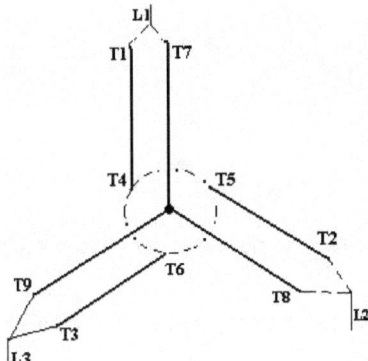

Se colocan las bobinas formando dos estrellas puestas en paralelo.
Note los terminales T4, T5 y T6 como forman su propio punto estrella.

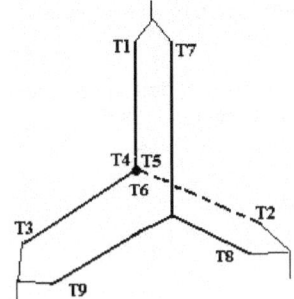

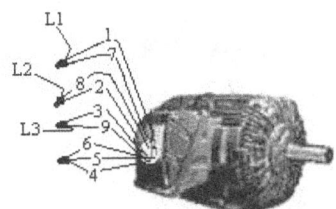

Voltaje	L1	L2	L3	Juntos
Bajo	(T1 -T7)	(T2 -T8)	(T3 -T9)	(T4 -T5 -T6)

Motor estrella 3φ 208 / <u>480</u> voltios.

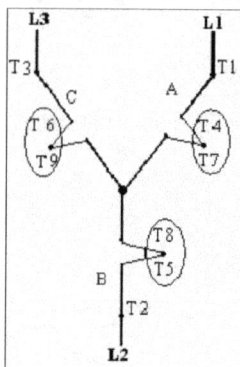

En este caso el voltaje en la planta es el alto (480) las bobinas del motor serán combinadas en serie.

Para cerrar las bobinas en serie basta con combinar los terminales que están en los círculos (arriba) según se ilustra.

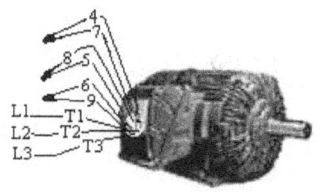

Voltaje	L1	L2	L3	Juntos
Alto	T1	T2	T3	(T4 -T7) (T5 -T8) (T6 -T9)

Evite cortar los conductores que salen de la caja de los motores eléctricos, pues esto podría dar lugar a que eliminemos las marcas hechas por el fabricante para identificar sus terminales.

Refrigeración y Aire Acondicionado

Combinación para dos voltajes en delta.

Motor delta 3φ 240 / **480** voltios.

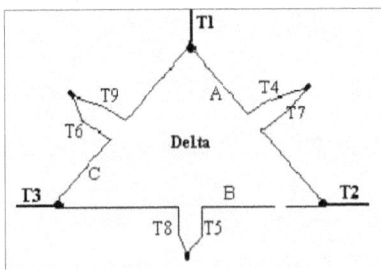

El voltaje en el área donde será instalado el motor es el alto (480)

Se cierran las bobinas en serie, combinando los terminales numerados (T4 y T7) (T5 y T8) (T6 y T9) según se ilustra en el dibujo superior.

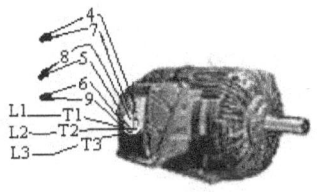

Voltaje	L1	L2	L3	Juntos
Alto	T1	T2	T3	(T4-T7) (T5-T8) (T6-T9)

Observe que cuando el motor corre en el voltaje alto, la combinación de los terminales es la misma, en estrella y en delta.

Refrigeración y Aire Acondicionado

Combinaciones delta 3φ <u>240</u> / 480 voltios.

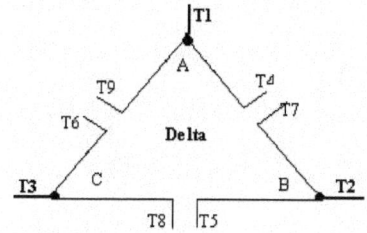

Para configurar la combinación de los terminales en una delta para bajo voltaje, dibuje el esquemático así. Observe que hay tres triángulos en el esquema. (A, B y C)

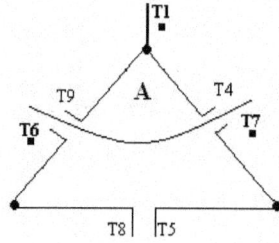

¿Qué terminales se conectan con L1?
1. Pase una línea debajo del triangulo marcado T1.
2. Observe debajo de la línea los terminales T6 Y T7.
3. Combine L1 con T1, T6 y T7.

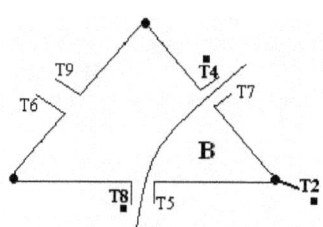

¿Qué terminales se conectan con L2?
1. Pase una línea después del triangulo marcado T2.
2. Observe que después de la línea están los terminales T4 y T8
3. Combine L2 con T2, T4 y T8.

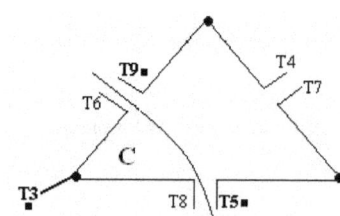

¿Qué terminales se conectan con L3?
1. Pase una línea después del triangulo T3.
2. Después de la línea vera los terminales T5 y T9.
3. Combine L3 con T3, T5 y T9

Refrigeración y Aire Acondicionado

Motor combinado en delta 240.

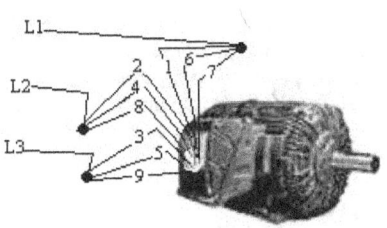

Voltaje	L1	L2	L3	Juntos
Bajo	(T1 -T6-T7)	(T2 -T4-T8)	(T3 -T5-T9)	Ninguno

En los motores diseñados para funcionar con tres fases, solamente se requiere que las tres líneas vivas del circuito, les sean conectadas.

Este arreglo no requiere el conductor neutral, pero el conductor verde de tierra tiene que estar conectado al cuerpo metálico del motor y a cualquier otro metal en la periferia que forme parte del sistema. El conductor de tierra se calculara de acuerdo al   NEC 99 Tabla 250-95

Conductor a tierra
Tabla 250-95

Amperes del "Breaker" principal o fusible	Conductor en cobre A. W. G. verde
20	12
30	10
40	10
60	10
100	8
200	6
300	4
400	2

Un motor alimentado a través de fusibles con capacidad para 200 amperios, deberá tener un conductor verde para tierra número 6AWG en cobre, de acuerdo a la tabla 250-95 del Código Eléctrico Nacional.

Refrigeración y Aire Acondicionado

Compresores

Repasemos: El compresor mecánico recibe refrigerante a baja temperatura y baja presión por la línea de succión y lo comprime elevando su temperatura y su presión, luego lo envía a través de la descarga hacia la línea de alta y al sistema de condensación. De los sistemas inventados para producir refrigeración, el más usado al día de hoy es el sistema mecánico por compresión. Este método de refrigeración tiene sus principios fundados en un artefacto de acción mecánica impulsado por electricidad, al cual se le llama compresor.

Hay diferentes tipos de compresores:

- ¾ Reciprócante o alterno
- ¾ Rotativo de una o varias hojas
- ¾ Centrífugo
- ¾ Helicoidal o de Tornillo

Reciprócante o alterno:

Es aquel que recibe un movimiento rotativo y lo convierte en un movimiento alterno.

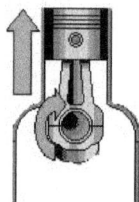 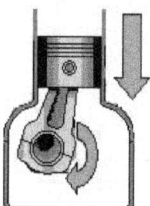 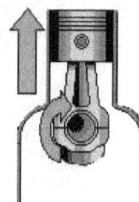 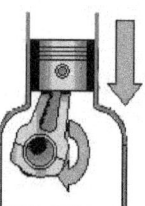

Tipos de compresores alternativos:

- ¾ **Abiertos** Son desarmables, tienen un eje saliente y por consiguiente deben usar sellos.

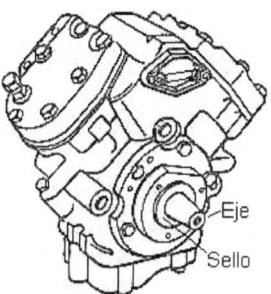

Refrigeración y Aire Acondicionado

Los cuatro tiempos del pistón.

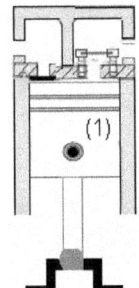

Pistón arriba: (1)

Válvulas (flappers) de succión y de descarga cerradas.

El pistón no está comprimiendo ni succionando

(Punto muerto superior).

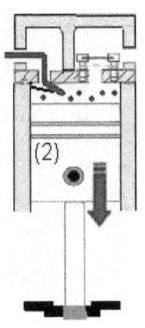

Pistón bajando: (2)

Válvula (Flapper) de succión abierta,

válvula de descarga cerrada.

El pistón está succionando.

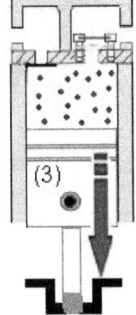

Pistón completamente abajo: (3)

Válvulas (Flappers) de succión y de descarga cerradas.

El pistón no está comprimiendo ni succionando.

(Punto muerto inferior).

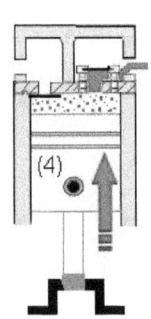

Pistón subiendo: (4)

Válvula (Flapper) de succión cerrada,

válvula de descarga abierta.

El pistón está descargando.

Refrigeración y Aire Acondicionado

Semi hermético: Son completamente desarmables, están movidos por un motor interno eléctrico, no tiene saliente por consiguiente no usa sellos.

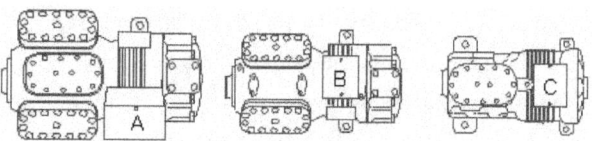

A. Compresor de 3 cabezales (heads) 6 cilindros.

B. Compresor de 2 cabezales (heads) 4 cilindros.

C. Compresor de 1 cabezal (head) 2 cilindros.

¾ **Hermético**: No son desarmables, están encerrados dentro de un caparazón metálico y son movidos por un motor eléctrico interno acoplado a un mismo eje, no tiene saliente por consiguiente no usa sello.

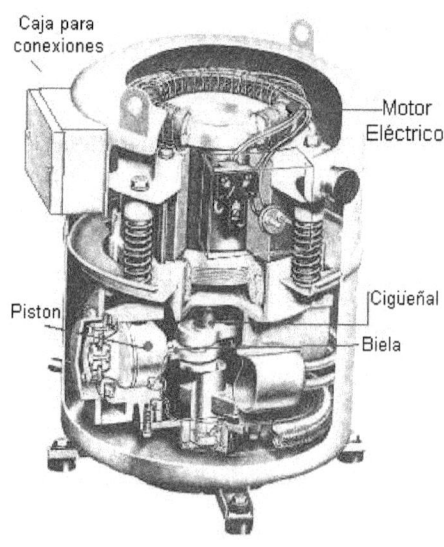

Caja para conexiones

Motor Eléctrico

Piston

Cigüeñal

Biela

Refrigeración y Aire Acondicionado

Compresores rotativos.

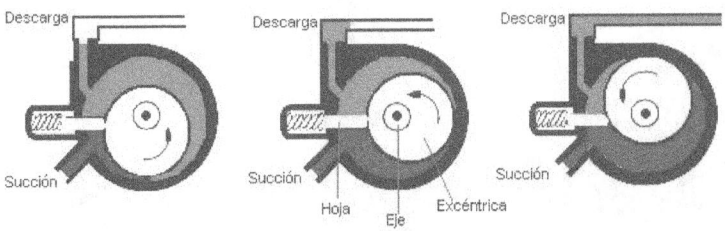

Compresor rotativo de una hoja fija:

Este compresor de una sola hoja tiene un rotor montado fuera de centro (excéntrica). La hoja está constantemente presionado las paredes de la excéntrica, y su función es dividir la descarga de la succión. Ambas operaciones, succión y descarga, se realizan simultáneamente.

Compresor rotativo de varias hojas.

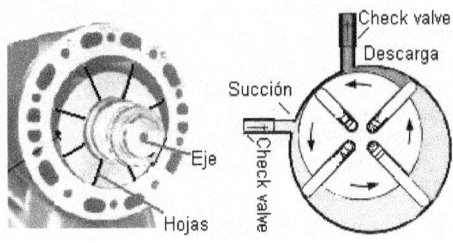

En los compresores rotativos de varias hojas, éstas son colocadas en el rotor de tal modo, que hagan una presión constante contra las paredes del cilindro. Al entrar el refrigerante por el lado de succión queda atrapado entre las hojas del rotor y es arrastrado y comprimido continuamente hasta llevarlo a la zona de alta presión en la descarga. Ambos compresores de una y varias hojas (Vienen desde una, hasta doce hojas) están provistos de válvulas tanto de succión como de descarga del tipo direccional (Check valve). Esto evita que el refrigerante que entra por succión y el que sale por la descarga retrocedan.

Compresores centrífugos.

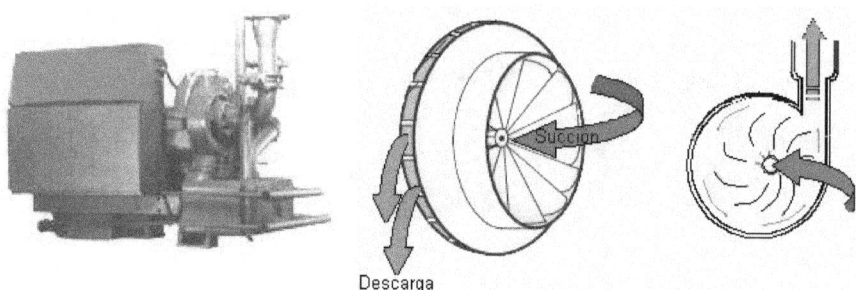

Descarga

En los compresores centrífugos, el desplazamiento del fluido es esencialmente radial.

El fluido aspirado por el ojo del impulsor, es lanzado hacia las paredes laterales a una alta velocidad, comprimiendo de esta forma las moléculas del refrigerante; la compresión lograda por este medio es bien poca. Por esta razón es usual hallar compresores centrífugos con dos o tres turbinas denominado etapas de compresión.

Después que la energía cinética se ha convertido en presión, el fluido es conducido hacia el centro del próximo impulsor y así sucesivamente.

Las velocidades de funcionamiento son bastante altas comparadas con otros compresores. Velocidades comprendidas entre 50,000 hasta 100,000 R.P.M. Los compresores centrífugos, con velocidades próximas a las 20,000 R.P.M. suele ser la gama comercial más común, aún cuando se están fabricando con velocidades un tanto mayores.

Como estos compresores son de alta velocidad, son lubricados por una bomba **externa** que proporciona una inyección constante de aceite. La bomba de aceite es la primera en arrancar y es la última en detenerse. Esta bomba de aceite, no forma parte del sistema.

En el ojo de la turbina se monta un sistema mecánico que permiten controlar el volumen de succión del refrigerante a través del ojo de la turbina. Las aletas aquí instaladas se conocen con el nombre de "Blades" y controlan la capacidad del equipo.

(Los "Blades" están controlados por un sistema electrónico).

El tubo aislado, es el de baja temperatura, y se aísla con el propósito de evitar condensaciones entre el evaporador al compresor.

Estos compresores trabajan con **(R II)**.

Refrigeración y Aire Acondicionado

Compresor de tornillo (Helicoidal)

Consta de dos partes principales, el macho y la hembra.

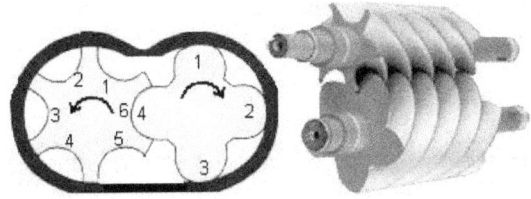

El macho tienen cuatro (4) dientes y la hembra tiene seis (6) dientes.

Usan refrigerantes: Amoníaco y R-22.

El refrigerante que entra a este compresor queda atrapado entre los dientes del macho y la hembra, es comprimido y arrastrado hacia la línea de descarga. Este tipo de compresor se usa en aplicaciones industriales con capacidad de diez toneladas o más.

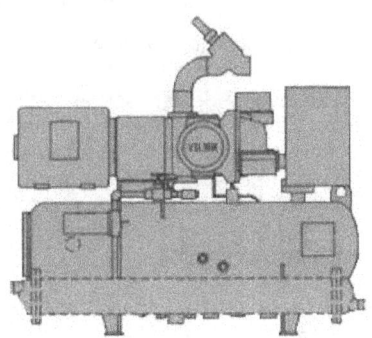

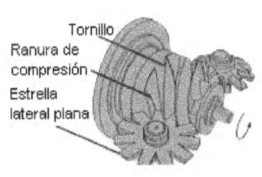

El compresor de tornillo sencillo es una máquina rotativa de desplazamiento positivo con inyección de aceite que puede ser operada con los refrigerantes industriales más comúnmente utilizados. Este consiste de un tornillo helicoidal central, el cual está flangeado por un par de rotores del tipo estrella. Los rotores se acoplan a la forma del tornillo para formar una sola pieza en la cámara interna del compresor. El arreglo de las válvulas deslizantes duales incorpora una válvula deslizante de reducción de capacidad infinita desde 100% hasta 10%, y una válvula deslizante totalmente independiente para la regulación del radio de volumen del compresor de acuerdo a los requerimientos del sistema. Este arreglo patentado provee la función de regular y controlar el radio de volumen del compresor a plena carga o parcial, lo cual no puede ser realizado en los compresores de tornillo dobles.

Usan refrigerantes: Amoníaco y R-22

Refrigeración y Aire Acondicionado

Lubricantes para compresores.

Aceites Lubricantes:

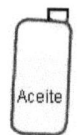

El aceite lubricante para refrigeración debe tener ciertas características especiales, ya que permanecerá dentro del compresor por muchos años.

Características generales:

Estabilidad química:
- ¾ El aceite debe conservar sus propiedades, sometido tanto a las altas como a las bajas presiones del sistema.
- ¾ No debe reaccionar con el refrigerante químicamente.
- ¾ Buena resistencia dieléctrica - (No conducir electricidad)

Segundo Saybolt Universal (S.S.U.)

Unidad de medida de espesor, se define como el tiempo en que 23.62" de aceite a 100 °F fluyen por gravedad a través de un tubo de .069 milésimas de pulgadas en diámetro y pasa de ese recipiente a otro, siendo el tubo de 48 centésimas de largo. Esto define su viscosidad o espesor. Es un factor importante porque si la viscosidad es muy baja producirá desgaste en los "bearings". Pero si es muy alta no penetrará las áreas donde el espacio es reducido.

Sistemas de lubricación:

- ¾ Por salpicadura: Es producida por el movimiento del agitador en la parte inferior de la biela.
- ¾ Por presión: Tiene una bomba interna que origina la presión, obligando el aceite a pasar a través de los orificios en el cigüeñal, biela y "bearings. Los compresores que lubrican por presión, tienen un regulador de presión para exceder los límites.
- ¾ Otros métodos, son una combinación de las dos anteriores.

NOTA: El aceite que se usa en refrigeración de llama **Capela**.

Sugerencia de los fabricantes:

El aceite mineral (Naphthenic base oil) es especialmente refinado para refrigeración y Aire Acondicionado. Este aceite se consigue en tres viscosidades, 150, 300 y 500.

- ¾ Para R-11, R-12, y R-13, con una temperatura de evaporación por encima de -20 °F use una viscosidad de 150 ó 300. Por debajo de -20 °F use solo 300 de viscosidad.
- ¾ Para refrigerantes R-13, 22,14 y 502 use 300.
- ¾ Para Acondicionadores de automóviles use solamente 500.

Aceite lubricante por refrigerantes, Tablas pagina 137

Refrigeración y Aire Acondicionado

Neveras domesticas.
Accesorios relacionados.

 El "overload": Es un dispositivo de seguridad que funciona por calor o sobre corriente. Esta construido con un par de bimetales, material que reacciona al calor arqueándose y luego cuando se enfría retorna a su posición normal. Se pude decir que los bimetales tienen memoria.

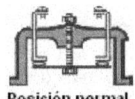

Posición normal

La corriente en un circuito por causa de la resistencia y otros factores produce calor. Si la corriente aumenta, aumentará el calor, como la corriente tiene que pasar a través de los bimetales para alimentar el embobinado del compresor, al aumentar la corriente, por una falla en el compresor, ocasionará que el "overload" se active. (Se reemplaza, no trate de repararlo)

Activado

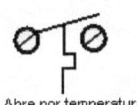 **Relay de corriente:** Es el dispositivo que se encarga de arrancar el compresor. La bobina del "relay" esta en serie con la bobina de marcha del compresor y ambas se alimentan de L1.

Cuando la bobina de marcha del compresor trate de magnetizarse, tomará su corriente de arranque a través de la bobina del "relay" ya que ambas bobinas están en serie. La alta corriente pasando por la bobina del "relay" ocasionará un campo magnético suficientemente alto para lograr que los contactos del "relay" suban y se cierre el circuito. Como los contactos se alimentan de L1 entonces la bobina de arranque recibe voltaje y se magnetiza ocasionando que el compresor se ponga en marcha.

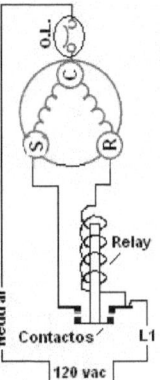

Una vez la unidad arranque, la corriente en la bobina de marcha descenderá a su corriente de funcionamiento, el "relay" se desmagnetiza y los contactos caen abriendo el circuito y desconectando la bobina de arranque. El compresor continúa funcionando solamente con la bobina de marcha.

En los motores, incluyendo los compresores, la corriente de arranque puede ser hasta 6 veces más alta que la corriente de marcha. Un compresor que normalmente usa 3.5 amperes, en el momento del arranque podría necesitar hasta 21 amperes. (El efecto sólo dura unos segundos)

El termostato: Este es un control de temperatura el cual tiene un tubo sensor que se coloca en el área que queremos controlar. El tubo capilar esta lleno de un líquido refrigerante que se expande con el calor y se contrae con el frío, activando y desactivando los contactos eléctricos a través de un diafragma. El contacto típico usado en neveras domesticas, cierra por temperatura.

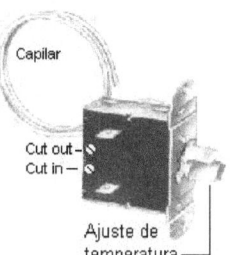

Capilar

Cut out
Cut in

Ajuste de temperatura

Abre por temperatura.   Cierra por temperatura

Refrigeración y Aire Acondicionado

Neveras domesticas.

Estas neveras funcionaban con un sistema mecánico muy censillo. Condensador estático, evaporador estático, compresor y un termostato. Se hacia el descarche a mano con agua caliente, dejando las puertas abiertas, poniéndole un abanico de frente o con un pica hielo, lo cual lógicamente era una llamada segura para el técnico reparador.
Es increíble el ingenio de las personas.

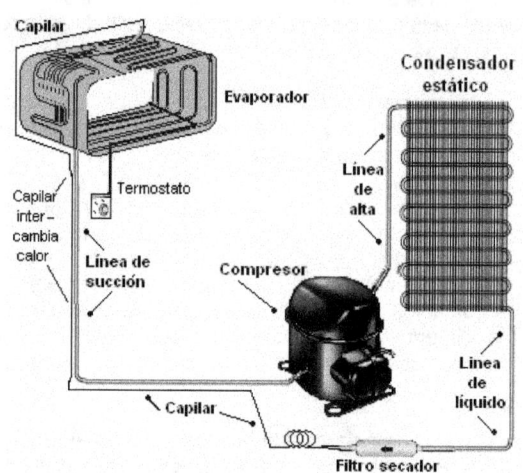

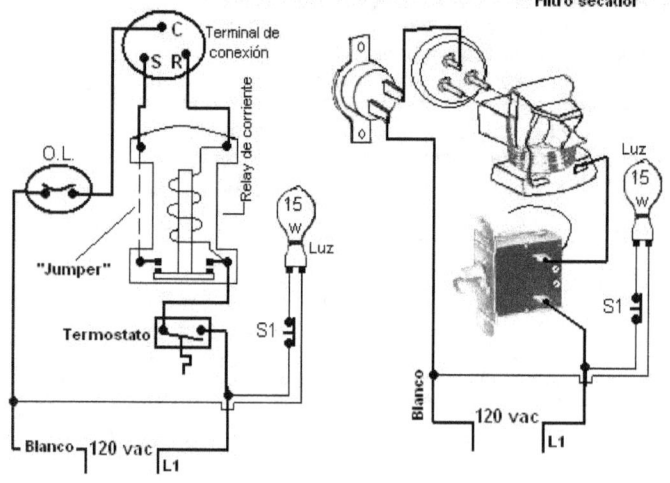

S1:
Interruptor normalmente cerrado, el contacto abre cuando la puerta cierra.

No olvide la conexión del cable verde, o tierra del equipo. Se conecta al metal.

Las bombillas para neveras y otros enseres, deben soportar sacudidas y cambios de temperaturas.

Deben decir en la caja:
"Appliance"

86

Refrigeración y Aire Acondicionado

Neveras con descarche automático.

Accesorios relacionados.

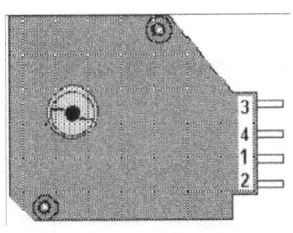

El "Timer":

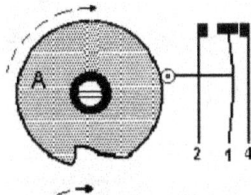

Es un reloj eléctrico. Tiene un ciclo de 6 a 8 horas, para el funcionamiento del compresor (A) y un pequeño ciclo de 15 a 20 minutos para el descarche (B).

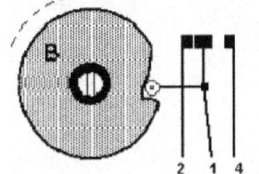

Durante el ciclo del compresor, la rueda principal gira manteniendo el contacto 1 cerrado con el 4, en esta posición (A) el compresor esta corriendo hasta alcanzar el nivel de frío requerido.

Durante el ciclo de descarche (B) el contacto 1 esta cerrado con el contacto 2.

Usando un destornillador, si lo colocamos en la ranura del centro en el "timer" podemos avanzar la función del compresor o del descarche manualmente. El "timer" en realidad, es un dispositivo electromecánico que controla un interruptor de un polo y dos tiros, por tiempo.

El terminal #1 sale a la línea viva, el #2 sale al "heater" el #3 sale al conductor neutral y el #4 sale al compresor.

Defrost thermostat: (Termo disco)

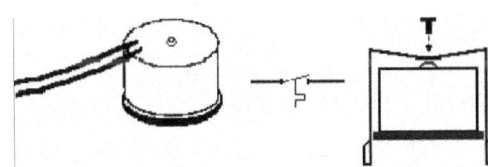

Este es un interruptor de un polo y un tiro que funciona por temperatura. Se utiliza para terminal el ciclo de descarche, cuando ya no queda hielo y el "timer" no ha completado los 15 minutos de tiempo.

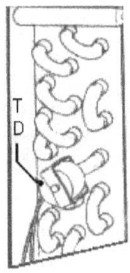

Esto evita que se aplique calor sin que exista hielo en el congelador.

Normalmente se activa (Cierra) si la temperatura desciende por debajo de los 28°F y se desactiva (Abre) cuando hay un alza en la temperatura del congelador por encima de los 45°F.

Refrigeración y Aire Acondicionado

Neveras con descarche automático.
Accesorios relacionados.

Heaters: (Resistencias para descarche)

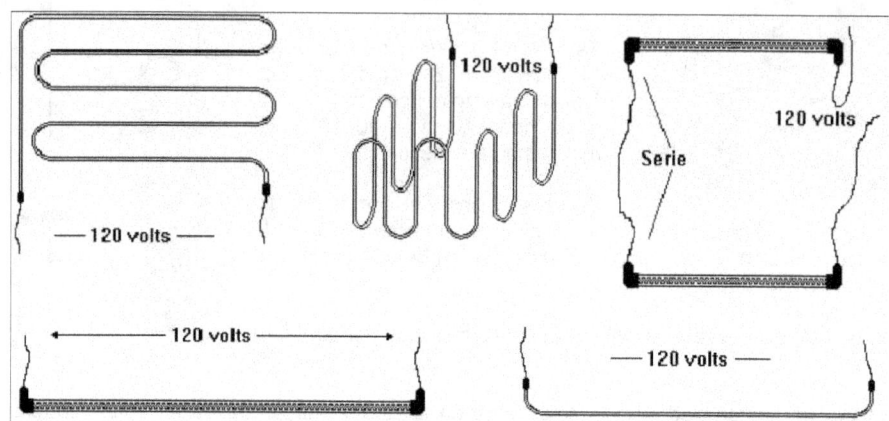

Las encontrara de diferentes formas y tamaños, lógicamente estos corresponden al diseño del evaporador. Se usan simplemente para producir calor y están controladas por el "timer" y por el termo disco. Típicamente viene desde 350 hasta 750 Watts. Suelen medir entre 16 y 48 ohmios de resistencia. Recuerde consultar siempre los manuales del fabricante.

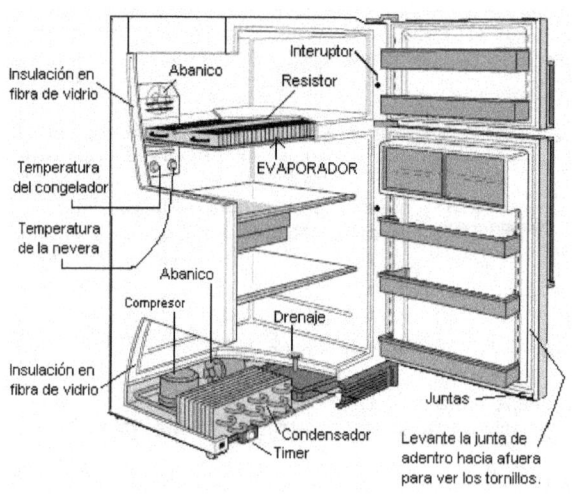

Casi todas estas unidades por estar localizadas en huecos reducidos en el área de los gabinetes de la cocina, se fabrican con el sistema de tiro forzado (Abanicos en el evaporador y el condensador para forzar el movimiento del aire a través de ellos).

Hoy día es raro encontrar neveras de una sola puerta y que no tengan un sistema de descarche automático.

La temperatura típica e ideal en estas neveras es:

Congelador entre -5° a 5°F

Nevera entre 36° a 45 °F

Refrigeración y Aire Acondicionado

Sistema eléctrico.

Ciclo de descarche.

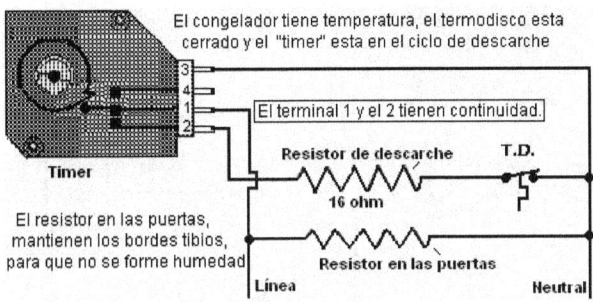

El congelador tiene temperatura, el termodisco esta cerrado y el "timer" esta en el ciclo de descarche

El terminal 1 y el 2 tienen continuidad.

Resistor de descarche   T.D.

16 ohm

Timer

El resistor en las puertas, mantienen los bordes tibios, para que no se forme humedad

Resistor en las puertas

Línea   Neutral

Ciclo del compresor.

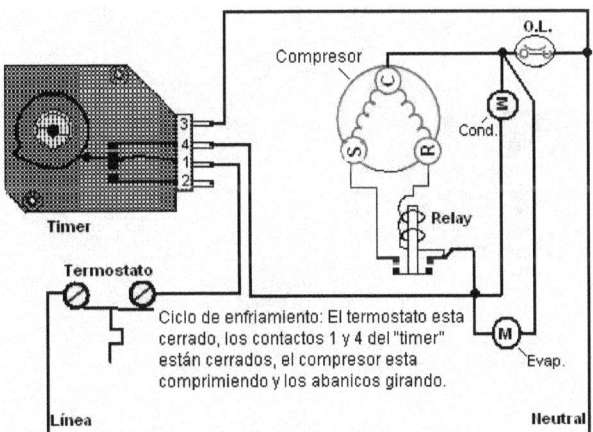

O.L.

Compresor

Cond.

Timer

Relay

Termostato

Ciclo de enfriamiento: El termostato esta cerrado, los contactos 1 y 4 del "timer" están cerrados, el compresor esta comprimiendo y los abanicos girando.

Evap.

Línea   Neutral

Refrigeración y Aire Acondicionado

Planos esquemático y pictórico.

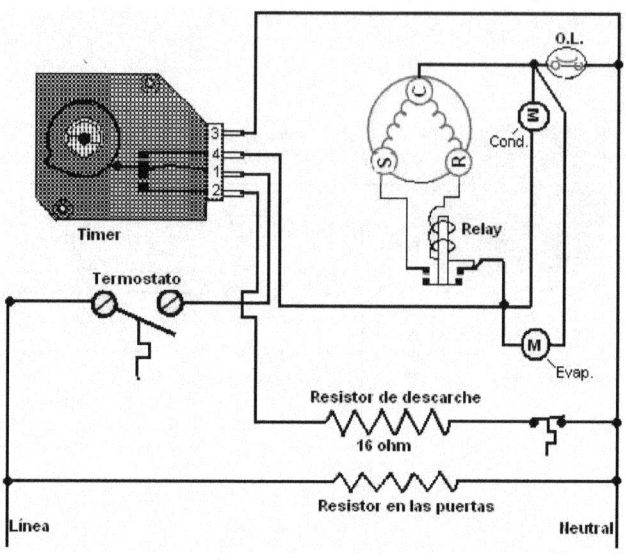

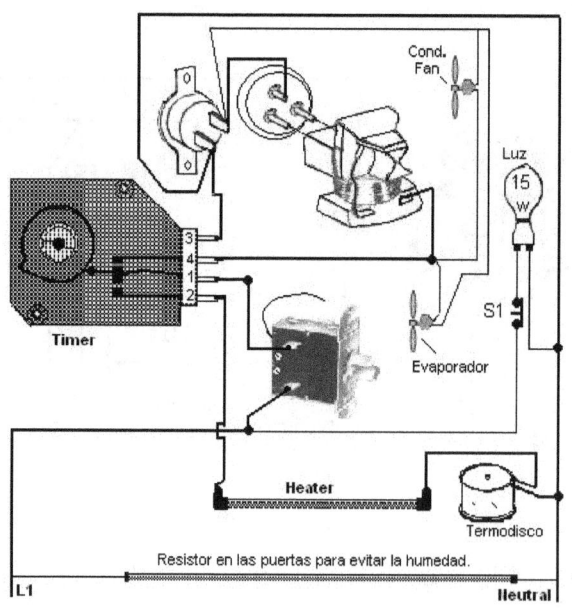

Refrigeración y Aire Acondicionado

El sistema eléctrico del compresor.

El compresor es un motor de fase partida "Split phase". Este motor requiere la ayuda de equipo auxiliar para el arranque. Suele usar, además de las bobinas de marcha, otro embobinado auxiliar para el arranque.

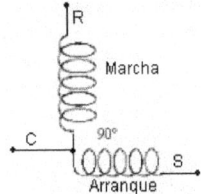

Estos dos embobinados, se colocan en el estator a 90° eléctricos.

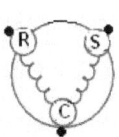

Las bobinas de marcha: Son de un calibre más grueso de alambre y permanecen conectadas al circuito todo el tiempo que el compresor esta en funcionamiento.

El conductor eléctrico es más grueso en las bobina de marcha, que el conductor de las bobinas de arranque y su resistencia es menor en ohmios.

Las bobinas de arranque: Son de un calibre de alambre más fino que el de las bobinas de marcha. Estas bobinas están conectadas al circuito por unas fracciones de segundo e inmediatamente que el compresor alcanza un 75% de su velocidad son desconectadas del circuito.

Su resistencia en ohmios resulta mucho mayor, que la resistencia en las bobinas de marcha.

Una vez interconectadas las bobinas, saldrán del sistema tres conductores, marcados **C** para el lado donde se une un terminal de cada bobina. **R** para la bobina de marcha y **S** para la bobina de arranque. Las letras corresponden a sus palabras originales en inglés, "**C**ommon" "**R**un winding" y "**S**tart winding".

Las bobinas internas proveen acceso al exterior a través de un terminal de tres pines colocado en la carcasa del compresor.

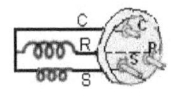

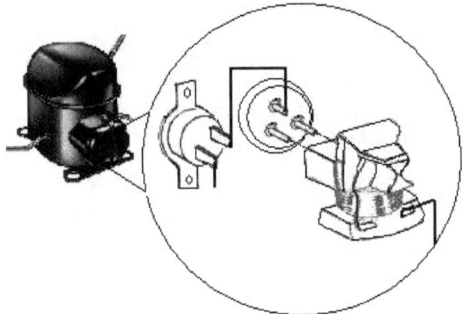

Los dispositivos para compresores herméticos están diseñados para encajar perfectamente en estos pines. Hay una cubierta para proteger la parte eléctrica del polvo y la humedad, repóngala en su sitio cuando termine el trabajo.

Refrigeración y Aire Acondicionado

Como se identifican las bobinas en un compresor hermético.

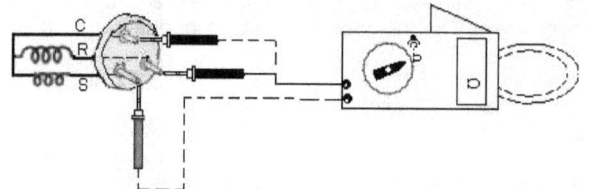

Seleccione en el multímetro la escala de ohmios más baja, (Si no es auto escala).

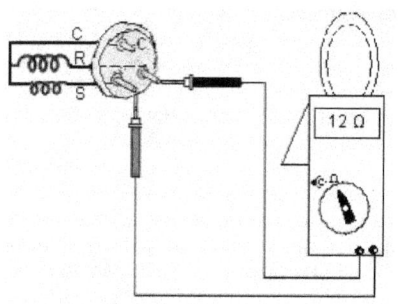

Como ilustra la figura arriba, pruebe entre los terminales, hasta que encuentre un par, que mida la resistencia mayor.

Una vez seguros de que este es el par de terminales que mide la resistencia mayor. Marque el terminal sobrante, común (C).

Fíjese aquí, estamos midiendo (S) y (R) en serie y ambos valores se suman.

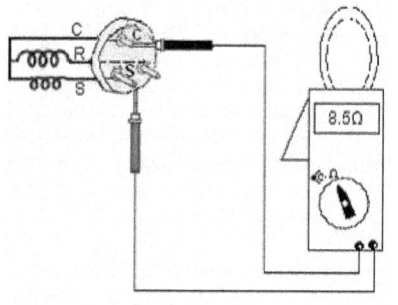

Coloque (Fija) una de las puntas de prueba en el terminal que usted marco como común, y con la otra punta de prueba busque el terminal que mida la resistencia más alta. Este será el terminal que marcaremos "Starting" (S).

Recuerde que esta es la bobina de alambre más delgado y debe medir la resistencia mayor respecto al común.

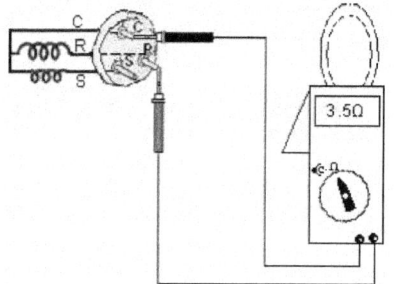

Continúe probando y busque el terminal que mida la resistencia menor con respecto al común. Lógicamente sabemos que este será el terminal marcado "Running" (R).

Esta es la bobina de alambre más grueso y debe medir la resistencia menor respecto al común.

Lea las páginas 107 -115, Multímetros.

Compresores con arranque por capacitor.

Lea las páginas 192 y 193.

Fíjese que para colocar el capacitor, se remueve el puente (Jumper) del "relay"

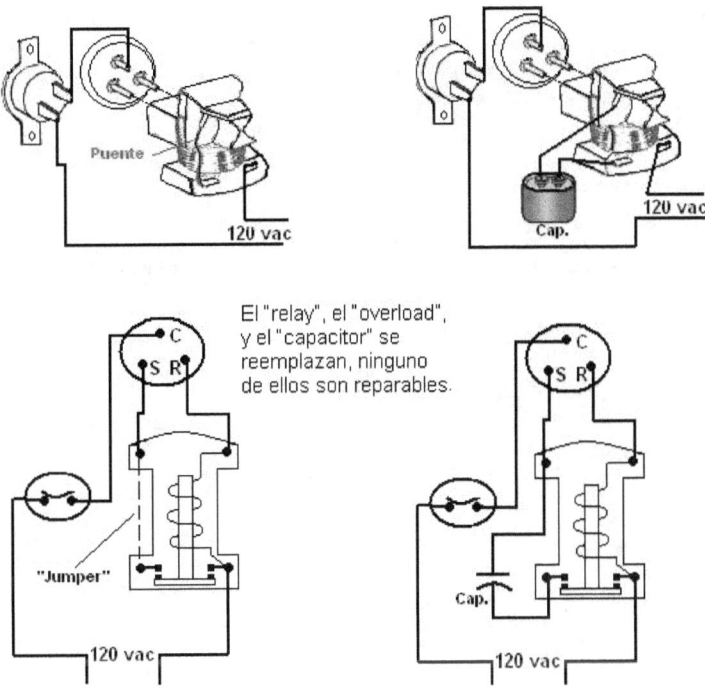

El "relay", el "overload",
y el "capacitor" se
reemplazan, ninguno
de ellos son reparables.

Son los dispositivos usados para aumentar el par de arranque y mejorar el factor de potencia en los motores eléctricos. Los capacitores se emplean primordialmente para adelantar la corriente en el embobinado de arranque. (Starting winding) La capacidad de estos dispositivos se expresa en microfaradios. Para descargar el capacitor utilice un resistor de 20K Ω. 2 W, El capacitor puede variar un 10% su lectura de Uf.

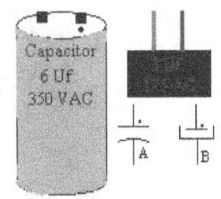

Símbolos: A, esquemático. B, industrial.

Refrigeración y Aire Acondicionado

Vaciando el aceite del compresor.

Cuando un tubo del evaporador se perfora, el compresor succiona agua por la misma perforación ya que el hielo se derrite al bajar el nivel de refrigerante en el sistema. Cuando sospechamos que el aceite del compresor puede estar contaminado, lo más aceptable es reemplazarlo. Este es un método usado por los técnicos de refrigeración, con mucho éxito, Mida la cantidad de aceite que retira, para que pueda reponerla en la misma medida.

Máquinas de hacer vacío.

Especificaciones
Para uso con refrigerantes R-12, R-22, R-500, R-502 y R-134a

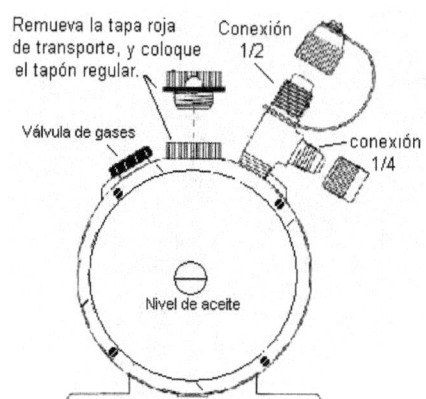

Remueva la tapa roja de transporte, y coloque el tapón regular.

Conexión 1/2

Válvula de gases

conexión 1/4

Nivel de aceite

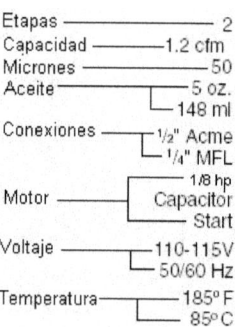

Etapas	2
Capacidad	1.2 cfm
Micrones	50
Aceite	5 oz.
	148 ml
Conexiones	½" Acme
	¼" MFL
Motor	1/8 hp
	Capacitor
	Start
Voltaje	110-115V
	50/60 Hz
Temperatura	185° F
	85° C

Verifique el nivel de aceite o reemplácelo con aceite para bombas de vacío de alta calidad, pídalo así mismo. Debe cambiarlo periódicamente.

Para servicio domestico y comercial una bomba de vacío de dos etapas 1.2 cfm es cómoda económicamente y útil profesionalmente. Recuerde que mientras mayor es la capacidad en cfm, el tiempo para lograr el vacío será menor. Usualmente se consiguen entre .75 hasta 7.5 cfm. Hay capacidades mayores, para uso industrial.

Vea más información en: www.robinair.com

Refrigeración y Aire Acondicionado

Haciendo vacío.

Cualquier presión por debajo de 14.7psi es considerada como vacío. Un vacío perfecto seria de 29.92 pulgadas de mercurio. Una vez todos los tubos y accesorios del sistema están colocados en su sitio y soldados, se procede a extraer el aire atmosférico que quedó confinado dentro del sistema. Este es un arreglo típico de los componentes para hacer vacío.

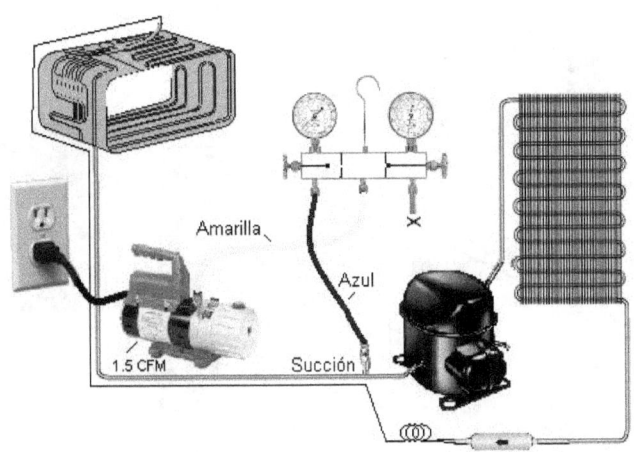

Humedad en el sistema.

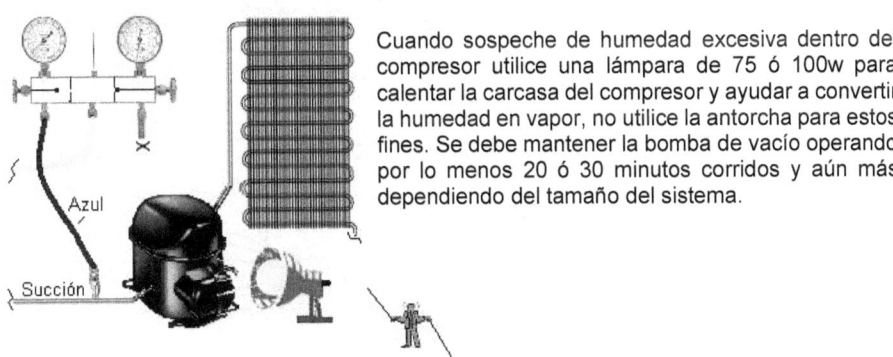

Cuando sospeche de humedad excesiva dentro del compresor utilice una lámpara de 75 ó 100w para calentar la carcasa del compresor y ayudar a convertir la humedad en vapor, no utilice la antorcha para estos fines. Se debe mantener la bomba de vacío operando por lo menos 20 ó 30 minutos corridos y aún más dependiendo del tamaño del sistema.

Recuerde esto: Sistema que se abre, filtro nuevo que se instala.

Refrigeración y Aire Acondicionado

Agregando aceite al compresor.

Modo típico por succión.

Estando el sistema en un vacío cercano a las 29.92 psig colocamos la manga amarrilla dentro del recipiente de aceite y abrimos el manómetro de baja para que el compresor lo succione. Cuando utilice este método tiene que cerrar la llave del manómetro de baja antes que el aceite alcance el fondo del recipiente, de lo contrario el sistema succionará aire y romperá el vacío.

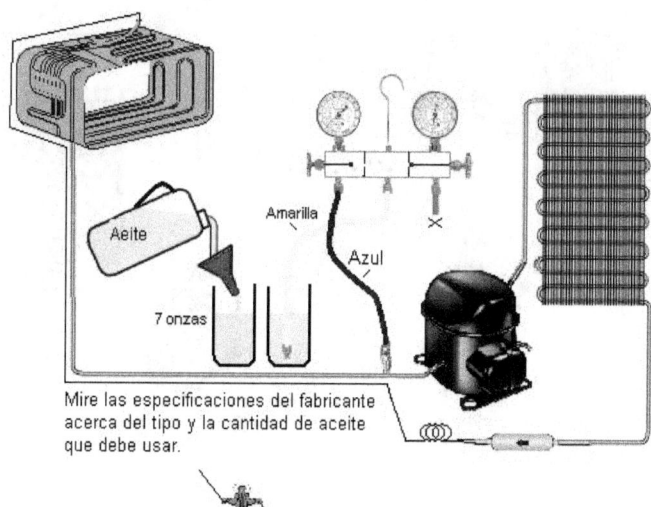

Amarilla

Aeite

Azul

7 onzas

Mire las especificaciones del fabricante acerca del tipo y la cantidad de aceite que debe usar.

Tabla que indica el tipo de aceite por refrigerante.

Refrigerante		Aceite
R-11	CFC	MO
R-12	CFC	MO
R-13	CFC	MO
R-113	CFC	MO
R-114	CFC	MO
R-22	HCFC	MO
R-123	HCFC	MO/AB
R-124	HCFC	MO/AB
R-141b	HCFC	MO/AB
R-142b	HCFC	MO/AB
R-23	HFC	POE
R-125	HFC	POE
R-134a	HFC	POE
R-152a	HFC	POE
R-500	aceotropic	MO
R-502	aceotropic	MO
R-717	NH3	MO

Lubricante: (POE) polyolester   (MO) Mineral oil   (AB) Alkylbenzene

Refrigeración y Aire Acondicionado

Cargando el sistema con refrigerante.

Arreglo típico.

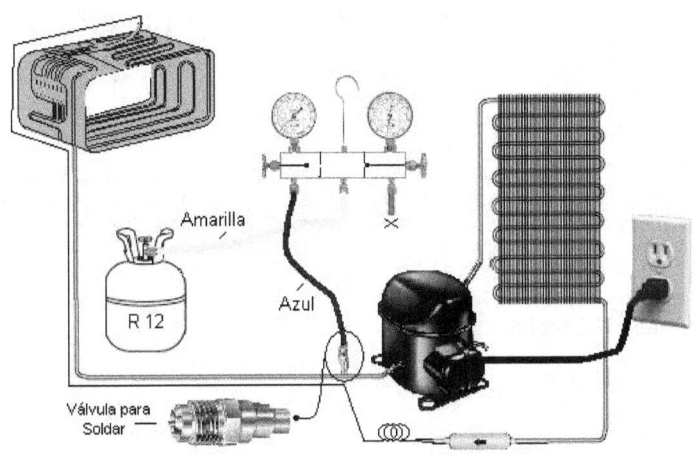

Cargando el sistema en forma de vapor.

Cargar el sistema con refrigerante en forma de vapor, a través de la válvula adaptada al tubo de succión, cuando el compresor esta corriendo, es aceptable y seguro. El lado de baja del manómetro debe cerrarse periódicamente para verificar la presión real en el sistema. Lógicamente la presión en el cilindro de refrigerante debe ser mayor que la presión en el lado de la succión. El refrigerante líquido dentro del cilindro hierve tomando calor del medio que lo rodea, cuando el cilindro se enfría la presión en el cilindro desciende y podría llegar a se menor que la presión en el lado de succión. Para evitar esta caída de presión coloque el cilindro de refrigerante dentro de un recipiente con agua caliente, no caliente el cilindro con la antorcha, podrían surgir presiones peligrosas.

Las neveras caseras, usualmente se cargan en forma de vapor por el lado de baja, **entre 8 a 10 psi**. Periódicamente cierre la válvula de baja del manómetro y confirme la presión en el sistema. Vigile la línea de succión en la salida del evaporador hacia el compresor, si observa escarcha en esta línea, el sistema esta sobrecargado. Purgue un poco de refrigerante y espere un momento mientras la escarcha retrocede. Repita la acción hasta que la carga sea estabilizada. Hay que evitar que el refrigerante líquido alcance el compresor o se destruirá.

El cilindro graduado de carga.

Este sistema se usa en unidades que contengan cinco libras de refrigerante o menos. Cuando la cantidad exacta y el tipo de refrigerante son conocidos, este dispositivo puede usarse para pasar la carga exacta de refrigerante al sistema, en forma de líquido o de vapor.

Refrigeración y Aire Acondicionado

Control de temperatura de la nevera.

Realmente en una nevera domestica, la parte que enfría es el evaporador, localizado en el congelador. Un abanico situado en la parte del congelador, mueve el aire hacia la parte de la nevera donde están los alimentos no congelados. Usualmente hay una temperatura de 36 a 45 °F, en este compartimiento. Algunos modelos utilizan un control que se ajusta moviendo la compuerta del centro con la mano, a través de un botón numerado. Otros modelos tienen un control que se ajusta a

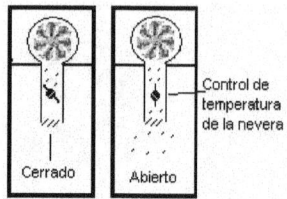

través de un termostato automáticamente. Pero en ambos casos, la compuerta del centro abre y cierra para permitir el paso del aire de acuerdo a la temperatura pre-seleccionada.

Sistema enfriador del aceite. "Oil cooler"

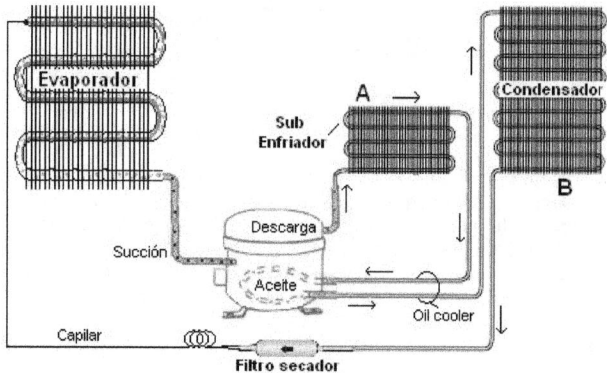

Este sistema tiene dos diferencias fundamentales:

1. El condensador esta dividido en dos partes, **A** y **B**.
2. El compresor tiene dos tubos adicionales en la parte baja.

El refrigerante que sale por la descarga del compresor, pasa a la sección (**A**) del condensador y en este proceso pierde temperatura. Como el refrigerante en este punto esta a temperatura menor que el aceite dentro de la carcasa, el calor fluye del aceite hacia el refrigerante y es transportado fuera del compresor. La tubería en la parte baja del compresor forma un "loop" dentro del compresor y solamente tiene la función de enfriar el aceite lubricante. Una vez el refrigerante hace la vuelta completa dentro del compresor, entra en la parte (**B**) del condensador y es convertido en líquido para continuar con el ciclo de refrigeración.

Refrigeración y Aire Acondicionado

Prueba de eficiencia del compresor.

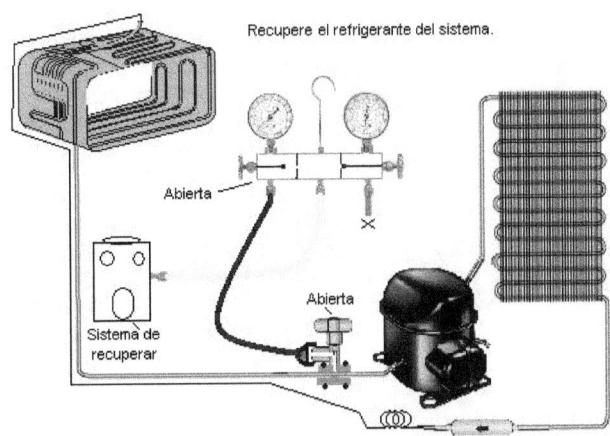

Recupere el refrigerante del sistema.

Usando el manómetro de baja y una válvula de servicio adaptada al tubo, recupere todo el refrigerante del sistema hasta que el manómetro sostenga una lectura de cero. Cierre la válvula del manómetro. Desconecte la máquina de recuperar.

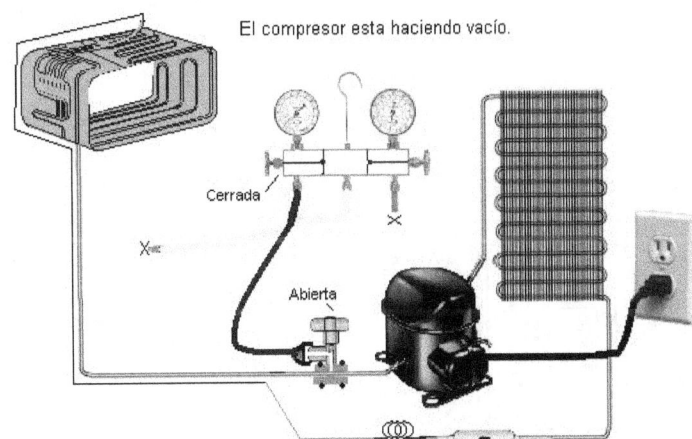

El compresor esta haciendo vacío.

Cierre el manómetro de baja. Conecte y prenda el compresor. El compresor debe alcanzar un vacío de 29.92 psi. Se considera aún funcional con un vacío de 15 psi, pero tome en cuenta que esto podría ser parte de la falla que usted esta buscando, especialmente si la nevera no alcanza la temperatura adecuada cuando esta trabajando a plena carga.

Plena carga: (Acaban de hacer compra y el congelador y la nevera están llenos.)

Refrigeración y Aire Acondicionado

Otras pruebas y conexiones.

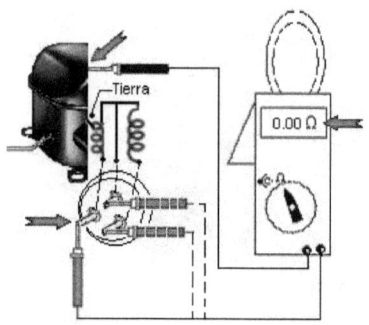

Cuando usted probó e identifico los terminales del compresor por la resistencia de las bobinas, eso fue una prueba de continuidad. Pero esta prueba que mostramos aquí, es para determinar si alguna de las bobinas esta en contacto con el metal de la carcasa del compresor. También se llama contacto a tierra, puesta que el metal del compresor y la caja de metal de la nevera están conectados al conductor verde del sistema. Esta falla podría fundir fusibles, activar el "overload" y hasta quema los conductores eléctricos. Ninguna de las bobinas debe medir continuidad con el metal del compresor.

125 volts.
15 amp.

Este es el tipo común de conexión eléctrica para las neveras domesticas. 120 voltios 15 amperes.

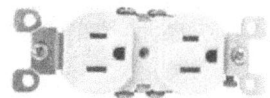

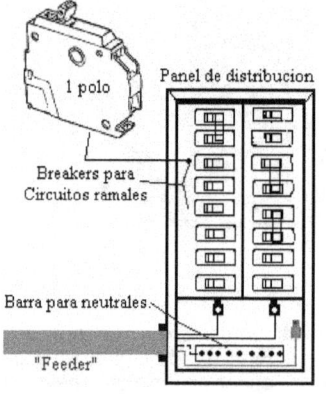

Si es posible separe un circuito independiente para la nevera con un "Breaker de 20 amperes y conductores AWG # 12 THHN o THWN si hay humedad en el área.

Actualmente una nevera regular consume entre 900 y 1500 voltios amperes (V-A)

I = V-A ÷ E = 1500 ÷ 120 = 12.5 amperes.

Un circuito con "Breaker" de 20 amperes solamente podría tener conectados 16 amperes o el 80% de su capacidad nominal 20 x .80 = 16 amperes máximos.

Partiendo de estos datos, podemos determinar que un circuito de 20 amperes, estaría ocupado plenamente al conectar una nevera de esta capacidad, en el.

Refrigeración y Aire Acondicionado

Lámparas y luminarias.

Usualmente usamos estos nombres indiscriminadamente, sin embargo lámpara se refiere a una bombilla o un tubo fluorescente.

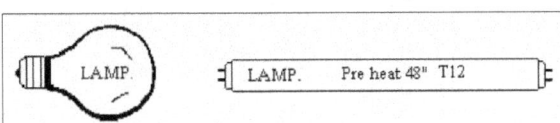

Luminaria se refiere al conjunto de varias bombillas o tubos fluorescentes formando un solo arreglo.

El término internacional para un arreglo de iluminación es "luminaire" y se define como una unidad de iluminación completa que consiste en un conjunto de lámparas para distribuir la luz.

Luminarias

Leer: NEC. Artículo 410 -1.

Este artículo cubre los arreglos de iluminación, "lampholders", lámparas de filamento incandescentes, lámparas de arco, lámparas de descarga- eléctrica, la instalación eléctrica y equipo que forman parte de tales lámparas, adornos, e instalaciones de iluminación.

Cuando compramos una lámpara, ya sea bombilla o tubo fluorescente es conveniente tomar nota de estos datos:

- ¾ Voltaje de funcionamiento.
- ¾ Consumo eléctrico. "Watts"
- ¾ Lúmenes totales.
- ¾ Color de luz que produce.
- ¾ Tipo de base o rosca.

(Las bombillas tienen un voltaje de entrada específico, mientras los tubos fluorescentes dependen del tipo de transformador utilizado.) (Las bombillas típicas producen luz amarilla, mientras los tubos fluorescentes pueden producir luz de cualquier color, dependiendo de la mezcla del fósforo con otros elementos.)

Formas y medidas de las lámparas.

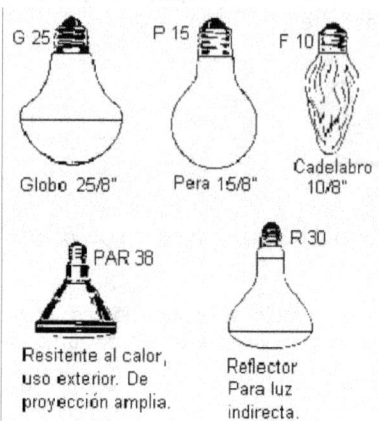

En las bombillas y tubos fluorescentes su diámetro se mide en octavos de pulgadas.

La forma de la lámpara se identifica por medio de una letra.

Una bombilla P 15 tiene forma de pera y su diámetro es de 15/8 de pulgada.

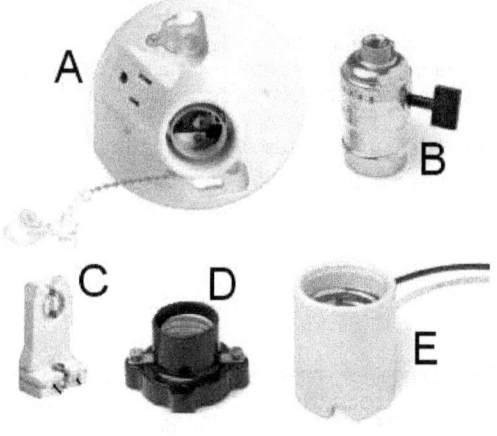

A. Roseta con receptáculo e interruptor.
B. Base tipo cubo para lámpara.
C. Base para tubo fluorescente.
D. Base de bombilla para techo o pared.
E. Cubo de cerámica para lámpara.

Refrigeración y Aire Acondicionado

Tubos fluorescentes.

El diámetro en los tubos fluorescentes se mide en octavos de pulgadas.

La forma de la lámpara se identifica por medio de una letra.

UT12 = Forma de U tubular 12/8 de pulgada.
T 12 = Forma tubular 12/8 de pulgada.
C T 8 = Forma circular tubular 8/8 de pulgada.

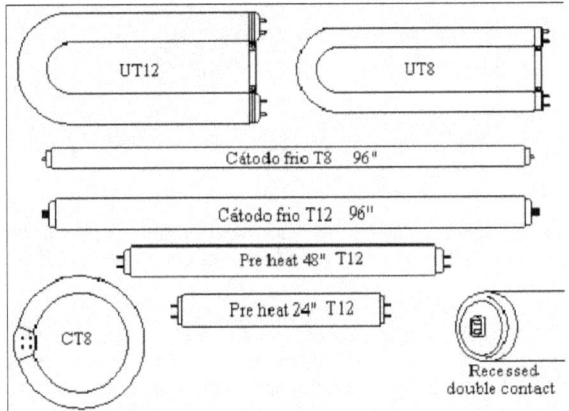

El tubo fluorescente comienza con una envoltura de vidrio a la cual se le agrega en su interior, una capa de fósforo pegada a las paredes.

Usa también dos tapas, una en cada extremo, conteniendo estas, los filamentos o elementos calefactores. Se introduce una gota de mercurio y luego se rellena con gas argón, ya que el interior del tubo se encuentra al vacío.*

El gas argón cuando se calienta reacciona convirtiéndose en un conductor de electricidad.

Vacío*: (Una presión menor a la presión atmosférica al nivel del mar (14.7Lb/pulg.²)

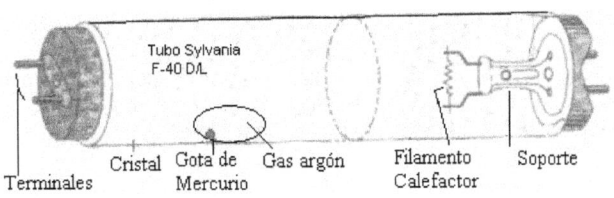

Refrigeración y Aire Acondicionado

Componentes de una lámpara fluorescente común.

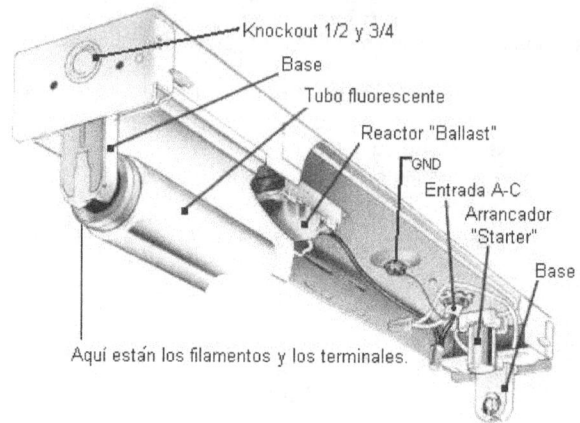

Knockout 1/2 y 3/4
Base
Tubo fluorescente
Reactor "Ballast"
GND
Entrada A-C
Arrancador "Starter"
Base

Aquí están los filamentos y los terminales.

Este tipo de luminaria, además del tubo fluorescente que vimos anteriormente, usa un reactor (Ballast) y un arrancador (Starter) para lograr el encendido del fósforo.

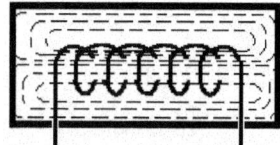

Cuando se alimenta una bobina con voltaje inmediatamente la corriente fluye en su interior creándose un campo magnético en toda su extensión. Como resultado de la inducción magnética se crea un alto voltaje en los terminales de la bobina, que durará el tiempo que los electrones tarden en recorrer toda la bobina. (Fracciones de segundos) Luego de este trauma, la bobina continuará funcionando como limitadora de corriente ya que contiene reactancia inductiva (XL) y esta misma reactancia se opone al paso de la corriente a través del embobinado.

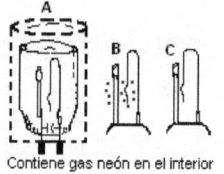

Contiene gas neón en el interior

¾ El arrancador, es un dispositivo auxiliar normalmente abierto (A)
¾ Cuando una corriente alta llega a sus terminales, se crea un arco eléctrico entre ambos contactos (B)
¾ En este momento se calientan y se cierran, completando el circuito para que los electrones fluyan (C)

Una vez la corriente merma y fluye normalmente en el reactor, los contactos se enfrían y regresan a su posición normalmente abiertos (A) Ahora en esta posición, están preparados para el próximo encendido de la lámpara fluorescente.

Refrigeración y Aire Acondicionado

Encendido del tubo fluorescente.

Al encender el interruptor, se origina un voltaje alto en el reactor que circula por el conductor eléctrico, pasa por el filamento y llega hasta los contactos del arrancador, formando un arco eléctrico entre ambos contactos.

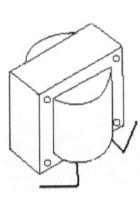

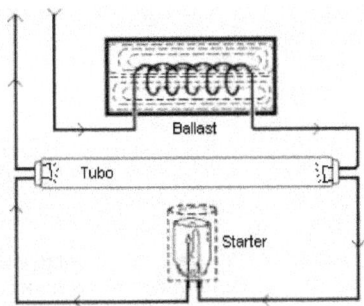

Reactor/Ballast

¾ Una vez los contactos se calientan se cierran y proveen el camino para que la corriente complete el circuito.

¾ Como en este momento hay un circuito completo, los dos filamentos se encienden.

¾ El calor generado por los filamentos, vaporiza el mercurio y calienta el gas argón convirtiéndolo en conductor de electricidad.

¾ Mientras esto ocurría, el alto voltaje del reactor bajó y los contactos del arrancador se enfriaron y se abrieron.

¾ Recuerde, que el gas argón se convirtió en conductor de electricidad y ahora la corriente esta circulando a través del interior del tubo.

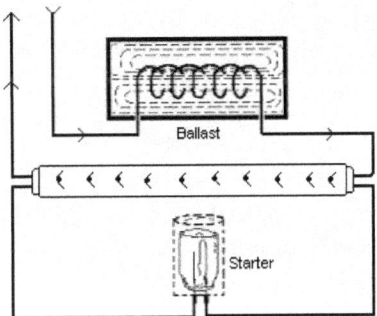

Una vez la lámpara esta encendida el arrancador no tiene ninguna función de utilidad, hasta el próximo intento de encenderla.

Encendido, continuación.

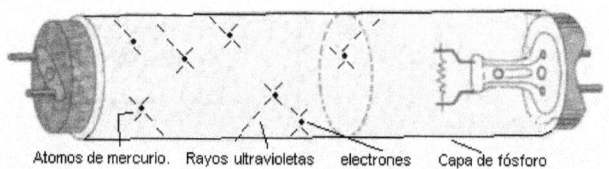

Átomos de mercurio.   Rayos ultravioletas   electrones   Capa de fósforo

Ꝺ Los electrones al viajar a través del gas argón, chocan con los átomos de mercurio vaporizado y se desprenden rayos ultravioletas de este choque.

Ꝺ Los rayos ultravioletas impactan la capa de fósforo pegada en el cristal y la encienden, dando lugar esto a la fluorescencia.

De la combinación de fósforos, depende el tipo de luz producida por la lámpara.

Este sistema de encendido se llama **"Pre heat"** porque tiene que haber precalentamiento en los dos filamentos de la lámpara.

Circuito electrónico de un "ballast" moderno.

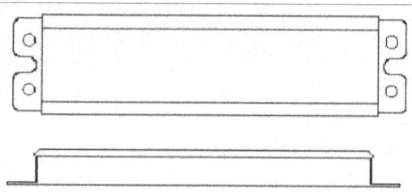

Refrigeración y Aire Acondicionado

Transformador para dos tubos F 40 / RS.

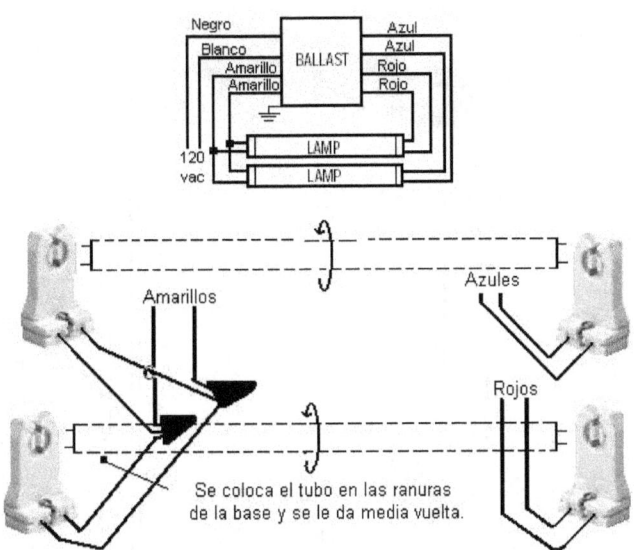

Puede colocar los conductores amarillos del transformador al lado derecho o al lado izquierdo, no importa, funcionará igual. Los conductores amarillos son el "starting" y una vez los tubos se iluminen estos dos conductores dejaran de tener función alguna en el circuito, hasta la próxima vez que se intente encender la luminaria. Una vez encendida, desconecte los amarillos con sumo cuidado y observe el resultado. ¿Se apagó o sigue encendida?

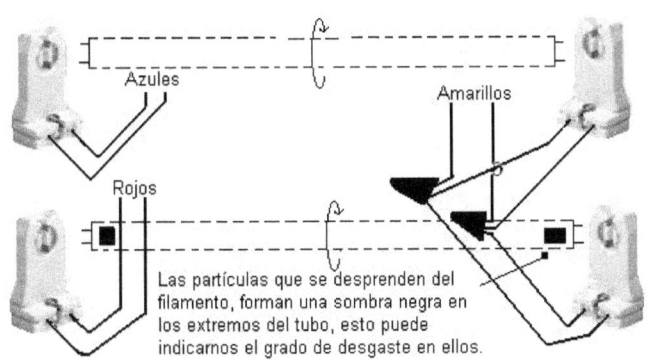

Esquemático para tubos F 40/RS

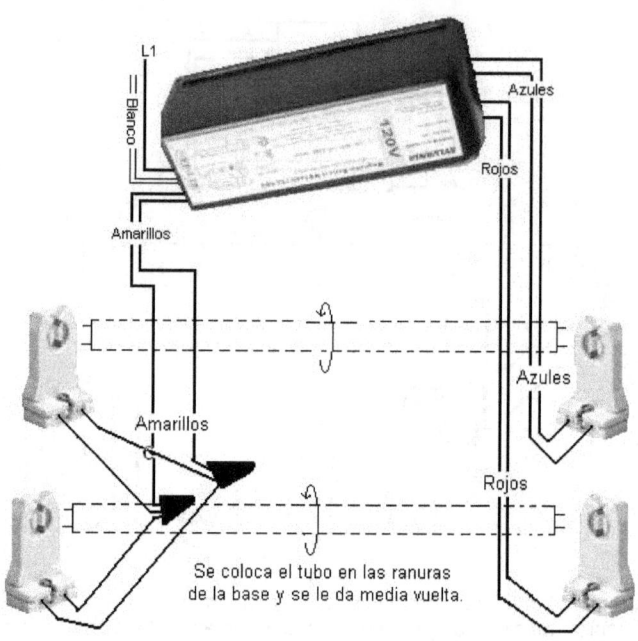

Se coloca el tubo en las ranuras de la base y se le da media vuelta.

¾ En el "ballast" el orden de los conductores puede variar, pero siempre encontraremos los mismos pares de colores, dos azules, dos rojos, dos amarillos, neutral y línea

¾ El "ballast" con etiqueta amarilla es para 120 vac.

¾ El "ballast" con etiqueta roja es para 240/277 vac.

¾ Este "ballast" es el mismo para el tubo en forma de U.

¾ Debe estar listado bajo Ⓤ

¾ Los transformadores usados en interiores, deberán ser listados (clase P), esto quiere decir que tienen protección térmica. NEC. 470-73(e)

¾ Observe que el "ballast" a usarse, este libre de PCB.

Refrigeración y Aire Acondicionado

Transformador para dos tubos F 75 de 96" cátodo frío.

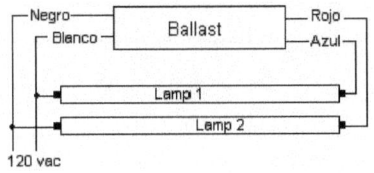

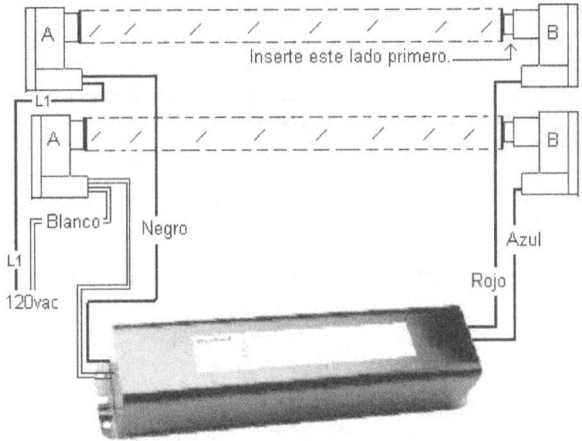

Esta conexión se llama "INTERLOCK"

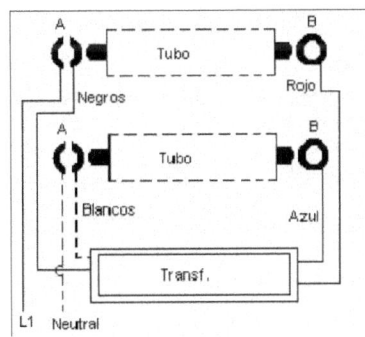

Fíjese, la base (A) tiene el punto de contacto dividido en dos secciones. Estas secciones solamente tendrán continuidad cuando el "pin" del tubo entre y haga contacto con ambas.

Podemos determinar que si sacamos un tubo, el circuito se abre y no habrá voltaje alimentando el transformador.

Refrigeración y Aire Acondicionado

El tubo de cátodo frío.

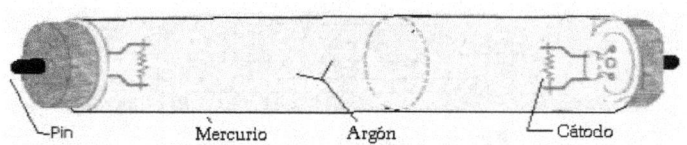

Este tubo fluorescente típicamente se compra de 96 pulgadas, aunque viene en otras medidas. Es muy común el de 65w, 75w y el de 100w, D / L ó C / W.

Los filamentos no funcionan como calefactores, son simplemente dos cátodos con la polarización adecuada para lograr que un voltaje alto (750/800 voltios) producidos por el transformador salten de un extremo al otro del tubo.

La chispa momentánea producida por el alto voltaje ocasiona la vaporización del mercurio y el calentamiento del gas argón.

No requieren sistema de precalentamiento, razón por la cual se conocen como tubos de cátodo frío.

Notas:

¾ La razón poderosa para conectar el transformador en un sistema "interlock", es el alto voltaje producido en su interior.

¾ En algunas ocasiones notaremos que al remplazar un transformador de una marca por otra, uno de los dos tubos fluorescentes brilla con más intensidad, simplemente intercambie los conductores rojo y azul para que las corrientes viajen en la dirección correcta.

¾ Debe estar listado bajo.

¾ Los transformadores usados en el interior, deberán ser listados (clase P), esto quiere decir que tienen protección térmica interna. NEC. 470-73(e)

¾ Observe que el "ballast" a usarse, este libre de PCB.

¾ Conecte el metal del "ballast" y el metal de las luminarias a tierra.

¾ Sea precavido con estas luminarias, funcionan con alto voltaje.

Refrigeración y Aire Acondicionado

Luminaria de un tubo "Rapid start"

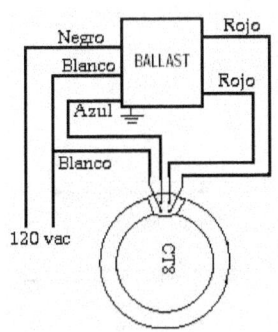

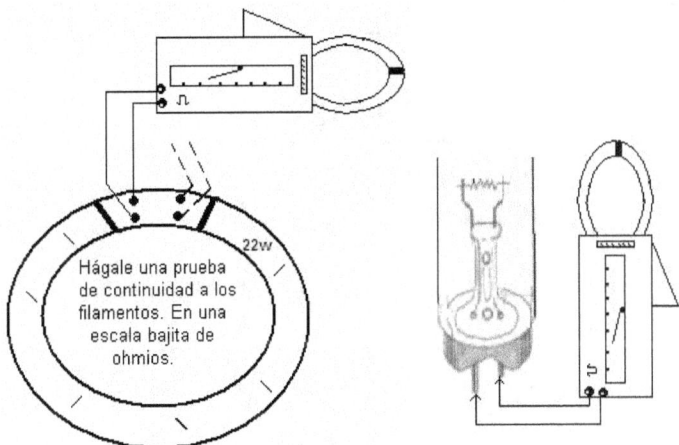

Realice una prueba de continuidad en los dos filamentos cuando la lámpara sea de precalentamiento.

Muchas fallas se deben principalmente a filamentos defectuosos.

El tubo de cátodo frío, no lee continuidad porque no tiene filamentos calefactores.

Refrigeración y Aire Acondicionado

Luminaria circular de dos tubos.

Este arreglo es de uso común y consta de dos tubos para encendido rápido, uno de 22w y otro de 32w.

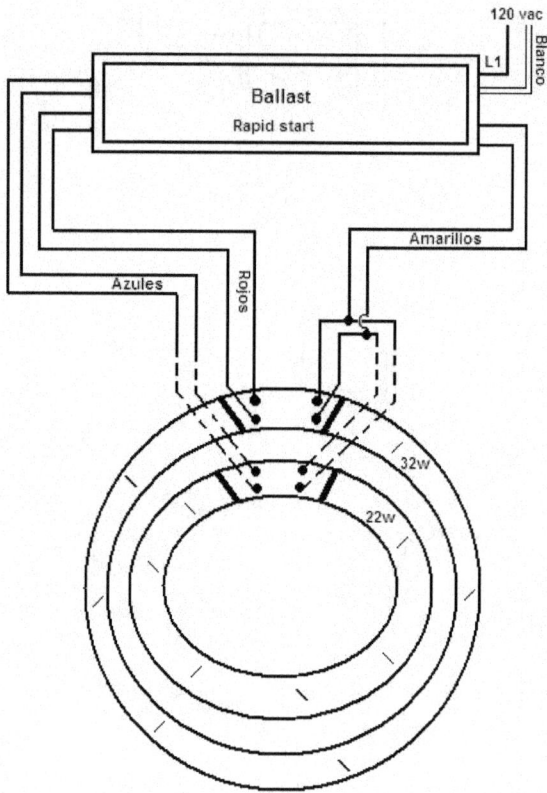

Es importante conectarlas al conductor verde de la instalación, porque algunas utilizan una pantalla metálica que orienta el flujo de los electrones a través del circuito eléctrico.

Refrigeración y Aire Acondicionado

Términos usados en iluminación.

¾ **Luz**
Es la radiación luminosa emitida por la excitación de un cuerpo en forma de energía visible. Esta radiación al producirse dentro de la zona del espectro visible, nos permite ver los objetos y distinguir los colores.

¾ **Fuentes luminosas**
La excitación en algunos cuerpos luminosos puede ser de origen térmico (calor) como el Sol, o de origen luminiscente, como los rayos de una tormenta o los de las luciérnagas.

¾ Existen pues dos grandes familias de fuentes luminosas: la incandescencia y la luminiscencia.

¾ **Lámparas**
Son fuentes luminosas de funcionamiento eléctrico. Las lámparas con filamento o las halógenas producen luz por incandescencia. El diodo (LCD), la produce por fotoluminiscencia.

¾ Existen, además, lámparas de luz mixta, esto es, producen luz por incandescencia y luminiscencia y fotoluminiscencia, como son las fluorescentes.

¾ **El espectro**
La mezcla de todos los colores que componen la luz que emite una fuente luminosa constituye su espectro.

¾ El Sol y las lámparas incandescentes producen un espectro continuo. El de las lámparas de descarga es discontinuo.

¾ **Espectro visible**
Es el situado desde el ultravioleta al infrarrojo, comprendido entre los 400nm, y 700nm, de longitud de onda. Constituyen la luz azul, la luz verde, la luz amarilla y la luz roja.

Términos usados en iluminación.

¾ **Longitud de onda.**
Es la distancia entre las dos crestas contiguas de una onda medida en nanómetros (nm)

¾ **Temperaturas del color.**
Es la temperatura en grados kelvin a la cual un cuerpo de color negro debe ser calentado para que emita luz estable con un color determinado. Dicho en otras palabras, es la expresión numérica en grados Kelvin del espectro de una luz.

¾ La luz amarilla o la rojiza (caliente) tienen una temperatura de color de unos 3,000 grados Kelvin. La luz azul (fría) tiene una temperatura de color de unos 10,000 grados Kelvin. La luz del sol tiene una temperatura de color de unos 5,000 grados Kelvin en el cenit (al medio día) y de unos 2,000 grados Kelvin cuando está en el horizonte.

¾ **Reproducción cromática.**
Es la capacidad que tiene una fuente luminosa de reproducir los distintos colores de un objeto iluminado con referencia a la luz solar. Es una escala de 0 a 100. El valor máximo lo constituye la luz solar a las 12.00 del mediodía.

¾ **Eficiencia**
Es la relación existente entre el flujo luminoso y la potencia absorbida. Se expresa en lúmenes / vatio.

Esta variable pone de manifiesto la capacidad que tiene una luminaria para emitir luz visible, para los seres humanos.

Nuestra capacidad para percibir la luz no es la misma para todo el espectro. Vemos mucho más la luz amarilla y verde que las demás.

Por eso un vatio de luz amarilla nos parece que emite mucha más luz que 1 vatio de luz azul o roja. Por lo tanto se puede llegar a la conclusión de que una lámpara con más capacidad, puede aparentar menos eficiencia.

Refrigeración y Aire Acondicionado

Términos usados en iluminación.

- ¾ **Flujo luminoso y eficiencia.**
  Es aquella parte proporcional de energía que la lámpara consume que es convertida en luz visible medida en lúmenes. Las lámparas incandescentes tienen una eficiencia muy baja, ya que convierten la mayor parte de la energía en calor.

- ¾ El límite técnico para la radiación de la luz verde es de 680 (lm / w) El de la luz blanca es de 225 (lm / w)

- ¾ **Iluminancia**
  Es el flujo que recibe una superficie determinada situada a una cierta distancia de la fuente. Se mide en luxes.

- ¾ Estos son el resultado de la relación entre la intensidad luminosa y la distancia al cuadrado (lm / d2) Se puede medir con la ayuda de un luxómetro.

- ¾ **Lux**
  Es la incidencia perpendicular de un lumen en una superficie de 1 metro cuadrado. Un lux equivale a 0.0929 lúmenes. (1/10.76)

- ¾ **Lumen**
  Es la cantidad de luz visible que emite una lámpara en todas las direcciones. Un lumen equivale a 10.76 luxes.

- ¾ **Vida útil**
  Es la duración del 80% de las lámparas al 80% de su flujo luminoso.

- ¾ **Vida media**
  Es la duración media de un determinado tipo de lámparas.

Refrigeración y Aire Acondicionado

Algunos accesorios usados en neveras comerciales.

Válvula de expansión termostática: Por su eficiencia y adaptabilidad a cualquier tipo de aplicación, éste es el control más usado en las neveras comerciales. Su funcionamiento se basa en el ajuste adecuado del grado de sobrecalentamiento en la salida del evaporador, condición que permite mantener el evaporador lleno de refrigerante bajo cualquier cambio surgido en la carga de calor. (En estas neveras constantemente se saca mercancía fría y se coloca más mercancía caliente.)

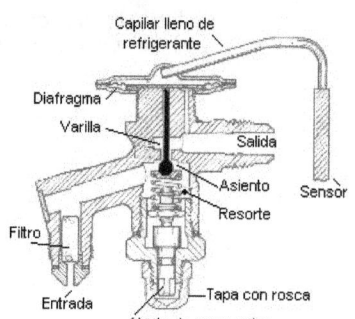

Esta válvula consta de las siguientes partes:

9 Diafragma
9 Varilla, aguja (bola) y asiento
9 Un bulbo sensor cargado de refrigerante. (Usualmente el mismo refrigerante que contiene el sistema)
9 Un resorte cuya tensión se ajusta mediante un tornillo. (Ajuste de sobre calentamiento)
9 Un filtro en la entrada del líquido a la válvula.

La operación de la válvula resulta de la interacción de tres fuerzas independientes, que son:

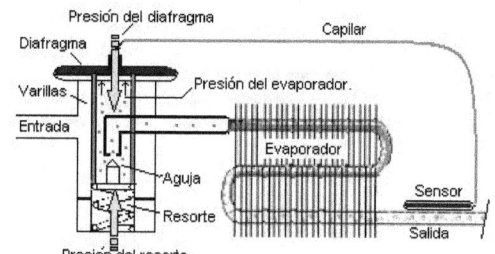

9 Presión del refrigerante líquido en el sensor: Actúa sobre el diafragma y trata de abrir la válvula.
9 Presión del evaporador: Actúa del lado opuesto al diafragma y trata de cerrar la válvula.
9 Presión del resorte: Ayuda a cerrar la válvula en unión a la presión del evaporador.

La válvula termostática de expansión también puede llamarse válvula de sobrecalentamiento, ya que está ajustada para controlar el vapor de refrigerante que sale del evaporador con un sobrecalentamiento usualmente de 10°F. El sobrecalentamiento es la diferencia de temperaturas entre el vapor que sale del evaporador y la temperatura del refrigerante líquido que hierve dentro del mismo. Lo ideal seria mantener el evaporador tan lleno de líquido como sea posible, sin permitir que entre líquido a la línea de succión y llegue al compresor. (Algunos diseñadores ajustan el sobrecalentamiento entre 6 a 10 ºF)

Refrigeración y Aire Acondicionado

Haciendo el ajuste de sobrecalentamiento.

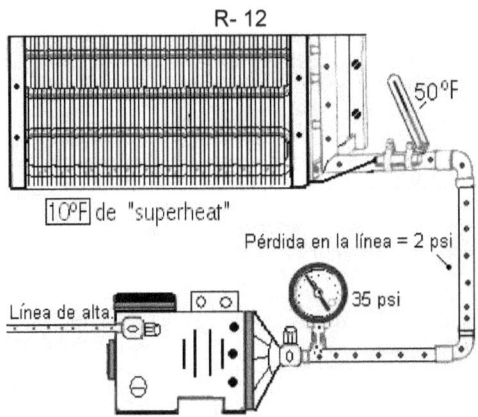

1. Presión de succión en el compresor---------35 psi
2. Sume la perdida en la línea--------------------+2 psi

   37 psi

Usando este total (37psi) cámbielo a temperatura en la tabla de presión temperatura.
La temperatura registrada por el termómetro es de--------50 °F
La temperatura de 37psi según la tabla es--------------------40 °F
El ajuste del súper calor es-------------------------------------**10 °F**

° F	R-12 psi	R-22
38	35.2	65.6
40	37	68.5
42	38.8	71.5
44	40.7	74.5

Lograr el ajuste de sobrecalentamiento es relativamente simple. En la figura superior observamos que la temperatura del bulbo sensor puede determinarse colocado un probador de temperatura en el tubo de succión, donde esta sujeto el bulbo sensor de la VET. La temperatura registrada es de 50°F.

El siguiente paso es determinar la temperatura de saturación, que es la temperatura de ebullición del líquido en el evaporador. La caída normal de presión en la línea de succión desde la salida del evaporador hasta el compresor no debe ser mayor de 2psi.

La presión de succión se lee en el compresor. Se deben agregar 2 **psi** a la presión que lee el manómetro para determinar la presión total del evaporador. La presión del evaporador se busca en la tabla de presión-temperatura y el resultado es la temperatura de saturación del evaporador. De aquí que la diferencia de temperatura entre la temperatura de saturación y la temperatura de la línea de succión en la salida del evaporador es el ajuste de sobrecalentamiento de operación de la válvula termostática de expansión.

Las válvulas vienen ajustadas de fábrica de 10 a 15 °F, de lo contrario, hay que ajustarlas manualmente, para ello se mueve el tornillo de ajuste no más de 1/4 de vuelta a la vez.

Refrigeración y Aire Acondicionado

Control de baja presión. (Low pressure control)

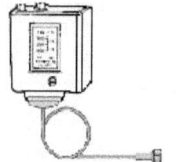

Los equipos de refrigeración que utilizan válvula de expansión termostática, controlan el arranque y la parada del compresor mediante el uso de un control de baja presión.

El control de baja presión arranca el compresor cuando la presión de succión **sube** hasta el punto predeterminado. "Cut-in"

El control también apaga el compresor cuando la presión **baja** hasta el punto predeterminado. "Cut-out"

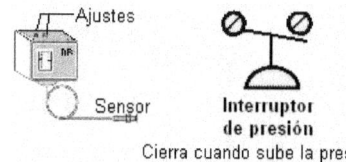

Interruptor
de presión

Cierra cuando sube la presión,
abre cuando baja la presión.

El control de baja esta localizado siempre cerca del compresor ya que en este punto, están disponibles tanto la baja como la alta presión del sistema. Este control tiene unos interruptores eléctricos que automáticamente prenden y apagan el circuito de acuerdo a la información recibida desde el sensor de temperatura o de presión.

Estos términos son usados ampliamente en la refrigeración:

Cut in: Significa que los contactos eléctricos del control cierran, al alcanzar la presión predeterminada en los ajustes.

Cut out: Se refiere al punto predeterminado cuando los contactos abren y apagan la unidad.

Diferencial: Es la diferencia matemática entre estos dos ajustes, "cut - in" y "cut – out".

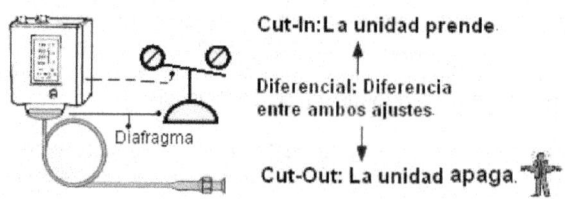

Cut-In:La unidad prende

Diferencial: Diferencia
entre ambos ajustes.

Cut-Out: La unidad apaga.

Refrigeración y Aire Acondicionado

Acerca de los evaporadores.

Los evaporadores comerciales de refrigeración son diseñados para un flujo de aire aproximado de 3,500 cfm/tonelada. La temperatura del evaporador es el punto medio entre la temperatura del aire que circula a través del evaporador y la temperatura del refrigerante.

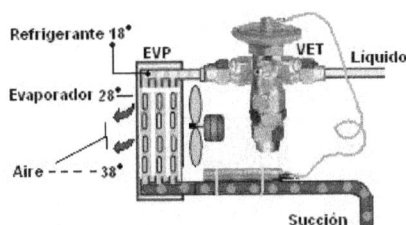

El punto de saturación del refrigerante esta controlado y es el de menor temperatura.

Los tubos y las aletas metálicas del evaporador están aproximadamente 10° más calientes que el refrigerante.

El aire que circula por el evaporador esta aproximadamente 10° más caliente que el evaporador.

Hay 10° de diferencia entre el refrigerante y el evaporador, y otros 10° de diferencia entre el evaporador y el aire que lo atraviesa. Estos 20° de temperatura están siempre presentes cuando el sistema esta funcionando.

Durante el ciclo de apagado, la temperatura del evaporador aumenta rápidamente y se iguala con la temperatura del aire que entra al evaporador.

En este estado todas las temperaturas se igualan y las lecturas de presiones corresponden de igual modo.

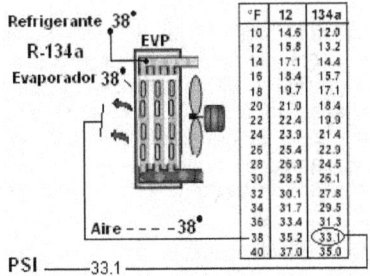

°F	12	134a
10	14.6	12.0
12	15.8	13.2
14	17.1	14.4
16	18.4	15.7
18	19.7	17.1
20	21.0	18.4
22	22.4	19.9
24	23.9	21.4
26	25.4	22.9
28	26.9	24.5
30	28.5	26.1
32	30.1	27.8
34	31.7	29.5
36	33.4	31.3
38	35.2	33.1
40	37.0	35.0

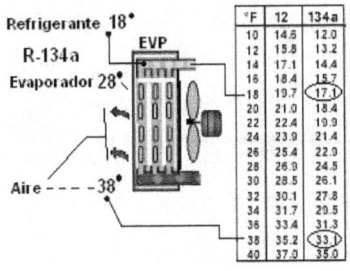

°F	12	134a
10	14.6	12.0
12	15.8	13.2
14	17.1	14.4
16	18.4	15.7
18	19.7	17.1
20	21.0	18.4
22	22.4	19.9
24	23.9	21.4
26	25.4	22.9
28	26.9	24.5
30	28.5	26.1
32	30.1	27.8
34	31.7	29.5
36	33.4	31.3
38	35.2	33.1
40	37.0	35.0

Durante el ciclo de encendido, rápidamente el sistema crea una diferencia en las temperaturas. Las aletas del evaporador se tornan 10° más frías que el aire que pasa por el evaporador y el refrigerante 10° más frío que los tubos del evaporador. La presión en el evaporador desciende de 33 a 17 psi, y la temperatura del refrigerante estará bajando de 38 a 18 °F. Esto es lo que se conoce como el (Td) del evaporador. (Diferencia de temperatura)

Refrigeración y Aire Acondicionado

Ajustes del "Low pressure"

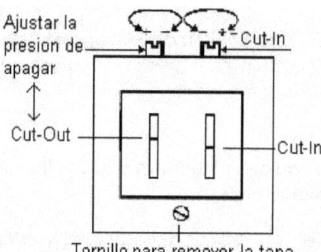

Ajustar la presion de apagar

Cut-In

Cut-Out

Cut-In

Tornillo para remover la tapa.

El ajuste del control de baja presión esta calibrado en psi o Hg.

El tornillo marcado "Cut-In" se usa para ajustar la presión de prender el compresor. Este ajuste es el primero y mueve ambas agujas al mismo tiempo.

El tornillo marcado "Cut-Out" ajusta esta función solamente, este debe ser el segundo ajuste.

Ajuste de cut-in: Nevera cargada con R-134ª, con un rango de temperatura de 32 a 38ºF.

Refiérase a la tabla de presión temperatura, en la escala de temperatura, localice 38ºF, muévase hacia la derecha hasta la columna de R-134a y anote la presión indicada en este punto (33.1ºF) este es el ajuste en el lado de Cut-in. (33 psi)

La temperatura para una nevera de mantecado es -10 -20 ºF
La temperatura en una nevera para flores es 35 a 45 ºF

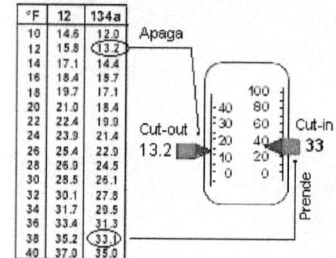

°F	12	134a
10	14.6	12.0
12	15.8	13.2
14	17.1	14.4
16	18.4	15.7
18	19.7	17.1
20	21.0	18.4
22	22.4	19.9
24	23.9	21.4
26	25.4	22.9
28	26.9	24.5
30	28.5	26.1
32	30.1	27.8
34	31.7	29.5
36	33.4	31.3
38	35.2	33.1
40	37.0	35.0

Apaga

Cut-out 13.2

Cut-in 33

Prende

Ya ajustamos el "Cut-In" ahora ajustaremos el "Cut-Out" pero primero tenemos que observar la diferencia de temperatura del evaporador. Para que el aire que circula el evaporador este a 32 ºF las aletas del evaporador, deben estar a 22 ºF y el refrigerante que hierve en el evaporador a 12 ºF, esto da una diferencia de temperatura de 20 ºF entre el refrigerante y el aire pasando por el evaporador. Si el aire esta a 32 ºF – 20º dt = 12 ºF en el refrigerante. Ahora buscamos en la tabla de presión temperatura 12 ºF y a la derecha en la columna del R-134ª nos indica una presión de 13.2psi. Este es el ajuste del "Cut-Out"

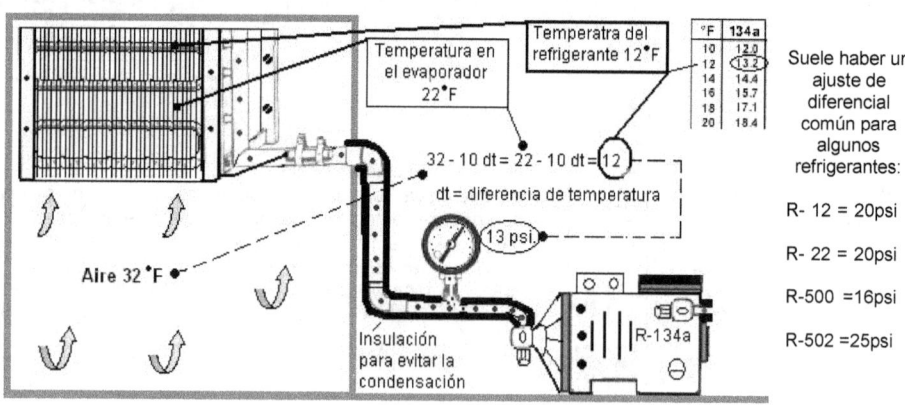

Temperatura en el evaporador 22°F

Temperatra del refrigerante 12°F

°F	134a
10	12.0
12	13.2
14	14.4
16	15.7
18	17.1
20	18.4

32 - 10 dt = 22 - 10 dt = 12

dt = diferencia de temperatura

13 psi

Aire 32 °F

Insulación para evitar la condensación

R-134a

Suele haber un ajuste de diferencial común para algunos refrigerantes:

R- 12 = 20psi

R- 22 = 20psi

R-500 =16psi

R-502 =25psi

Refrigeración y Aire Acondicionado

Ajuste por diferencial.

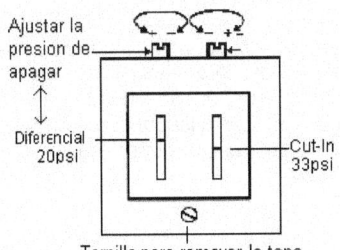

Ajustar la presion de apagar

Diferencial 20psi

Cut-In 33psi

Tornillo para remover la tapa.

Tomando la misma temperatura, 32°F a 38°F, usando R-134ª, sabemos por el ejemplo anterior, que el ajuste del "Cut-In" es 33psi y el ajuste de "Cut-Out" es de 13psi.

Dif. = Cut-in menos Cut-Out.

Dif. = 33 – 13 = 20

Dif. = 20psi

Tabla para algunos ajustes del control de baja presión.

Aplicación	Temp. °F	Evap. Dt °F	Refrigerantes							
			R 22		R134a		R 404a		R 507	
			Out	In	Out	In	Out	In	Out	In
Bebidas-Flores Productos	35 a 45	15	41	66	17	33	53	82	56	86
Aúmados-Carnes Deli -Mariscos	32 a 35	15	36	62	15	30	48	77	52	81
Congelados	26 a 29	15	32	54	11	25	42	68	45	72
Walk-in Freezer	-10 a 0	10	9	24	-	-	15	33	16	35
Mantecados	-10 a -20	10	0	10	-	-	4	16	4	18

Control para la presión de aceite.

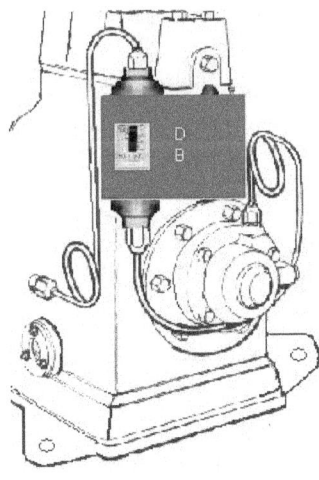

El Control de Protección de diferencial de aceite vigila la presión efectiva del aceite en los compresores lubricados por presión. El "timer" permite al compresor el tiempo adecuado (Aprox. 30 seg) para restablecer la presión del aceite en el arranque y evita los molestos paros en las caídas de presión durante el ciclo de trabajo. La presión del aceite total será la presión de aceite bombeado menos la presión de succión con el compresor en marcha. La presión de aceite típica durante la lubricación es aproximadamente 12psi, el "timer" se activa si la presión cae por debajo de 9psi y detiene el compresor 30 segundos después, si no se reestablece la presión normal.

Conexión a la presión de succión del "crankcase"

Ajuste del "timer"

Reset

Daba Technology

Conexión a la bomba de aceite del compresor.

Este control requiere que se reactive manualmente, luego que el técnico inspeccione la falla.

Refrigeración y Aire Acondicionado

Acerca de los condensadores.

 No importa cual sea el tamaño de un condensador, su función es intercambiar con el ambiente y disponer del calor absorbido en el evaporador. Algunos condensadores utilizan el aire ambiental y otros intercambian calor utilizando agua. En principio, el condensador deberá perder calor, para que el refrigerante entrando en su interior pueda enfriarse y convertirse en líquido.

Para que se cumpla esta función, el refrigerante debe estar a una temperatura más elevada que el aire ambiental que circunda el condensador. Para lograr esta meta, el refrigerante es comprimido en el compresor y su temperatura se eleva 30° por encima de la temperatura del aire ambiental. Para condensadores enfriados por agua la diferencia de temperatura debe estar por los 20°. Los condensadores usados en refrigeración y acondicionamiento de aire, tanto los residenciales

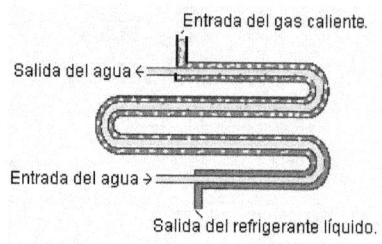

como los comerciales se diferencian solamente por el tamaño y la forma de intercambiar el calor. Los condensadores comerciales suplen hasta 750cfm/tonelada. Todos sirven para el mismo propósito, cambiar el refrigerante de su estado de vapor a líquido.

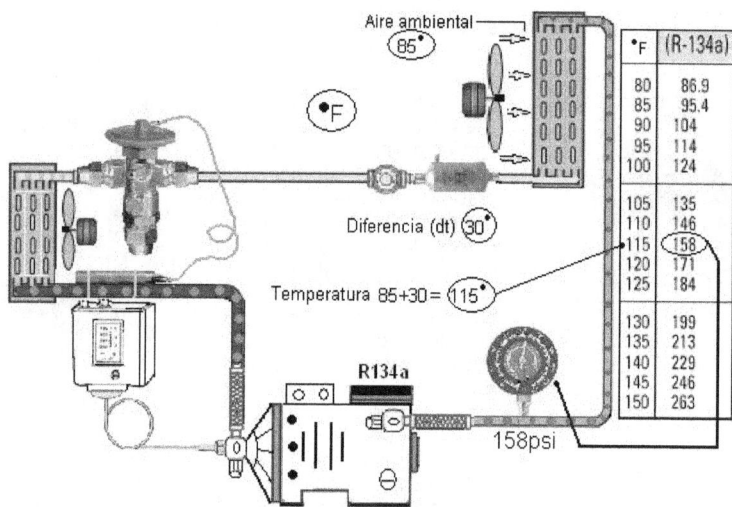

La temperatura del refrigerante dentro del condensador debe estar 30° por encima del aire ambiental. La descarga o presión de cabeza se conoce como el punto de saturación del refrigerante en el condensador. Una temperatura de 85°F + 30 dt = 115°F (Se convierte a 158 psi)

Refrigeración y Aire Acondicionado

Hay razones amplias para que un condensador muestre un cuadro de altas presiones.
Algunas de ellas son:

1. Cuando el condensador esta sucio: A tal nivel que impida la circulación del aire o del agua, en caso que enfríe por agua.

2. Exceso de refrigerante en el sistema: Cuando se sobrecarga el sistema el exceso de refrigerante permanece en el condensador y su área de efectividad se reduce ocasionado altas presiones.

3. Un abanico o bomba de agua fuera de funcionamiento.

4. Aire atrapado en el interior del sistema: Estos sistema se diseñan para trabajar con un solo tipo de refrigerante o gas, el aire contiene otros tipos de gases que no son condensables, según la ley de Dalton.

5. Presión de baja, **alta**: El compresor se comporta como un amplificador, si la presión de baja esta alta, será amplificada y la descarga también será alta, lo que pase en la entrada del compresor afectará la salida hacia el condensador.

Control combinado de alta y baja presión.

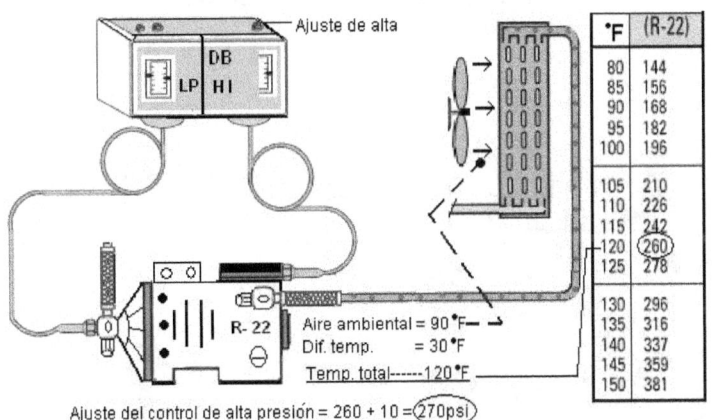

°F	(R-22)
80	144
85	156
90	168
95	182
100	196
105	210
110	226
115	242
120	260
125	278
130	296
135	316
140	337
145	359
150	381

Ajuste de alta

Aire ambiental = 90 °F—
Dif. temp.   = 30 °F
Temp. total------120 °F

Este control vigila la presión de cabeza del compresor y apaga el sistema si aumenta por encima de lo preajustado, algunos activan una alarma y requieren un reset manual.

Ajuste del control de alta presión = 260 + 10 = 270psi
Se le añaden de 10 a 20psi a la presión de la tabla como margen de error.

Ajustes típicos: R-12 =160-170, R-134ª=170-180, R-22 =260-270, R500=190-200, R502=280-290.

El mejor ajuste en cualquier control de baja o de alta se consigue usando un termómetro electrónico para medir la temperatura del aire ambiental y un manómetro bien calibrado para medir presiones conjuntamente con la tabla de presión –temperatura. **Importante:** Lea los manuales del fabricante.

Refrigeración y Aire Acondicionado

Identificación de las partes.

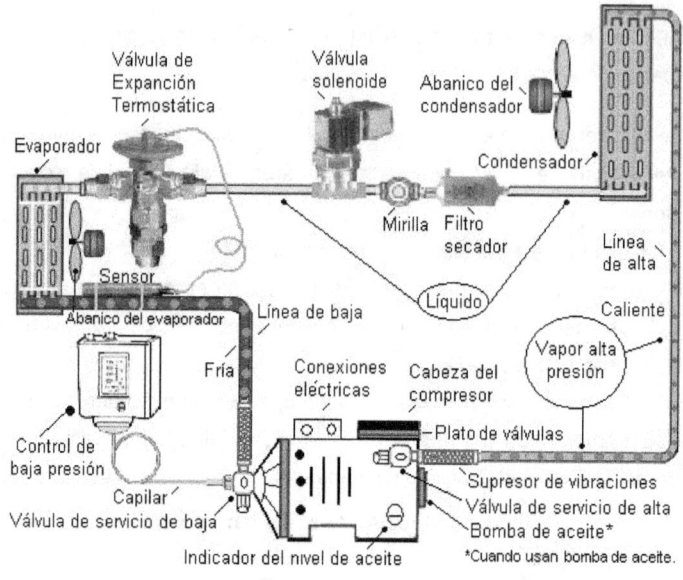

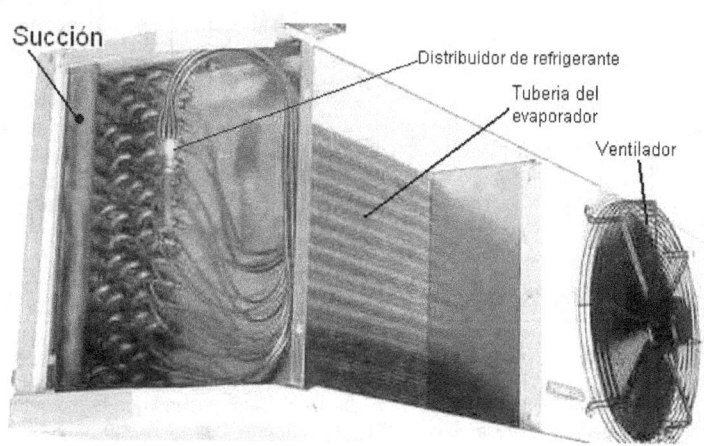

Refrigeración y Aire Acondicionado

Acumulador de succión y separador de aceite.

Algunos sistemas utilizan un acumulador de succión para evitar que el líquido remanente del evaporador alcance el compresor y le cause daño al mecanismo. Si se permite que el refrigerante líquido inunde el sistema y alcance el compresor antes de ser evaporado, puede causar deterioro del compresor, debido al golpeteo de los pistones al tratar de comprimir el refrigerante líquido. La función principal del acumulador consiste, en retener el refrigerante líquido, antes de que pueda alcanzar el "crank case" del compresor.

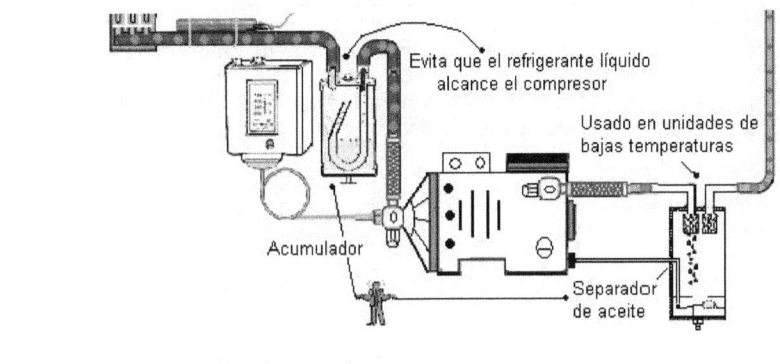

Llave (Ratchet) para abrir las válvulas y los cilindros.

El separador de aceite: Utilizado con más frecuencia en neveras de baja temperatura y cuando el gas y el refrigerante no mezclan correctamente. El separador se instala en la línea de descarga, entre el compresor y el condensador. La mayor parte del aceite se separa del gas caliente y es devuelto al "crank case" del compresor mediante una válvula de flotador y tubería de conexión. La eficacia de un separador nunca alcanza el cien por ciento aun en condiciones ideales.

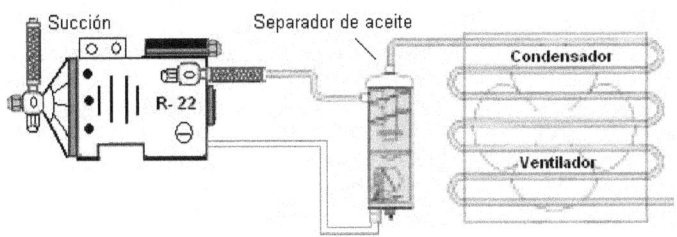

Refrigeración y Aire Acondicionado

Aceite en la tubería.

En su forma líquida, los refrigerantes se mezclarán con el aceite acarreándolo a través de la tubería. Sin embargo en su estado gaseoso, son pobres portadores de aceite. El aceite bajo presión en las líneas de descarga de gas caliente se convierte en una neblina.

El refrigerante gaseoso y el aceite no se mezclan.

Si la tubería esta incorrectamente diseñada, el aceite se depositará sobre las paredes de la tubería y drenará hacia los puntos bajos en el sistema. Sin embargo, si el refrigerante gaseoso viaja a través del sistema lo suficientemente rápido, el aceite será arrastrado junto con éste.

La velocidad del flujo de refrigerante es crítico para el flujo de aceite y también debe ser considerada desde el punto de vista de ruido y vibración.

Línea de líquido.

En algún momento el aceite alcanzará el condensador donde se mezclará con el refrigerante líquido en el fondo del condensador.

Esta mezcla, llega posteriormente a la válvula de expansión o el tubo capilar.

Como el líquido es más denso que el gas, la línea de líquido puede tener un diámetro menor que la línea de gas caliente.

Si la presión en la línea de refrigerante líquido decrece, mientras su temperatura permanece la misma o se incrementa, algo de este refrigerante eventualmente se evaporará.

Si esto ocurre, la válvula de expansión opera ineficientemente y el sistema pierde por consiguiente algo de su capacidad nominal.

La caída de presión causada por la fricción en la línea de líquido, no debe exceder **3 psi.**

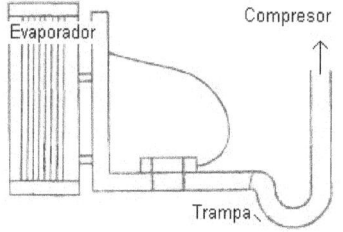

Cuando el tubo se tiende horizontalmente para la línea de succión, deben enderezarse todos los dobleces y retorcimientos para que no se quede atrapado el aceite. Además deben inclinarse las líneas horizontales a razón de 1/2 pulgada por cada 10 pies, lo cual ayudara al aceite a regresar al compresor. Cuando el compresor se localiza en el techo, arriba del evaporador, ponga una trampa en la línea de succión. El serpentín debe tener una ligera inclinación hacia la trampa, para evitar que el aceite se quede en el evaporador.

Refrigeración y Aire Acondicionado

Funciones de la tubería para refrigeración.

La tubería tiene dos funciones principales:

1. Suministra un pasaje para la circulación del refrigerante a través del sistema.
2. Provee un camino para que el aceite regrese al compresor.

Debe realizar estas dos funciones con un mínimo de caída de presión y un máximo de protección para el compresor.

Una tubería mal diseñada puede causar:

¾ Daños en los cojinetes del compresor por falta de lubricación.

¾ Válvulas rotas por causa del líquido o aceite que llegan al compresor.

¾ Perdida de capacidad del sistema

Precauciones básica en la tubería para refrigeración.

¾ Manténgala limpia, la limpieza es un factor clave en la instalación. La mugre, el lodo, las partículas y la humedad causaran fallas en el sistema.

¾ Use el mínimo de accesorios posible. Esto representa menos fugas y menos pérdidas en la presión.

¾ Tome especial precaución al hacer conexiones soldadas, Use la soldadura correcta para cada aplicación y siga las instrucciones para soldadura recomendadas por el fabricante del equipo.

¾ Incline las líneas horizontales en la dirección del flujo del refrigerante (1/2 pulgada por cada 10 pies de longitud).

¾ Coloque alguna insulación en los tubos de succión, para evitar la condensación.

Rubatex - aislamiento para tuberías.

Refrigeración y Aire Acondicionado

Partes mecánicas del compresor.

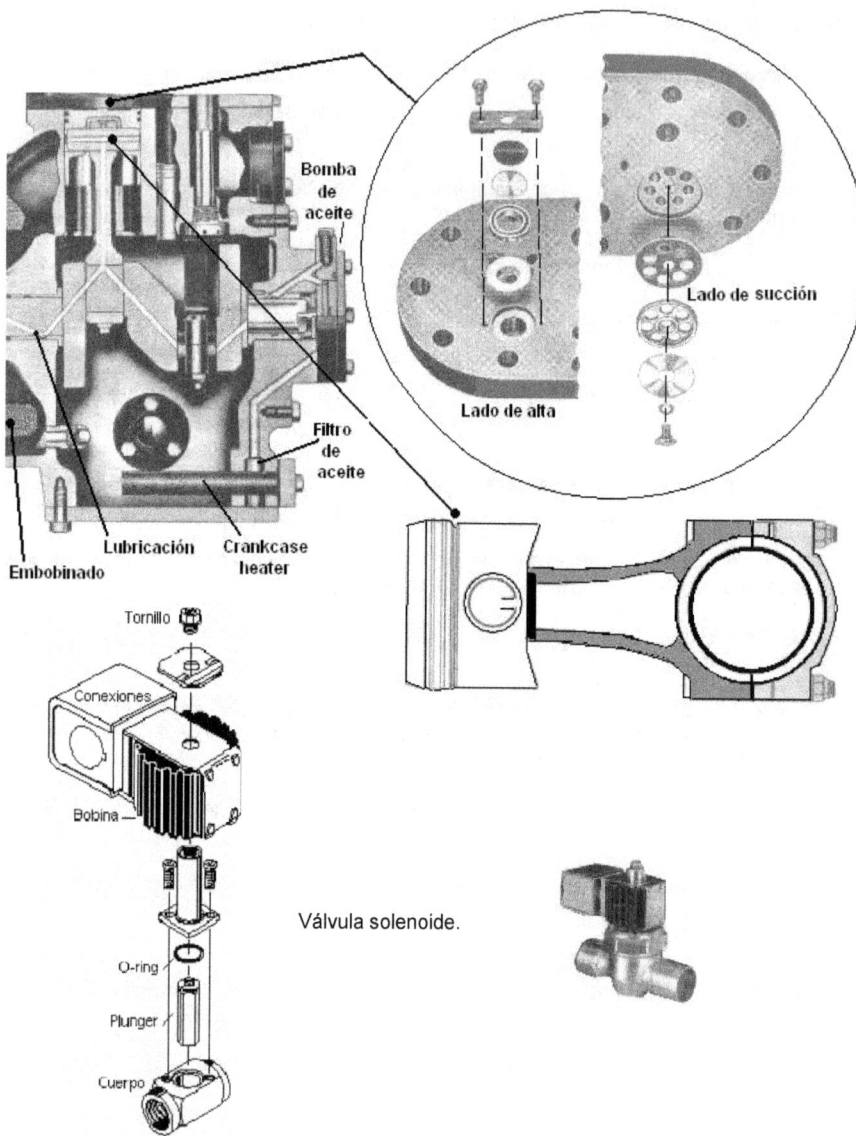

Bomba de aceite

Lado de succión

Filtro de aceite

Lado de alta

Lubricación   Crankcase heater

Embobinado

Tornillo

Conexiones

Bobina

O-ring

Plunger

Cuerpo

Válvula solenoide.

Refrigeración y Aire Acondicionado

Presurizando el sistema con nitrógeno.

El nitrógeno normalmente se encuentra en su forma gaseosa. Para volverse líquido, el gas nitrógeno tiene que liberar grandes cantidades de calor, llegando a temperaturas tan bajas como los 200° Celsius bajo cero. La reserva principal de nitrógeno es la atmósfera (el nitrógeno representa el 78 % de los gases atmosféricos).

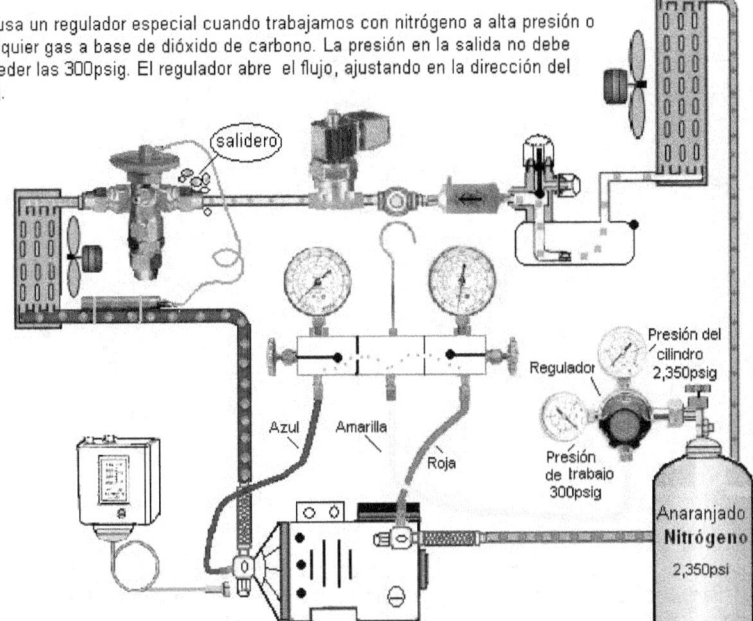

Se usa un regulador especial cuando trabajamos con nitrógeno a alta presión o cualquier gas a base de dióxido de carbono. La presión en la salida no debe exceder las 300psig. El regulador abre el flujo, ajustando en la dirección del reloj.

Una vez el sistema se termina de ensamblar, debe ser presurizado con gas nitrógeno por lo menos entre 250 a 300psig. Esto ayuda a detectar salideros en las conexiones. Los salideros mayores pueden ser detectados por el sonido en forma de un silbido, los menores, se buscan usando una solucion de agua y jabón. Una vez se reparan los salideros el gas nitrógeno se libera a la atmósfera y procedemos a crear el vacío.

El Nitrógeno es un gas incoloro y sin olor. Es considerado como gas inerte pues su combinación con otras substancias sólo ocurre bajo condiciones muy especiales. Es un gas no flamable y no alimenta la combustión. El Nitrógeno es ligeramente más liviano que el aire.

Seguridad: Almacene los cilindros en lugar ventilado. No almacene los cilindros llenos junto con los vacíos. Use guantes de seguridad en el manejo de los cilindros. No use adaptador ni llave para operar la válvula. Evite caídas y/o golpes con los cilindros. No provoque aumento de presión en el cilindro por medio de calor ó llama. No use los cilindros como rueda para transporte de carga.

Refrigeración y Aire Acondicionado

Haciendo vacío.

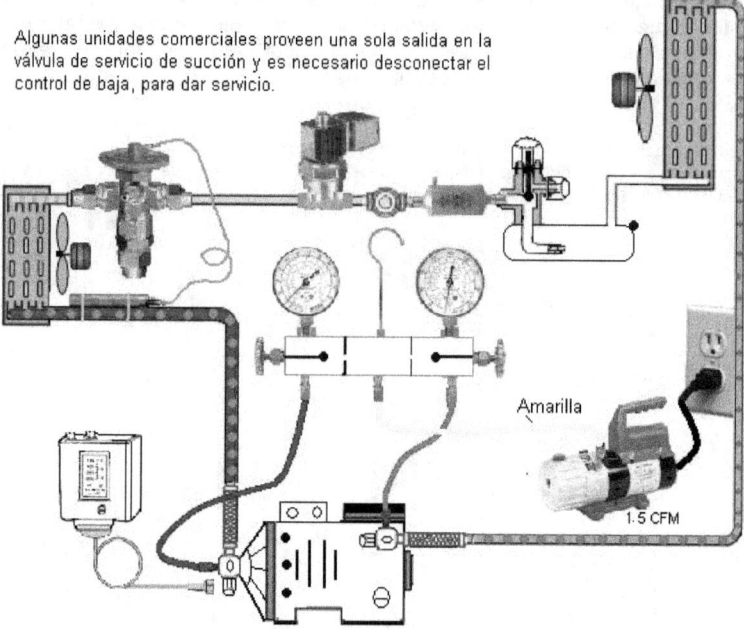

Algunas unidades comerciales proveen una sola salida en la válvula de servicio de succión y es necesario desconectar el control de baja, para dar servicio.

Una bomba de vacío se utiliza para deshidratar, sacar todo el aire y humedad del sistema. Si no se hace un buen vacío, el aire y la humedad se mezclaran con el refrigerante y aceite formando ácido clorhídrico, que corroerán las partes del sistema. Si se abre un sistema y el refrigerante tiene un olor agrio, penetrante, es indicio de la presencia de ácidos. Esto requerirá que se haga una limpieza del sistema. No es permisible limpiar el sistema usando refrigerante puro- el método a usarse será mediante un vació profundo y filtros secadores.

El manómetro de termistor o manómetro de micrones, es el mejor método para medir vació. Cuando sometemos el agua a un vacío de 500 micrones, hierve a –20ºF. A este nivel de vació el agua se evapora y es succionada hacia fuera del sistema.

Si hay fuga en el sistema, se notara en el manómetro de baja presión, que indica unas 29 pulgadas pero eventualmente, la presión subirá hasta 0 PSI porque esta succionando aire por la sección donde esta el escape. Presurice el sistema con nitrógeno para detectar el escape (Pagina anterior) repare la fuga y repita el vacío.

 Un indicador de aire en el sistema es, el aumento en la presión de descarga.

Añadiendo aceite al compresor.

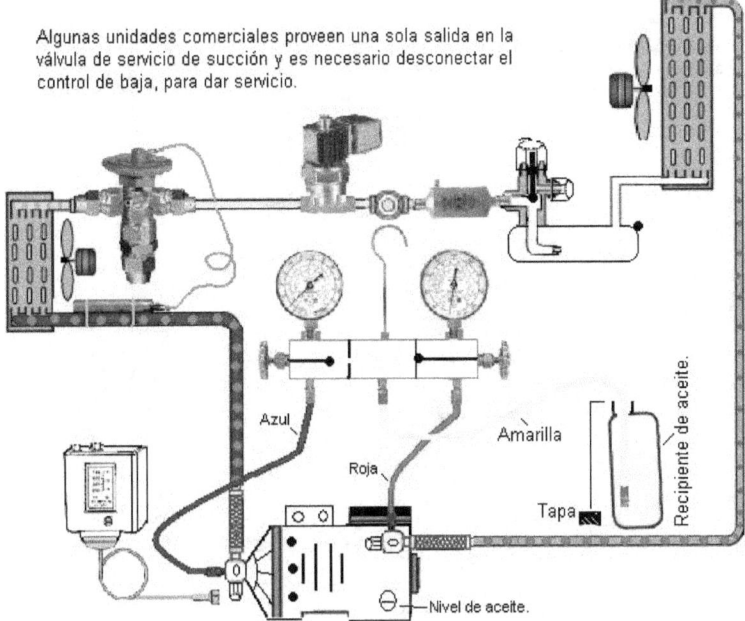

Algunas unidades comerciales proveen una sola salida en la válvula de servicio de succión y es necesario desconectar el control de baja, para dar servicio.

Además de lubricar las partes móviles del compresor, el aceite realiza las siguientes funciones: a) remueve el calor de los cojinetes y lo transfiere al exterior, b) ayuda a formar un sello positivo. c) amortigua el ruido generado por las partes móviles dentro del compresor. En los compresores abiertos, el aceite también evita que los sellos se sequen y se deterioren. En compresores rotativos y de tornillo, el aceite forma un sello entre el rotor y las paredes internas de la cámara de compresión, para retener el vapor de refrigerante mientras está siendo comprimido. El aceite circula a través del sistema con el refrigerante. Los aceites para refrigeración deben tener ciertas propiedades, porque se mezclan con los refrigerantes. El aceite entra en contacto directo con los devanados calientes del motor, en unidades herméticas y semiherméticas; por lo que debe ser capaz de soportar temperaturas extremas. Además, debe mantener la viscosidad suficiente, para permitir una lubricación adecuada. Asimismo, el aceite se enfría a la más baja temperatura del sistema y debe permanecer fluido en todas las partes. La fluidez de la mezcla aceite - refrigerante, es determinada por el refrigerante utilizado, las temperaturas, las propiedades del aceite y su miscibilidad con el refrigerante. Todos los compresores requieren lubricación. Los fabricantes de compresores, generalmente recomiendan el tipo de lubricante y la viscosidad que debe usarse.

Importante seguir las recomendaciones del fabricante.

Refrigeración y Aire Acondicionado

Cargando el sistema con refrigerante.

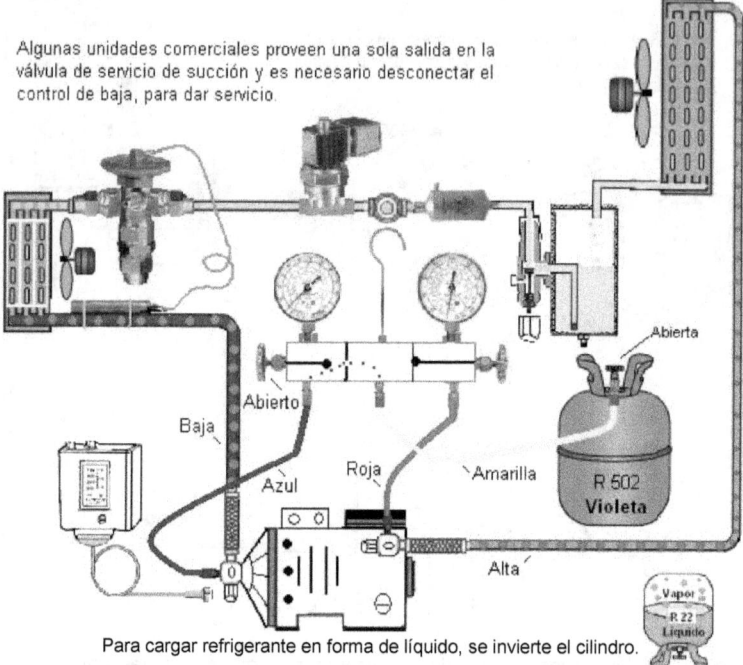

Algunas unidades comerciales proveen una sola salida en la válvula de servicio de succión y es necesario desconectar el control de baja, para dar servicio.

Para cargar refrigerante en forma de líquido, se invierte el cilindro.

Cargue el sistema por el lado de baja en forma de vapor, utilice el manómetro de baja para introducir y controlar el flujo del gas refrigerante, el manómetro de alta será usado para monitorear la presión de cabeza del compresor que corresponde a la presión de saturación del refrigerante en el condensador.

Para lograr una transferencia de calor del condensador al aire ambiental se necesita que el condensador este a una temperatura por encima del aire que lo rodea.

Segunda ley de la termodinámica: El calor viaja de una zona de alta temperatura a otra que se encuentre a temperatura menor.

Para crear esta diferencia de temperatura, se le suman 30 ºF a la temperatura del aire que rodea el condensador. (20 ºF en condensadores enfriados por agua) Luego se suman ambas temperaturas y se busca este valor en la tabla de presión temperatura. (Pagina siguiente)

Deslícese hacia la derecha, hasta encontrar la columna correspondiente al refrigerante que usa el compresor, donde se cruzan ambas líneas, esta es la presión a la que debemos cargar el sistema, usando el manómetro de alta para obtener la lectura.

Refrigeración y Aire Acondicionado

Calculando la carga correcta.

Un sistema que usa R-502 el aire que rodea el condensador esta a 90°F, le sumamos 30° para establecer la diferencia de temperatura y esto suma una temperatura total de 120 °F.

Según la tabla de presión temperatura, para 120°F debemos cargar el sistema, hasta que el manómetro de alta registre 283 psi.

¿Cuánto sería la presión registrada por el manómetro de alta, si el refrigerante fuera R-22?

°F	R-12	R-22	R-134a	R-502
110	136.4	226.4	146.5	247.9
112	140.5	232.8	151.3	254.6
114	144.7	239.4	156.1	261.5
116	148.9	246.1	161.1	268.4
118	153.2	252.9	166.1	275.5
120	157.7	259.9	171.3	282.7
122	162.2	267.0	176.6	290.1
124	166.7	274.3	182.0	297.6
126	171.4	281.6	187.5	305.2
128	176.2	289.1	193.1	312.9
130	181.0	296.8	198.9	320.8
132	185.9	304.6	204.7	328.9
134	191.0	312.5	210.7	337.1
136	196.1	320.6	216.8	345.4
138	201.3	328.9	223.0	353.9
140	206.6	337.3	229.4	362.6

Calcule el mismo sistema pero con R-134ª. ¿Hasta que presión debe subir la aguja del manómetro de alta? (171 PSI)

Algunos técnicos utilizan la mirilla como método de carga, pero podrían sobrecargar el sistema agregando refrigerante hasta que el flujo sea continuo y claro. Use la tabla de presión temperatura, un buen termómetro y un manómetro de alta, bien calibrado y en buenas condiciones, luego la mirilla, como una ayuda adicional.

La temperatura del aire alrededor del condensador es de 82 °F. Este sistema usa R-12.

¿Cuál será la presión que indicará el manómetro de alta, cuando la carga esté completa.

Aire 82° + 30 Dt = 112 °F total = Según la tabla 112 °F = 140 psi.

En nuestra isla, no tenemos que preocuparnos por cambios de temperaturas significativos, una nevera trabajará igual, en cualquier pueblo, sin tener que alterar sus ajustes. Siempre y cuando, el condensador este ventilado adecuadamente.

Refrigeración y Aire Acondicionado

Compresor de arranque por "relay" de potencia y capacitor.

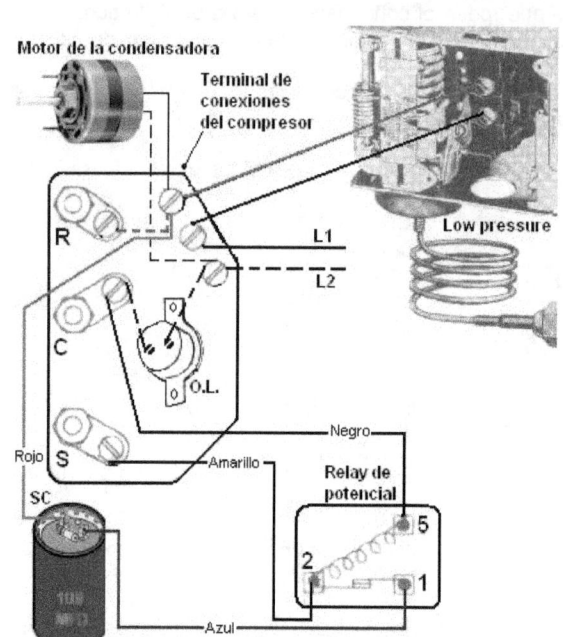

Leyenda
C ——— Contactor
CH ——— Crankcase Heater
Comp ——— Compressor
CR ——— Control Relay
CT ——— Current Transformer
FC ——— Fan Capacitor
FM ——— Fan Motor
FS ——— Fan Switch
FT ——— Fan Thermostat
HP ——— Heating Control
HPS ——— High Pressure Switch
HR ——— Holding Relay
IFM ——— Indoor Fan Motor
IFR ——— Indoor Fan Relay
IP ——— Internal Protector
LPS——— Low Pressure Switch
OL ——— Overload
R ——— Resistor
RC ——— Run Capacitor
Recep ——— Receptacle
Res ——— Bleed Resistor
SC ——— Start Capacitor
SR ——— Start Relay
ST ——— Start Thermistor
TC ——— Thermostat, Cooling
TD ———Time Delay
Therm ———Thermostat
TM ——— Timer Motor
Trans ———Transformer

 El resistor en el capacitor, descarga el potencial eléctrico acumulado, cuando se desconecta el sistema de la corriente. Usualmente son de 15 a 20KΩ. Recuerde que los capacitores usados en refrigeración son para corriente alterna.

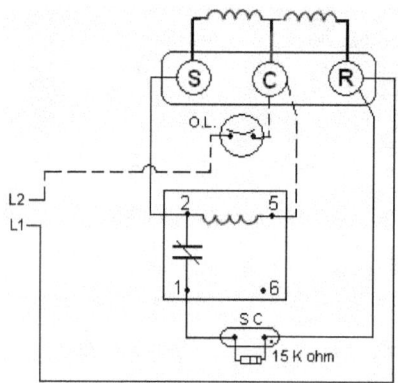

El "relay" de potencia tiene la bobina conectada en paralelo con la bobina de arranque del compresor.
El terminal #2 de la bobina del "relay" esta conectado al terminal marcado "starting" (S) en el compresor.
El terminal #5 de la bobina del "relay" esta conectado al terminal común (C) del compresor.

El terminal #1 del "relay" de potencia se conecta al capacitor y el otro terminal del capacitor se conecta al terminal (R) del compresor, donde esta también la línea viva del circuito.
Note que el terminal marcado por un punto o una flecha en el capacitor debe ser conectado a la línea viva del circuito. Esto es un factor de seguridad, este es el terminal más cerca del metal en la estructura del capacitor.

Refrigeración y Aire Acondicionado

Arranque por "relay" de potencial y dos capacitores.

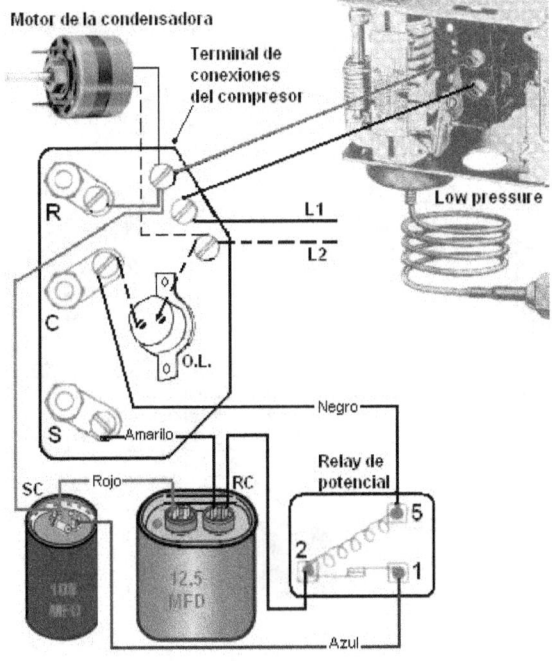

LP = Low pressure control   RC = Running capacitor

Este arreglo es exactamente igual al anterior pero con un capacitor adicional (RC) conectado en paralelo con las dos bobinas del compresor, la de marcha y la de arranque.

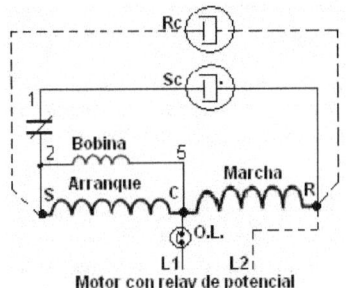

El lado del capacitor marcado con un punto rojo o una flecha, se conecta al terminal (R) del compresor donde esta también la línea viva del circuito.

El otro terminal del capacitor se conecta al terminal (S) del compresor.

Motor con relay de potencial
capacitor de arranque y de marcha

En ambos arreglos, el anterior y éste, el arranque y la parada del compresor esta controlada por un control de baja presión. (LPS)

Refrigeración y Aire Acondicionado

Arranque con "relay" de corriente y capacitor.

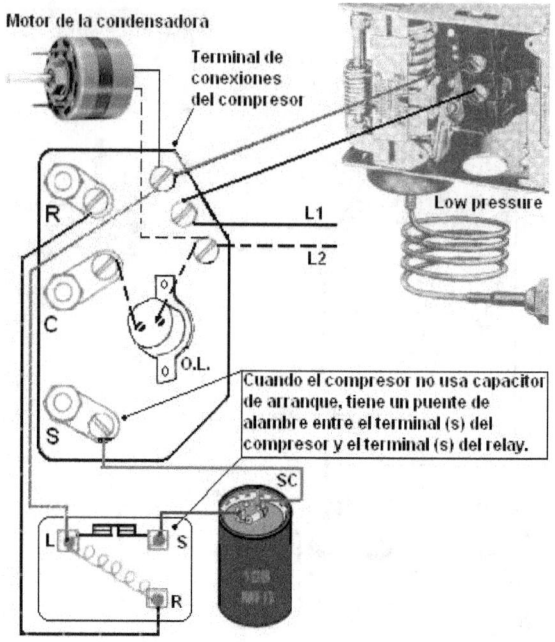

En este arreglo la bobina del "relay" esta conectada en serie con la bobina de marcha del compresor y ambas bobinas alimentadas por L1.

Cuando la bobina de marcha hace pasar la corriente de arranque a través de la bobina del "relay", esta se magnetiza y hala los contactos, cerrando el circuito de la bobina de arranque.

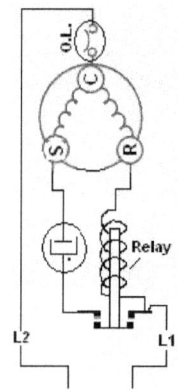

Cuando el compresor alcanza aproximadamente el 75 % de su velocidad la corriente en la bobina de marcha, desciende, el "relay" se desmagnetiza y los contactos abren, desconectando del circuito la bobina de arranque.

En los motores eléctricos, incluyendo los compresores, la corriente de arranque puede ser hasta 6 ó 7 veces mayor que la corriente de funcionamiento. Por suerte, solo dura unos segundos, mientras se da el arranque.

El capacitor adelanta la corriente en el embobinado de arranque del compresor y aumenta el torque de arranque del compresor.

Refrigeración y Aire Acondicionado

Termostato y Control de baja presión.

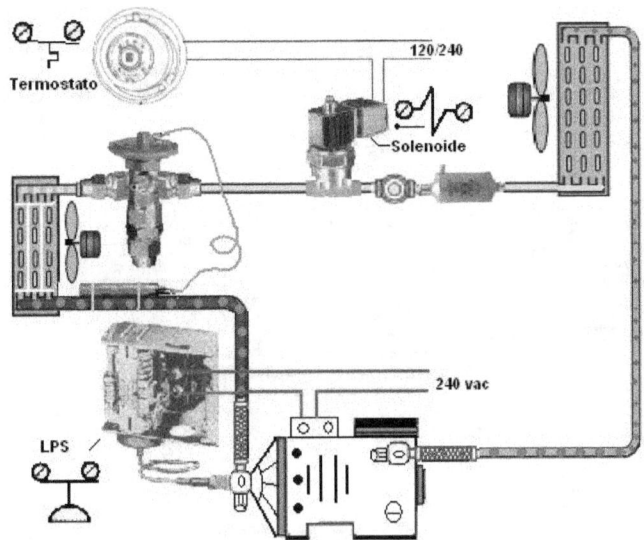

La válvula solenoide es un dispositivo de control electromecánico, esta normalmente cerrada al flujo de refrigerante y abre cuando es energizada por un pulso de voltaje enviado desde el termostato.

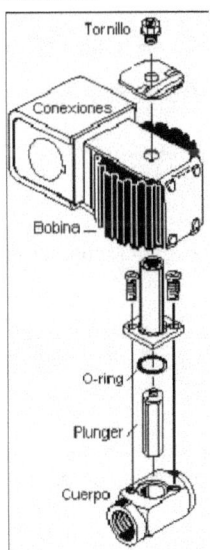

Para arrancar el compresor, el termostato cierra por un alza en la temperatura y energiza la válvula solenoide, esta abre y permite el flujo del líquido.

El refrigerante fluye hasta el evaporador y la presión de succión sube hasta alcanzar la salida del compresor.

El interruptor de baja presión cierra los contactos y el compresor arranca."Cut-In"

Para apagar el compresor, el termostato abre los contactos por baja temperatura y la válvula solenoide cierra, para detener el flujo del líquido. (La válvula es normalmente cerrada) N.C.

El compresor continúa corriendo y succionando hasta que el lado de baja presión alcance el punto preseleccionado en el control de baja presión "Cut-out"

Refrigeración y Aire Acondicionado

Dando servicio al evaporador y sus componentes.

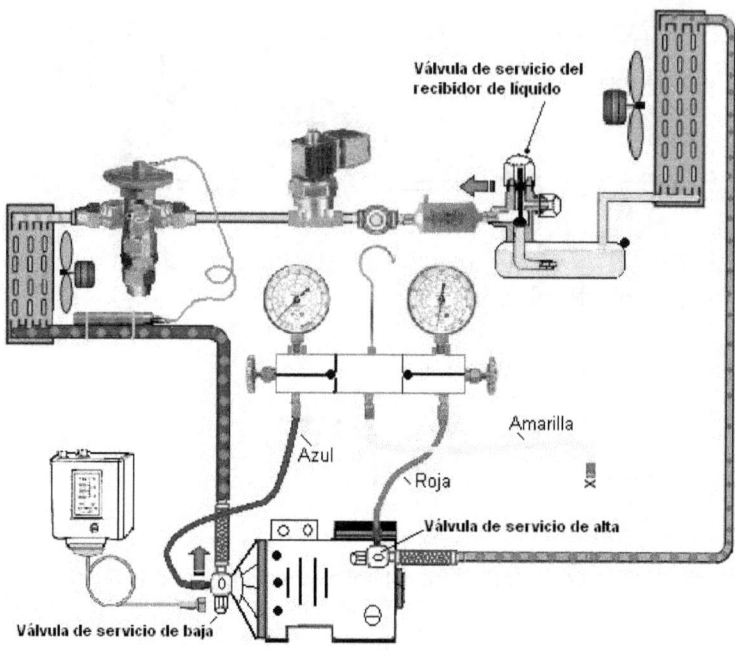

Usted podrá reparar o reemplazar el evaporador o cualquiera de los componentes en el área marcada por las flechas, siempre que siga estos pasos.

1. Conecte los manómetros de alta y de baja.
2. Ajuste las válvulas de alta y de baja unas vueltas al frente, para que se comuniquen con los manómetros.
3. Cierre la válvula del recibidor de líquido, al sistema. (Asentada al frente)
4. Prenda el compresor y observe los manómetros.
5. Cuando el manómetro de baja este cerca de 0 psi, pare el sistema, para mantener una presión positiva.
6. Cierre la válvula de servicio de baja al sistema. (Asentada al frente)
7. Ahora esta listo para retirar o reparar cualquier componente en esta zona, desde la salida de la válvula de servicio del receptor de líquido hasta la entrada de la válvula de servicio de baja presión en el compresor. (Marcada por las flechas)

Las reparaciones en el lado de alta del compresor, desde la salida de la válvula de servicio de alta, hasta la válvula de servicio del receptor de líquido, requieren que el refrigerante sea recuperado del sistema, antes de intervenir.

Refrigeración y Aire Acondicionado

Restableciendo el sistema.

1. Abra la válvula de servicio de baja del compresor, asentada completamente atrás, y luego ajuste un par de vueltas al frente para que tenga comunicación con el manómetro.
2. Conecte la bomba de hacer vacío al múltiple y deshidrate el sistema.
3. Cierre los manómetros y abra la válvula del receptor de líquido.
4. Revise las presiones y los ajustes del (LPS)
5. Añada refrigerante si es necesario.
6. Retire los manómetros.

Reemplazando el compresor.

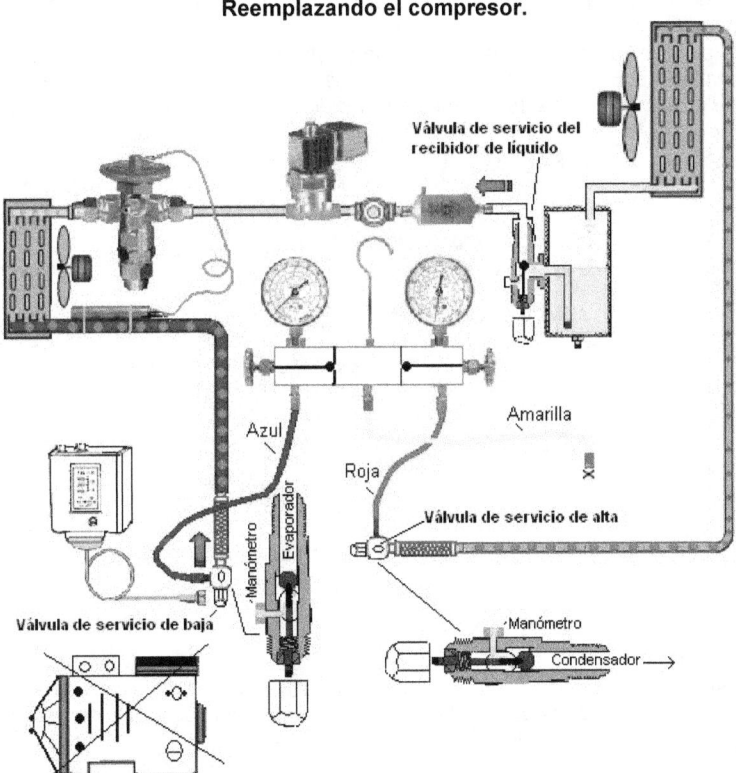

Fíjese que son los mismos pasos anteriores, con la excepción de que las dos válvulas de servicio están cerradas al sistema (Asentadas al frente). Una vez coloque el compresor nuevo, le hace vacío y abre las válvulas de servicio, incluyendo la del receptor liquido.

Refrigeración y Aire Acondicionado

Unloaders (Descargadores)

Los descargadores (Unloaders) para válvulas de succión, son aparatos usados para detener la compresión de gas en el cilindro sujetando la válvula de succión en la posición abierta. Estos descargadores, permiten al compresor arrancar sin carga y provee un método para controlar la capacidad del compresor.

El descargador consiste de un pistón con una varilla, para empujar la válvula de succión y mantenerla abierta.

Durante el arranque del compresor, la válvula "3 way" recibe una señal del dispositivo que la controla, y comunica la fuente que suple la presión, con el tope del pistón descargador.

Cuando se le aplica presión a la parte de arriba del pistón descargador, la varilla es empujada hacia la válvula de succión obligándola a abrir, en esta posición el compresor esta descargado, el torque de arranque es considerablemente reducido y no hay gas comprimiéndose.

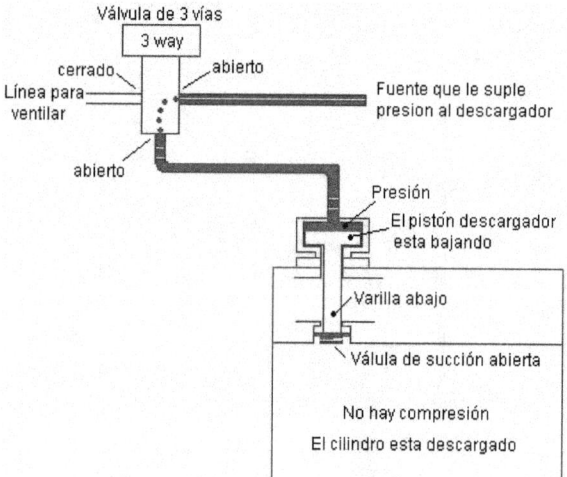

Algunos sistemas industriales controlan más de un cilindro, manejándolos de acuerdo a la variación de la carga de calor detectada, en adición controlan la carga aplicada al compresor durante el momento del arranque.

Un compresor puede consumir en el momento de arrancar, hasta siete veces la corriente de funcionamiento normal, pero aumenta con cada cilindro que este en el ciclo de compresión cuando el compresor arranca.

Refrigeración y Aire Acondicionado

Cuando el compresor a logrado su velocidad de funcionamiento (80%) aproximadamente, el dispositivo que controla la señal enviada a la válvula de tres vías se desactiva, la válvula cierra la entrada de presión al pistón descargador y abre la línea de ventilación, Como resultado, la presión contenida en el descargador es ventilada, el pistón retrocede a su posición normal y la varilla se despega de la válvula de succión, permitiendo la operación normal. El compresor ahora esta "Cargado" y opera a su capacidad completa.

La presión del descargador es controlada por una válvula solenoide de tres vías, que normalmente es controlada por una señal de un interruptor, "timer" (10 a 30) segundos o por presión de aceite. En la práctica, el "timer" usado para arranque sin carga, también es usado para cerrar el interruptor de baja presión del aceite, durante el arranque.

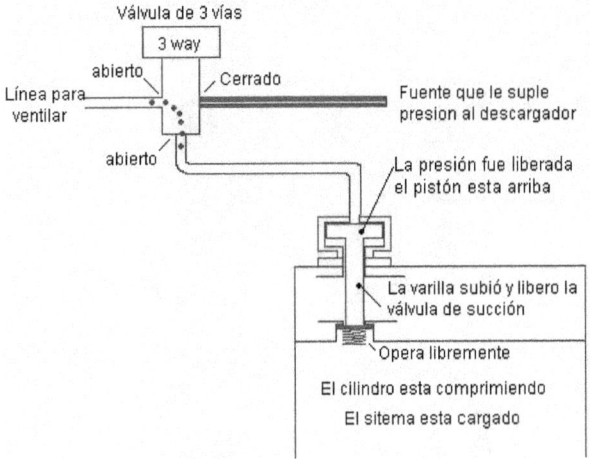

Otros métodos de activar los "Unloaders"

La presión del gas, se puede usar para mover los descargadores, conectando la línea de descarga de presión, a la línea de descarga del compresor a través de válvulas de una sola vía. La presión de descarga debe ser por lo menos 30-35 psi mayor que la presión de succión para que los descargadores puedan trabajar correctamente. La línea de ventilar presión del descargador se conecta a la línea de succión del compresor. Este sistema no ventila ningún gas a la atmósfera.

Una fuente de gas externa como nitrógeno, dióxido de carbón o aire seco, puede ser usada siempre que la presión aplicada sea de 30 -35 psi mayor que la presión de succión. La línea de ventilar la presión del cilindro descargador puede ser llevada a un área segura y ventilada a la atmósfera, o a una línea de succión dentro del compresor.

Solamente una pequeña cantidad de gas en la tubería entre la válvula solenoide de tres vías y los descargadores es ventilada en cada ciclo de descarga.

Refrigeración y Aire Acondicionado

Unidades condensadoras:

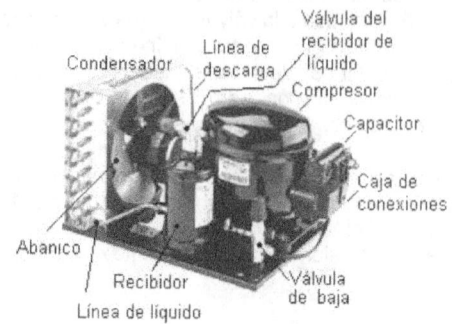

Refrigeración y Aire Acondicionado

Fallas y Correcciones.

1. La unidad no arranca.
Con el termostato en posición de enfriamiento, verifique si el contactor esta activado o

desactivado. Con un voltímetro mida el voltaje en la bobina del contactor, si llegan 24 voltios y el contactor no esta activado, la bobina esta dañada. Si no llegan los 24 voltios, proceda a probar y/o verificar:

a. Fusible de bajo voltaje.

b. Transformador

c. Termostato

d. Control de baja presión.

e. Control de alta presión.

f. Lock out relay.

g. Internal over load.

2. Si el contactor se magnetiza y la unidad no arranca (hay consumo de corriente)

a. Compresor con bobina abierta.

b. Relay defectuoso.

c. Capacitor de arranque.

d. External over load.

e. Contactos del contactor.

3. La unidad arranca pero luego tumba por el protector de sobrecarga si hay un alto amperaje.

a. Capacitor

b. Alta presión de descarga.

c. Relay defectuoso.

d. Bajo voltaje.

e. Mal alambrado.

f. Compresor se sobre calienta.

g. Contactos del contactor quemados.

Refrigeración y Aire Acondicionado

Si el amperaje es normal.

a. Protector de sobre carga (overload) dañado.

4. Apaga por baja presión.

a. Poca cantidad de refrigerante.

b. Obstrucción en el control de flujo.

c. Secador obstruido.

d. Bajo flujo de aire sobre el evaporador.

e. Control de baja presión dañado.

5. Apaga por alta presión.

a. Motor o abanico del condensador.

b. Condensador obstruido.

c. Bajo flujo de aire al condensador.

d. Exceso de refrigerante.

e. Gases no condensables.

f. Control de alta presión dañado.

6. El "breaker" se apaga luego de un tiempo.

a. La unidad esta reciclando continuamente. (Relay, overload o compresor defectuosos)

b. El amperaje en el "breaker" es muy alto. (La corriente en el "breaker" no pude ser mayor al 80% de su capacidad nominal)

c. El "breaker" se calienta sin carga. (Si la corriente es normal, está defectuoso)

7. El "breaker" apaga violentamente. (Corto circuito en la línea que alimenta el receptáculo. Receptáculo o conexión al acondicionador mal alambrado.)

  1. Desconecte el acondicionador del receptáculo:

    a. Si el corto circuito desaparece, es interno en el acondicionador.

    b. Si continúa, el corto circuito es en las líneas de alimentación.

Desconecte las líneas del "breaker" y del receptáculo, prueba cada una con el voltímetro en la escala más alta de continuidad, al tubo de metal, si el aislamiento esta bueno, medirá cero continuidad. Si hay continuidad, el conductor esta defectuoso y tocando el metal del tubo.

Refrigeración y Aire Acondicionado

Una breve historia.

Un sistema de acondicionamiento de aire mantiene condiciones de temperatura, humedad y purificación de aire adecuadas. El acondicionamiento de aire se ha convertido en una parte importante de la vida moderna, en casi todo el mundo. Es una industria que se encuentra creciendo rápidamente. El acondicionamiento del aire se origino en 1902. Primero se utilizo para ayudar en los procesos industriales. Se hizo popular en la década de los años 20, cuando cientos de teatros fueron equipados con sistemas de acondicionamiento de aire para atraer a los clientes. La primera compañía de acondicionamiento de aire que se tiene conocimientos fue fundada por William H. Carrier en 1915.

Sicrometría: Es la ciencia que trata principalmente con el aire seco y las mezclas con vapor de agua. Sería útil conocer las propiedades del aire antes de comprender la forma en que se realizan los diversos procesos relacionados con el acondicionamiento de aire. Lograr un conocimiento práctico de las propiedades del aire no presenta problemas debido a que intervienen sólo dos factores, la temperatura y la humedad. Estos dos factores y la interrelación entre sus propiedades se muestran en forma gráfica en la carta sicrométrica.

Higrómetro:
El higrómetro es un instrumento usado para medir la humedad que contiene un termómetro de bulbo seco y otro de bulbo húmedo. El tubo de vidrio debe llenarse con agua y el capuchón introducirse dentro del recipiente. El bulbo húmedo y el bulbo seco están conectados a un instrumento registrador que se llama termo higrógrafo. Se usa para registrar la temperatura y la humedad. Comúnmente, el bulbo seco y el bulbo húmedo están ubicados en el conducto de aire de alimentación.

Temperatura de bulbo seco (TBS): La temperatura del bulbo seco es la temperatura del aire, la cual se registra por medio do un termómetro común sin humedecer el bulbo. El bulbo seco mide el calor sensible que es la temperatura registrada por los termómetros de uso diario.

Temperatura de bulbo húmedo (TBH): Es la temperatura medida por un termómetro cuyo bulbo esta cubierto por una tela mojada, expuesto a una corriente de aire que se mueve rápidamente. La temperatura del bulbo húmedo es afectada por la humedad. No es una medida directa de la humedad debido a que ésta es afectada también por la temperatura de bulbo seco. Puesto que la temperatura de bulbo húmedo es el efecto combinado del contenido de humedad (calor latente) y de la temperatura del bulbo seco (calor sensible), el bulbo húmedo mide el calor real o calor total

Refrigeración y Aire Acondicionado

Descripciones:

Sicrómetro de honda: Es un instrumento que tiene un bulbo húmedo Sirve para determinar el por ciento de humedad relativa. Esta compuesta de dos termómetros, uno expresa la temperatura del bulbo seco y el otro registra la temperatura del bulbo húmedo. La relación entre ambas temperaturas determinan el por ciento de humedad relativa.

Temperatura de punto de rocío: Es la temperatura por debajo de la cual comienza la condensación de la humedad, y también es el punto máximo de humedad. La temperatura de punto de rocío del aire es una medida del contenido de humedad absoluta del aire. Esto se debe al hecho de que la cantidad de vapor de agua en el aire es siempre la misma para un punto de rocío dado.

Humedad relativa: La humedad relativa es la diferencia entre el vapor de agua real que está presente en el aire y la mayor cantidad de vapor de agua que puede contener el aire a la misma temperatura. La humedad relativa se expresa en porcentaje. Para una temperatura de bulbo seco dada, una libra de aire puede contener una cantidad definida y determinada de vapor de agua. Cuando una libra de aire contiene esa cantidad determinada de vapor de agua, se dice que dicho aire está saturado. En consecuencia ha llegado al punto máximo de humedad relativa.

Humedad específica: Es el contenido de humedad en el aire. Es el peso del vapor de agua en granos por libra de aire seco. Existen **7,000 granos** de humedad en una libra de agua. La humedad específica también se conoce como humedad absoluta.

Presión de vapor: Es la presión ejercida por el vapor de agua contenido en el aire, la cual se mide en pulgadas de mercurio Hg. Muchos técnicos relacionan la humedad relativa como el porcentaje de humedad contenido en el aire en comparación con el aire saturado. Al mismo tiempo, no toman en cuenta la relación entre las presiones de vapor. Si se fuera a cometer un error en los cálculos el factor para hacerlo seria la presión de vapor, ya que esta en ocasiones, no se considera como parte de la carta sicrométrica.

Proceso adiabático: Es aquél en que no ocurre ni ganancia ni perdida de calor total. Más bien se refiere a la expansión o contracción de un gas.

Proceso isotérmico: Es aquel en que no hay cambio en la temperatura de bulbo seco. Este proceso puede ocurrir durante la expansión o durante la compresión de un gas.

Aire seco: Es el que no contiene vapor de agua. Es una mezcla de aproximadamente 80% de nitrógeno, 19% de oxigeno y 1% de otros gases tales como argón, bióxido de carbono e hidrógeno.

Zona de confort: La mencionada zona de confort es el rango de temperatura del bulbo seco, de humedad y de velocidad del aire en que la mayoría de las personas se sienten a gusto. La temperatura normal es de 72 grados °F. La zona de confort humano es de 70-75 °F, con una humedad relativa de 50-60 %. (La temperatura del cuerpo humano es de 98.6 °F) (37 °C).

Refrigeración y Aire Acondicionado
Síndrome de edificios enfermos.

Cada vez es más frecuente la aparición de problemas de contaminación ambiental, en espacios cerrados, que han sido englobados en el llamado "Síndrome de Edificios Enfermos". (Existe un estudio realizado por el Colegio de Técnicos de Refrigeración y A/C)

En las instalaciones de aire acondicionado, una buena parte de aire viene reciclado; es decir, una vez enfriado es nuevamente impulsado al ambiente. Por lo tanto, aunque las partículas en suspensión queden depositadas en los filtros, una carga de olores y materia orgánica regresan otra vez al ambiente. Las sustancias olorosas del ambiente, son esencialmente compuestos químicos volátiles, que están contenidas en grupos portadores de olores (aromáticos, osmóticos u odorantes): estos grupos determinan la recepción de los olores.

El 30% de todos los edificios nuevos o restaurados presentan un elevado índice de quejas relacionadas con trastornos físicos y psíquicos que configuran el llamado síndrome de edificios enfermos. El aire viciado es la principal causa del síndrome, aunque no la única. El ruido, la inestabilidad en el empleo y la iluminación, desempeñan un papel importante en la génesis de estos trastornos, según afirman los expertos. Un estudio realizado por Instituto Nacional de Salud y Seguridad Ocupacional, sobre 356 edificios de oficinas arrojó resultados preocupantes. El 62% de los edificios estudiados carecía de aire fresco y el 33% no tenía ningún sistema de ventilación. Además, entre las oficinas que sí disponían de algún sistema para reemplazar el aire resultó que hasta el 61% de los filtros eran ineficaces, el 18% estaban mal instalados y más de la mitad estaban sucios. Esta es la causa de la mayoría de los trastornos, según los expertos.

El término de "síndrome del edificio enfermo" para designar aquellos lugares de trabajo, esparcimiento o residencia donde al menos el 20% de sus ocupantes se quejaban reiteradamente de trastornos relacionados, sobre todo, con una pobre calidad del aire en los ambientes cerrados. En Puerto Rico existe una ausencia de datos sobre este problema, excepto el estudio realizado y las recomendaciones hechas por el Colegio de Técnicos de Refrigeración y A/C. Lo que si se conoce bien, son los efectos sobre la salud y el rendimiento en el trabajo.

En general, los contaminantes de los edificios son de naturaleza muy diversa. La presencia en el aire de polvo y bacterias, afectan de forma diferente la salud. Sin embargo, la mayoría de las veces el problema es inespecífico por lo que se tiende a darle poca importancia. El aparato respiratorio es el más perjudicado, al ser la puerta de entrada del aire que se respira. Así, son comunes la irritación de garganta, nariz y oídos entre los oficinistas. También los ojos se ven frecuentemente afectados. Al elevado número de horas trabajadas, se une el stress propio de cada profesión, lo que propicia la aparición de dolores de cabeza, mareos, fatiga inexplicable o piel seca. No obstante, estos efectos no sólo actúan sobre la población laboral, de acuerdo con los expertos de Seguridad e Higiene en el Trabajo, está demostrado que el hombre urbano pasa entre el 80 y el 90% de su tiempo entre paredes que encierran ambientes más o menos contaminados. El problema apuntan los expertos, aparece de igual manera en hospitales, oficinas, colegios y otros lugares públicos.
Fuente: Internet

Refrigeración y Aire Acondicionado

Acondicionadores residenciales y comerciales.

Los acondicionadores de aire, ofrecen hoy en día un elevado nivel de confort y una alta eficiencia.

Los modernos aparatos vienen equipados con un control de mando que puede estar incorporado en el acondicionador o mediante un control remoto como de su televisor.

Este control de mando incorpora:

Termostato preciso con un diferencial de 1 ºC

Selector de frío y ventilación

Interruptor de paro o marcha

Selector de velocidad del abanico

Programador de puesta en marcha, funcionamiento en ahorro de energía y control automático de velocidad del ventilador (algunos modelos)

Distribución del aire

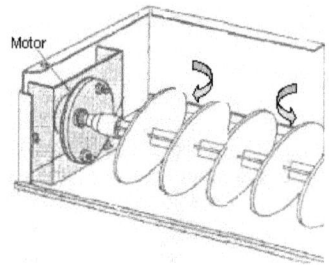

Una vez seleccionada la velocidad del aire, manual o automáticamente, éste se puede distribuir a voluntad del usuario, a derecha o izquierda, y arriba o abajo, mediante las aletas situadas en la descarga. De esta forma se evitan las desagradables corrientes de aire.

Equipos silenciosos y eficientes

Las tecnologías utilizadas actualmente, tanto en compresores como en los ventiladores, dan lugar a equipos muy silenciosos y con mejor rendimiento, ofreciendo a la vez aparatos de menor peso, que aumentan las posibilidades de instalación en distintos lugares. Estas tecnologías han contribuido a un diseño mucho más estético y atractivo de los equipos.

Mantenimiento

Los acondicionadores de aire tienen un mantenimiento escaso que se reduce a:

Limpiar periódicamente el filtro de aire. Comprobar la correcta posición y limpieza del desagüe. Lavado del condensador.

Refrigeración y Aire Acondicionado

Componentes básicos.

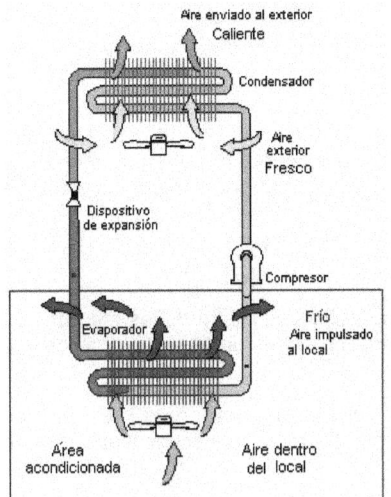

El equipo de acondicionamiento de aire se encarga de producir "frío" y de impulsar el aire tratado hacia el espacio que queremos acondicionar.

Generalmente, los acondicionadores de aire funcionan de modo similar al de los congeladores domésticos. Al igual que estos, los equipos de acondicionamiento poseen cuatro componentes principales: Evaporador, Compresor, Condensador y un control de refrigerante, que puede ser válvula de expansión o tubo capilar.

Dentro del espacio cerrado que queremos acondicionar, se encuentra el evaporador. El aire circula del medio ambiente dentro de este espacio hacia los tubos o serpentín del evaporador donde le dona el calor que contiene al refrigerante liquido, para que éste cambie su estado físico a vapor. Luego es impulsado por el ventilador nuevamente hacia el espacio cerrado, pero a una temperatura menor.

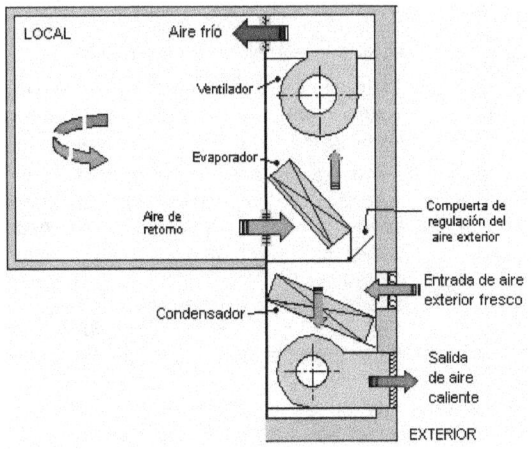

La unidad condensadora, la cual alberga el compresor, el condensador, el ventilador y otros accesorios, esta localizada en la parte exterior del edificio.

El ventilador succiona aire fresco del ambiente y lo hace pasar a través del serpentín del condensador, donde el refrigerante en forma de vapor a alta temperatura, le dona el calor que contiene al aire fresco para cambiar su estado físico de gas a líquido.

Luego el ventilador impulsa el aire hacia fuera del condensador pero conteniendo una temperatura mayor.

Refrigeración y Aire Acondicionado

Acondicionar: Es el proceso de tratamiento de aire que controla en una vivienda o local, la temperatura, la humedad, el movimiento y la limpieza del aire.

Temperatura

En nuestro país, la temperatura de confort recomendada es de 72 ºF, y suele variar entre 70 y 75 ºF según la utilización de las habitaciones y el ajuste del termostato. Todo esto esta ligado al comportamiento de la humedad relativa, que es la relación que existe entre la cantidad de agua que contiene el aire, a una temperatura dada, y la que podría contener si estuviera saturado de humedad.

Los valores de humedad relativa, se sitúan entre el 50 y 60%.

Cuando la humedad del aire es muy baja, se produce un resecamiento de las mucosas de las vías respiratorias y, además, da lugar a una evaporación del sudor demasiado rápida que causa una desagradable sensación de frío.

Por el contrario, una humedad excesivamente alta dificulta la evaporación del sudor, dando una sensación de pegajosidad. También puede llegar a producirse condensación sobre ventanas, paredes, etc.

Movimiento del aire.

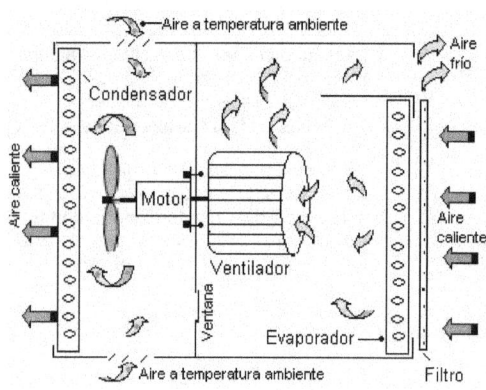

El aire de una habitación nunca está completamente quieto. Por la presencia de personas y por efectos térmicos, no se puede hablar de aire en reposo.

Todo ello trae consigo un movimiento del volumen de aire que está dentro de la vivienda o local.

Limpieza del aire: El ser humano, en la respiración, consume oxígeno del aire y devuelve al ambiente anhídrido carbónico, otros gases diversos, vapor de agua y microorganismos. El polvo, que siempre podemos encontrar en el aire que respiramos, constituye otro punto importante de la calidad del aire.

Los acondicionadores tienen una pequeña ventana, que al ser abierta, permite la entrada de aire fresco al interior del local para renovar el aire viciado. Son muy importantes para la salud y comodidad las renovaciones del aire, el sistema de filtrado y la limpieza.

Refrigeración y Aire Acondicionado

Identificación de las partes.

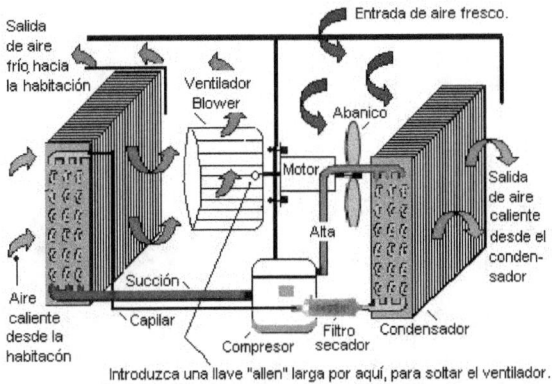

Salida de aire frío hacia la habitación

Entrada de aire fresco.

Ventilador Blower

Abanico

Motor

Alta

Salida de aire caliente desde el condensador

Aire caliente desde la habitacón

Succión

Capilar

Filtro secador

Compresor

Condensador

Introduzca una llave "allen" larga por aquí, para soltar el ventilador.

Plano pictórico. (Acondicionador de ventana)

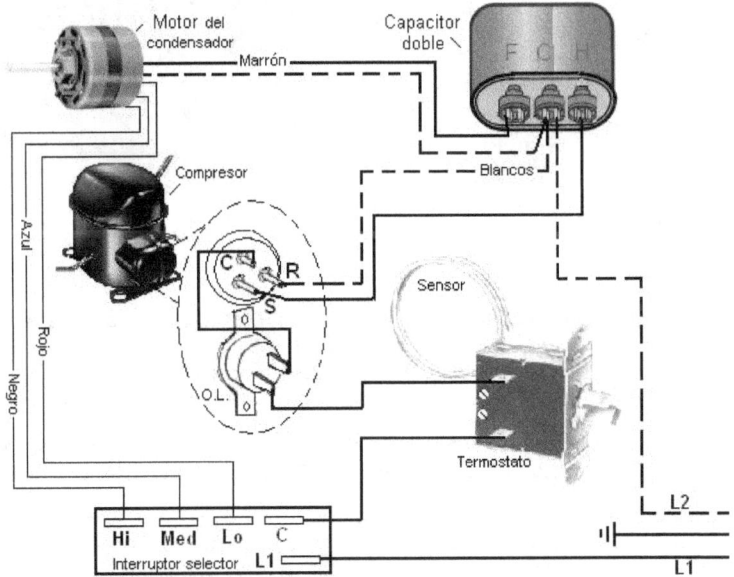

Motor del condensador

Capacitor doble

Marrón

F C H

Compresor

Blancos

Azul

Rojo

Negro

C

R

S

O.L.

Sensor

Termostato

L2

L1

Hi   Med   Lo   C

Interruptor selector   L1

Refrigeración y Aire Acondicionado

Plano esquemático. (Acondicionador de ventana)

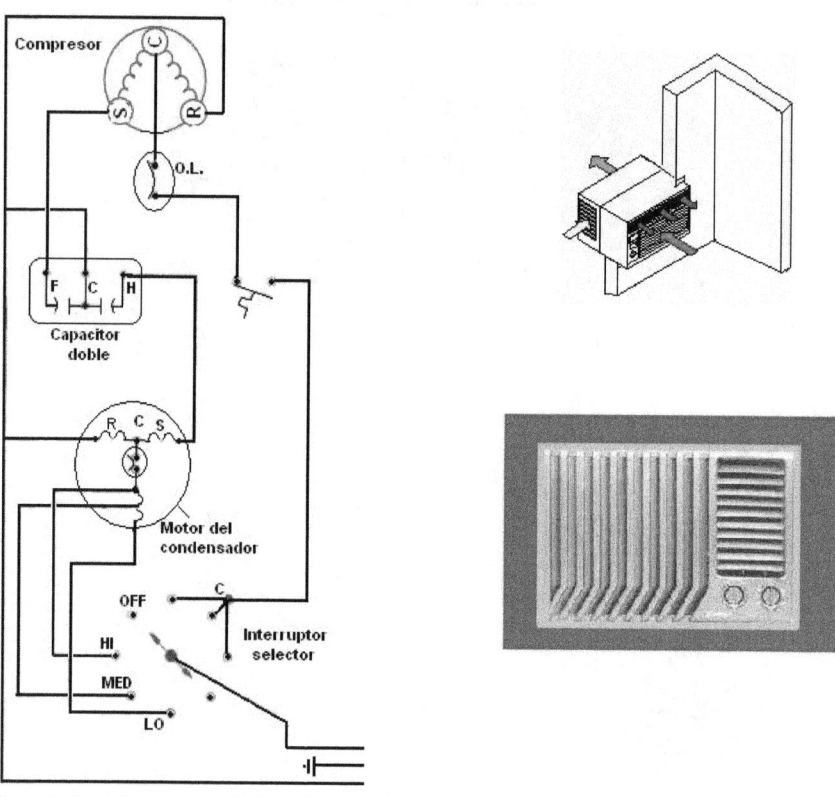

Cuando instale un acondicionador de aire en un local, hay varias cosas que tenemos que considerar.

1. El suministro de energía eléctrica. (Existen las facilidades 120 ó 240V)
2. El declive hacia la parte de afuera para el drenaje. (Quizás hay que construir un drenaje por tubería)
3. La ventilación exterior del condensador. (Tiene espacio para ventilar sin obstrucciones)
4. El área de la habitación donde se instalará. (Tome en cuenta los roperos, las camas, y otros muebles)
5. La altura. (Muy bajito cualquier mueble lo tapa, muy alto no se alcanzan los controles)
6. Recuerde, en Puerto Rico las instalaciones mayores son sobre concreto o bloque.
7. Cotice equipos para cortar concreto o soldar metales y las terminaciones especiales como empañetado, angulares de montaje y varetas decorativas.

Refrigeración y Aire Acondicionado

Combinaciones del "Fan motor"

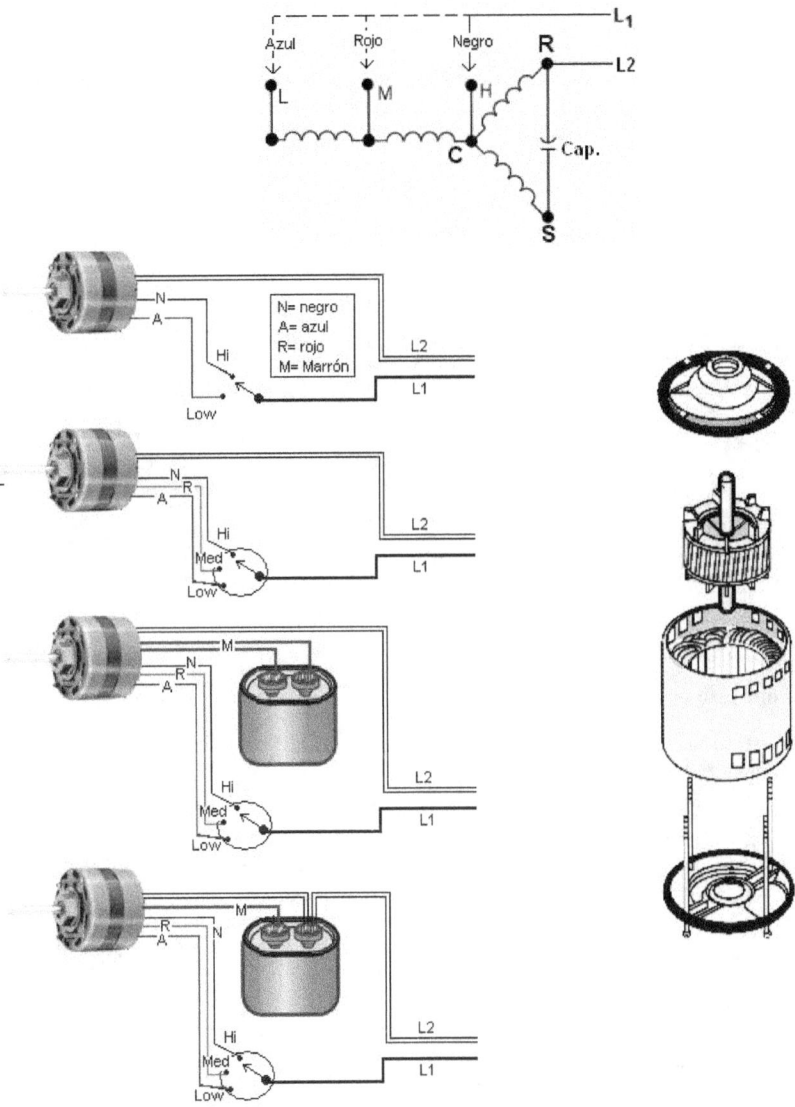

Unidades "split"

"Split" de pared

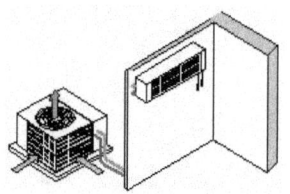

Formado por 2 unidades, una interior y otra exterior. La unidad interior se instala en la pared. Es fácil y rápida su instalación, tienen una estética mejor diseñada y una alta respuesta de eficiencia.

"Split" de piso

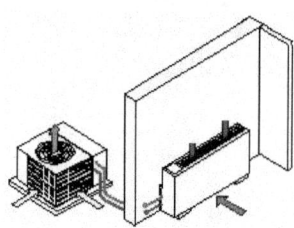

Formado por 2 unidades, una interior y otra exterior. La unidad interior se instala a nivel de suelo. Es fácil y rápida su instalación, tienen una estética mejor diseñada y una alta respuesta de eficiencia.

"Split" con conductos

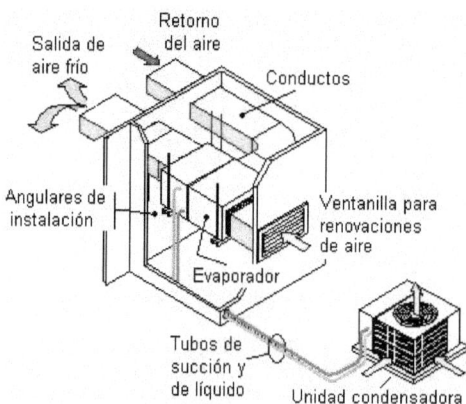

Unidad interior situada en el techo con conductos que se distribuye por toda la vivienda. La unidad condensadora suele situarse en el techo, en balcones o en el patio exterior.

Refrigeración y Aire Acondicionado

Instalación de la unidad "split"

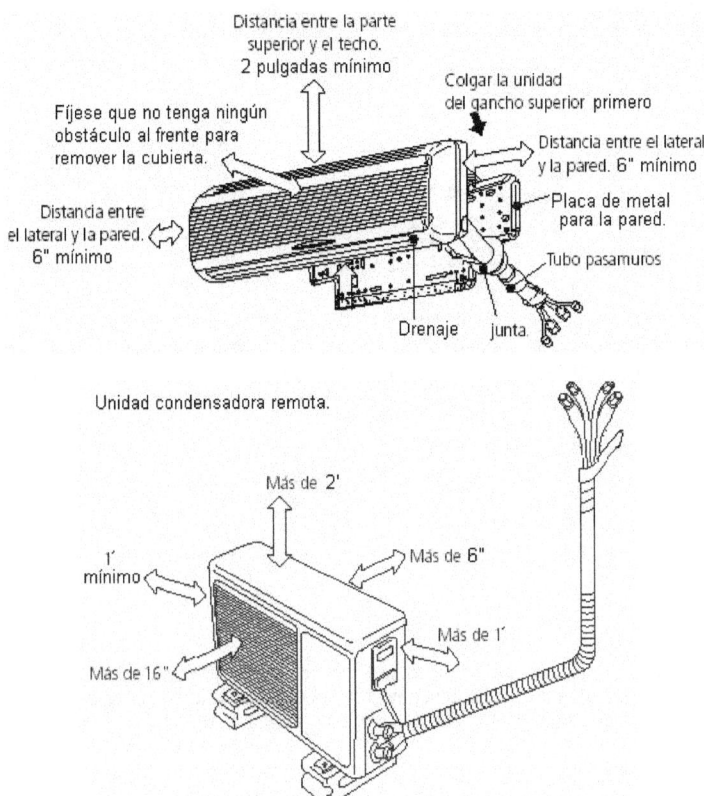

Para una tirada de tubería mayor de 16 pies:
1. Añada aprox. 1 onza de refrigerante por cada 16' de tubería.
2. El enfriamiento total, se reducirá con el largo de la tubería.

Advertencia: Leer el Manual de Instalación en su totalidad antes de instalar el acondicionador. La instalación de facilidades eléctricas deberá realizarse bajo la supervisión de un electricista autorizado, y tendrá que cumplir con todos los reglamentos nacionales y locales. Toda la instalación de tuberías debe hacerla un técnico de refrigeración autorizado, y tendrá que cumplir con todos los reglamentos nacionales y locales y con el sello de certificación. No se deben conectar en ningún caso las unidades a la toma de corriente, hasta que se haya terminado la instalación. No se debe tocar sin guantes protectores el compresor, los tubos y las válvulas durante su funcionamiento, ni después de él, ya que estas piezas pueden alcanzar altas temperaturas. Explicar al cliente, con ayuda del Manual del fabricante, cómo funciona el acondicionador de aire.

Refrigeración y Aire Acondicionado

Detalles de instalación:

Debe hacer el hueco de la pared con un declive suficiente hacia el exterior, para que no penetre el agua al interior. Recuerde, este mismo declive es necesario para el tubo de desagüe.

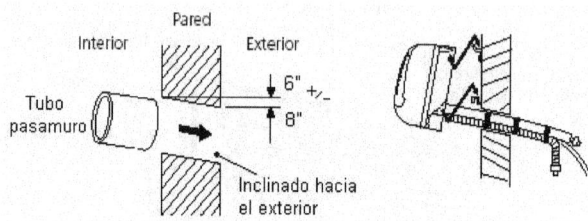

Selle las aberturas con cemento o masilla adecuada. No sobre apriete las conexiones, recuerde que el cobre es maleable. Haga una prueba de fugas. Instale y doble la tubería con arte y estética.

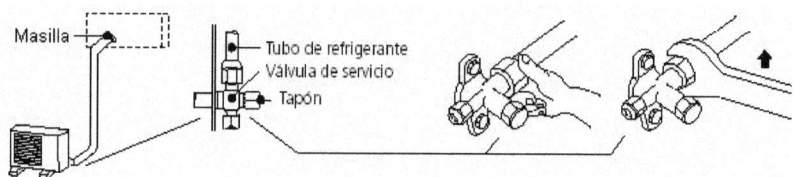

La instalación para suplir las facilidades eléctricas hasta el sistema de desconexión es muy sencilla, pero la ley requiere que se realice bajo la supervisión de un perito electricista colegiado. Luego del sistema de protección o "safety switch" el técnico podrá trabajar en el circuito de la maquinaria.

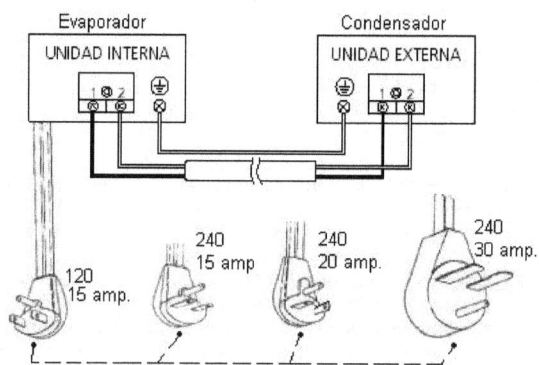

Refrigeración y Aire Acondicionado

Unidades industriales

Condensadores evaporativos: Estos condensadores son un arreglo que aparenta la combinación de condensador y torre de enfriamiento. En el se emplea tanto aire como agua para la condensación del refrigerante.

El agua es bombeada desde el depósito hasta la parte superior donde sale a través de unos reguladores o boquillas de atomización situadas encima del condensador. El agua al salir de las boquillas cae en el condensador extrayéndole el calor al refrigerante y condensándolo. En este proceso el agua gana calor y es enfriada por el aire circulado a través del sistema por los abanicos.

Parte del agua se evapora en este proceso y es respuesta mediante la acción del control de flota instalada en la entrada del agua que proviene de la A.A.A.

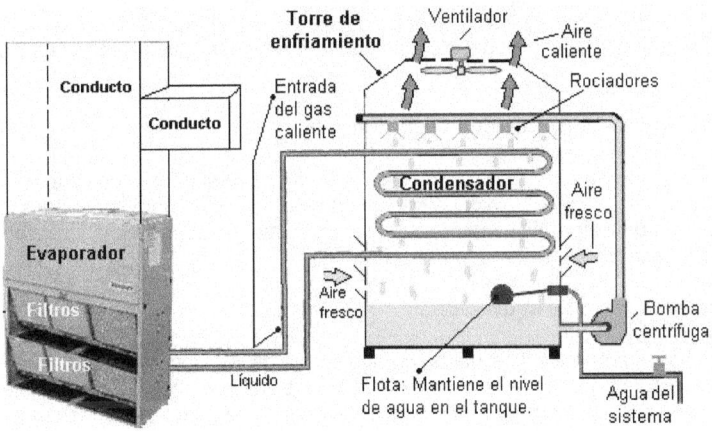

El condensador evaporativo es también un dispositivo que economiza agua. Es una combinación de condensador enfriado por aire, condensador enfriado por agua y torre de enfriamiento.

Los condensadores evaporativos pueden usarse en donde el agua sea escasa o costosa. Utiliza aire y agua como medios de enfriamiento. Tiene una bomba auto-contenida que recoge el agua del tanque en la base del condensador.

La bomba alimenta los rociadores que riegan y mojan los tubos expuestos del condensador, mientras que el ventilador fuerza el tiro de aire a través de los tubos.

Refrigeración y Aire Acondicionado

Otros condensadores enfriados por Agua:

¾ Sistema de agua por desperdicio:

En este sistema la fuente de agua proviene del suministro público, de ríos o de otras fuentes. Luego de circular por el condensador, el agua se tira a la alcantarilla.

¾ Sistema de agua recirculada:

En este sistema el agua que sale del condensador es movida mediante bombas y tuberías a unas torres de enfriamiento donde se le reduce la temperatura al agua y luego permite que recircule.

¾ Condensador de doble tubo:

Como su nombre lo indica, este condensador consiste de dos tubos uno dentro del otro. Por el tubo interno circula agua en una dirección y por el tubo externo refrigerante en dirección contraria. El contra flujo de los fluidos es necesario para una buena transferencia de calor.

¾ Condensadores de cubierta y serpentín:

Construidos de uno o más serpentines y varios tubos desnudos o con aletas, encerrados en una cubierta de acero y soldada en los extremos. El agua para la condensación circula por el interior del serpentín mientras que el refrigerante gaseoso se encuentra entre la parte interna de la carcasa y la externa del serpentín.

¾ Condensadores de agua y tubo:

Estos pueden ser desde dos hasta varios cientos de toneladas o más. Consiste de una cubierta de acero dentro de la cual corren tubos rectos de cobre. Las tapas laterales de la cubierta son removibles para poder limpiar la tubería. Este tipo de condensador se usa en aguas cenagosas, sucias. Por los tubos circula agua en una sola dirección y por la parte superior de la cubierta entra el refrigerante gaseoso. El refrigerante se pone en contacto con los tubos y le sede su calor al agua que circula por ellos.

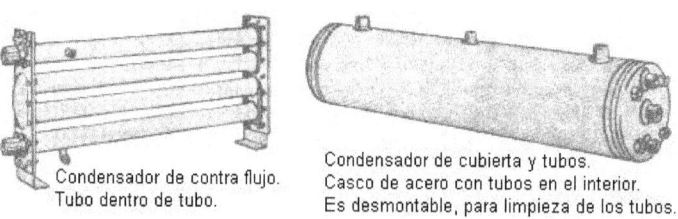

Condensador de contra flujo.
Tubo dentro de tubo.

Condensador de cubierta y tubos.
Casco de acero con tubos en el interior.
Es desmontable, para limpieza de los tubos.

Refrigeración y Aire Acondicionado

Otros evaporadores:

¾ Evaporadores mojados:

Este evaporador siempre esta lleno de refrigerante líquido manteniendo el nivel del líquido con una válvula de flotación u otro control de nivel de líquido.

El evaporador acumula refrigerante gaseoso en la parte superior de donde es succionado por el compresor. La ventaja es que su superficie interna siempre esta en contacto con el líquido y eso produce un ritmo acelerado de transferencia de calor.

Su desventaja es que es muy grande y requiere una carga extensa de refrigerante.

¾ Evaporadores de expansión seca:

El líquido alcanza el evaporador por medio de un dispositivo de expansión que controla la entrada de líquido a este a un ritmo tal, que al llegar a la salida del evaporador ya esta en estado gaseoso.

La cantidad del refrigerante en el evaporador tipo inundado será siempre la máxima. La cantidad de líquido en el evaporador de expansión seca varia con la carga del evaporador.

Cuando la carga en el evaporador es pequeña la cantidad de líquido en el evaporador es pequeña, si aumenta la carga, aumenta el nivel de líquido en el evaporador.

¾ Evaporador semi-inundado:

Están controlados por un dispositivo de la clase capilar, permitiendo una entrada constante de líquido, semi-inundando al evaporador, el capilar es un tubo fino abierto en los extremos y su control depende de su diámetro interno y del largo.

Los evaporadores semi-inundados la mayor parte de ellos los encontramos en los equipos domésticos, fuentes de agua y A/C de ventana.

¾ Evaporadores de tiro forzado:

Como estudiamos anteriormente, estos evaporadores utilizan un abanico para hacer circular el aire caliente a través del serpentín.

Refrigeración y Aire Acondicionado

Más acerca de termostatos.

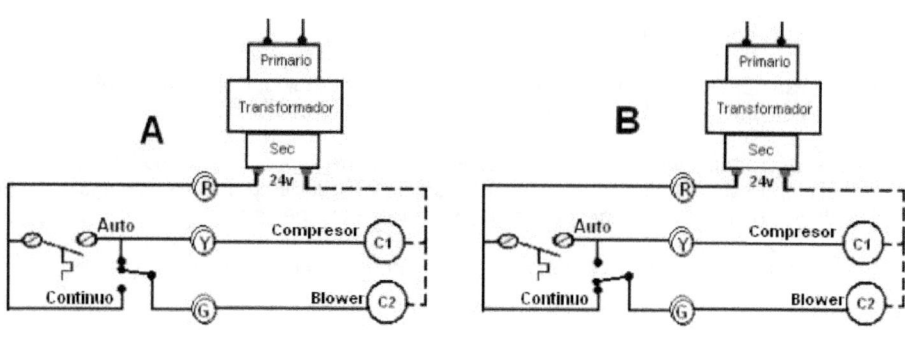

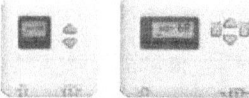 Los termostatos electrónicos inteligentes, están ganando terreno rápidamente. Son confiables, precisos, decorativos, fácil para manejarlos y programarlos.

Viene pre-programado para ahorro de energía.

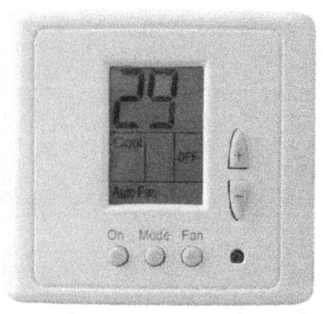

Establecen diferentes programas para los días laborales de la semana, sábados y domingos.

Programa para cuatro períodos diferentes durante el día.

Puede ser removido de la pared para ser programado.

La pantalla permite a los propietarios monitorear el funcionamiento del termostato, lee el tiempo corriente y la temperatura de la habitación de un vistazo.

El estado de las luces indica si el termostato está encendido y ahorrando energía.

La batería asegura que el programa no se pierda durante interrupciones de electricidad.

Cada fabricante incluye las instrucciones de programación en el paquete.

Refrigeración y Aire Acondicionado

Planos eléctricos.

Aire Acondicionado comercial - 120/240 – voltios.

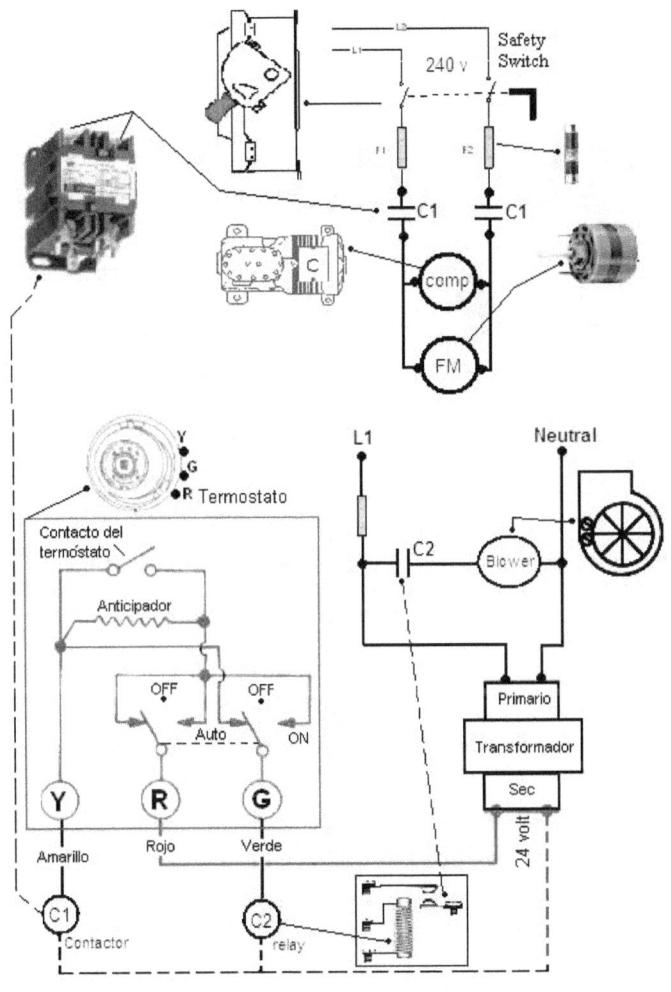

Refrigeración y Aire Acondicionado

Plano pictórico 120/240 voltios.

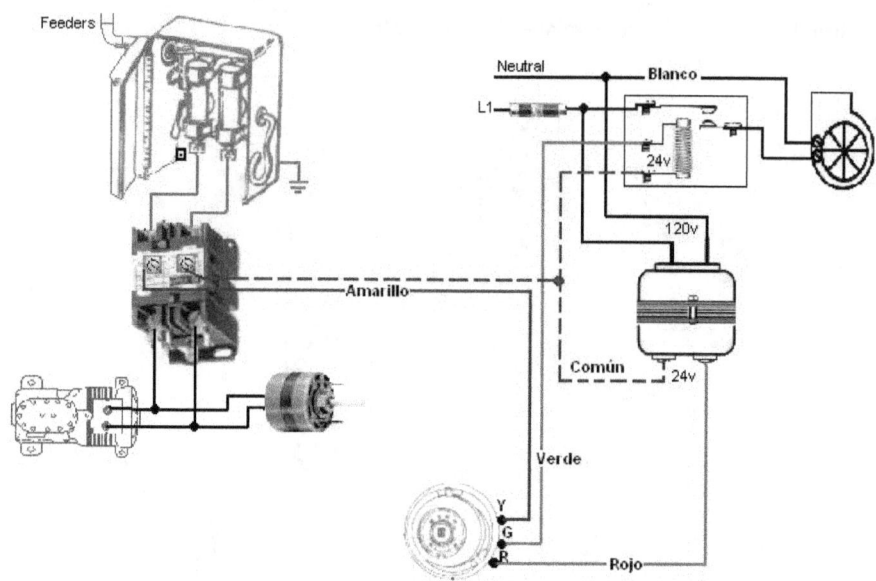

En la unidad condensadora, el "safety switch" alimenta el compresor y el "fan motor" a través de un contactor electromagnético que recibe una señal de 24 voltios desde el termostato por la línea amarilla, acompañada del común del transformador de control.

En la unidad evaporadora, el transformador de control recibe 120 voltios de la fuente a través de un fusible.

En la salida del transformador los 24 voltios son enviados al termostato por la línea roja en el terminal marcado (R).

Desde e termostato el terminal marcado (Y) es enviado al contactor, junto con el común del transformador.

El terminal marcado (G) es enviado al "relay" que controla el ventilador del evaporador, en unión al común del trasformador.

Para que todo el circuito funcione a 240 voltios, tanto el primario del transformador, como el ventilador, deben ser para 240 voltios. El neutral pasaría a ser línea viva (L2) y usaría un fusible también.

Refrigeración y Aire Acondicionado

Sistema trifásico.

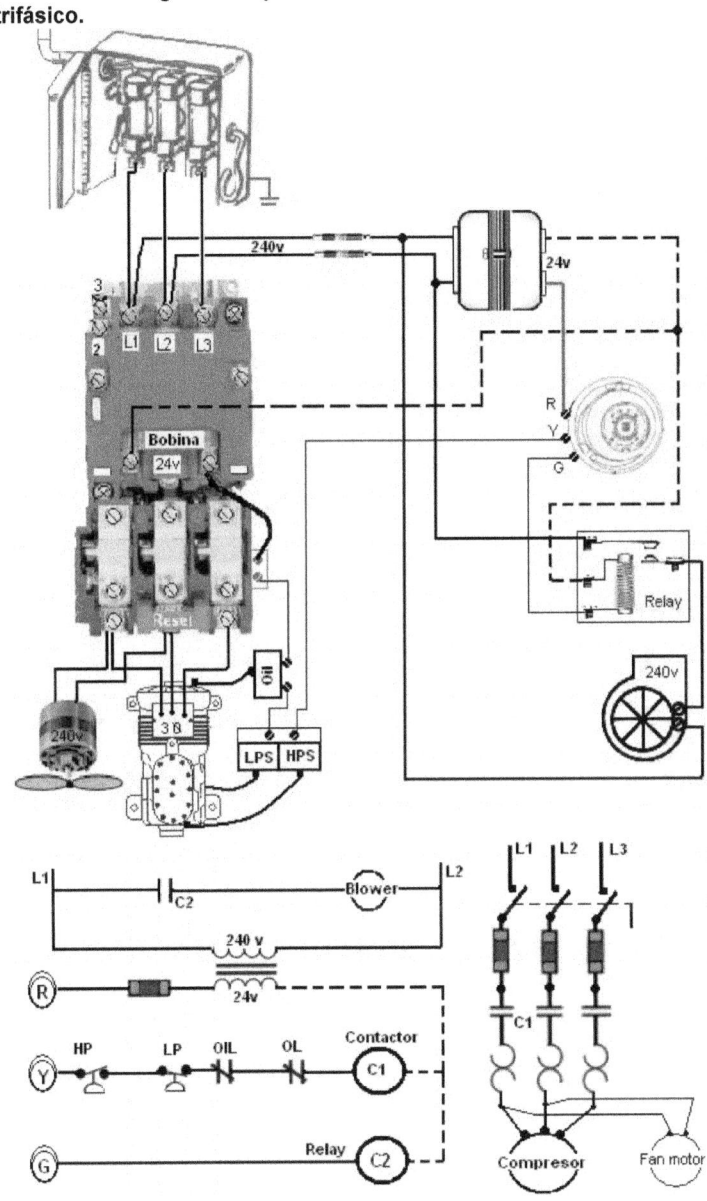

Refrigeración y Aire Acondicionado

Fórmula para calcular el acondicionador de aire.

A. Número de personas…………..____………x 900……………._____

B. Techo en pies cuadrados:

a. Expuesto al sol………………....____……...x 15……………….…_____

b. Bajo techo………………………….____……....x 10…………………..._____

C. Paredes pies lineales:

a. Castigadas por el sol…………...____………x 90……………….._____

b. Otras paredes…………………____…..……x 60………………......_____

D. Ventanas en pies cuadrados:

a. Castigadas por el sol…………._____…..……x 110………………….._____

b. No castigadas……………….____……...…x 60…………….....….._____

Enseres eléctricos:

Vatios totales…………....…...____…...……x 3.4……………….._____

Total de B.T.U./horas…………………………………………………..._____

Toneladas = B.T.U. total ÷ 12,000………._____

Refrigeración y Aire Acondicionado

Estudiar primero estos capítulos: Atmósfera, Principios de refrigeración, Soldadura, Refrigerantes, Manómetros, Accesorios, Recuperar y reciclar, compresores, electricidad básica.

Historia del acondicionador de aire del automóvil:
En el 1927 aparecieron los primeros automóviles con un sistema de acondicionamiento de aire, en 1940 se comenzaron a vender los primeros autos con acondicionadores de aire. La primera marca de carros en vender sus autos con acondicionadores de aire fue Packard. Las unidades de acondicionamiento de aire para autos están diseñadas para mantener dentro del carro entre 15 a 20 grados F por debajo a la temperatura que domine el ambiente.

FUNCIONAMIENTO:
Los sistemas de aire acondicionado para automóviles utilizan los mismos componentes básicos que hemos estudiado hasta hoy, estos son: Compresor mecánico, válvula de expansión (VET), un evaporador y un condensador. El refrigerante es succionado por el lado de baja del compresor, el cual le eleva la presión y la temperatura y lo descarga en el condensador en forma de vapor. El gas a alta presión y alta temperatura pasa por el serpentín del condensador donde pierde el calor que transporta y se convierte en líquido. Saliendo del condensador en estado liquido. El refrigerante pasa por el filtro receptor de líquido, hasta la válvula de expansión.

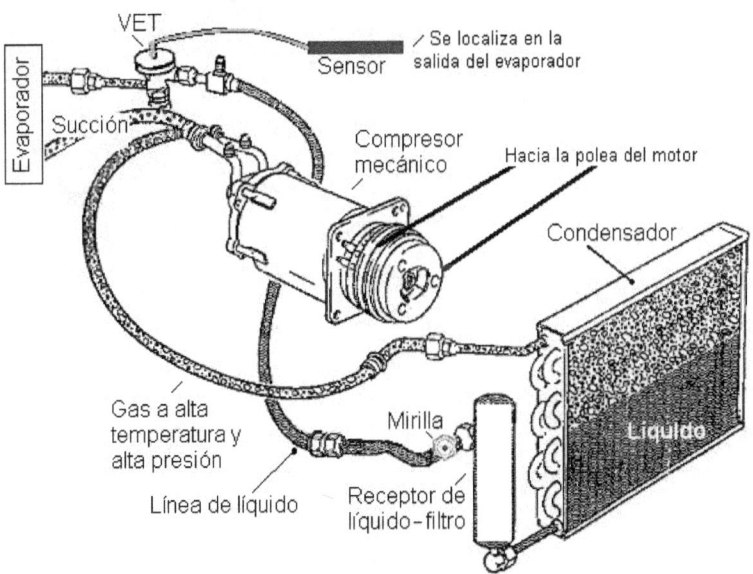

El condensador esta localizado fuera del área para pasajeros, generalmente enfrente del radiador.

El evaporador:

Está localizado dentro del compartimiento de pasajeros. Cuando el compresor se activa succiona refrigerante del serpentín del evaporador y lo fuerza dentro del serpentín del condensador; bajando la presión en el evaporador y aumentando la presión en el condensador. Cuando estas presiones de operación han sido establecidas, la válvula de expansión se abrirá, y permitirá que el refrigerante regrese al evaporador, tan rápido coma el compresor lo facilite. La presión en cada punto del sistema alcanzará un nivel constante, pero la presión del condensador será más alta que la presión en el evaporador. La presión en el evaporador es bastante baja para que el punto de ebullición del refrigerante sea mas baja que la temperatura del interior del vehículo. De esta forma el líquido hervirá y absorberá el calor del interior cambiando su estado a gas.

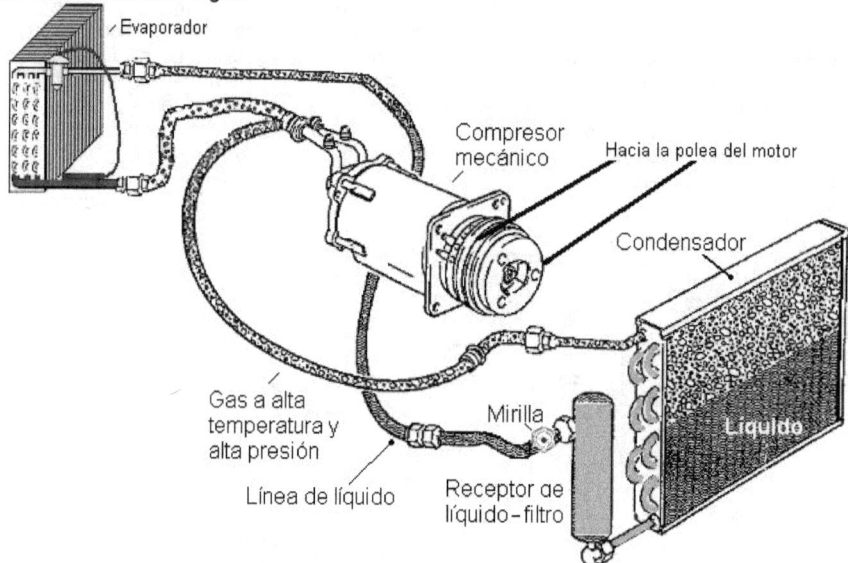

El evaporador utiliza la diferencia entre la temperatura del refrigerante y la temperatura del interior del compartimiento de pasajeros para hacer su trabajo de refrigerar. El abanico del evaporador extrae el aire del interior del auto y lo impulsa a altas velocidades a través del serpentín del evaporador. Cuando hay mucho calor dentro del auto, se debe utilizar la velocidad máxima del ventilador para que el refrigerante se evapore con mayor rapidez y se extraiga una mayor cantidad de calor del interior. Cuando la temperatura del interior del vehículo haya bajado hasta lograr un nivel de comodidad, el ventilador debe moverse a una velocidad más lenta. De esta manera, el aire estará más tiempo en el serpentín del evaporador y se registra una baja en la temperatura del aire que se descarga, debido a la extracción de la humedad contenida en el aire.

Filtro, secador y recibidor.

El recibidor de liquido y filtro secador, almacena cualquier exceso de liquido refrigerante y luego lo entrega en forma continua al evaporador. La sección secadora está destinada a retener la humedad que este presente en el sistema. Tiene también una sustancia que filtra las partículas de materias extrañas que se quedaron dentro del sistema durante la instalación. La mayor parte de los recibidores están provistos con una ventanilla para inspeccionar el flujo del líquido refrigerante.

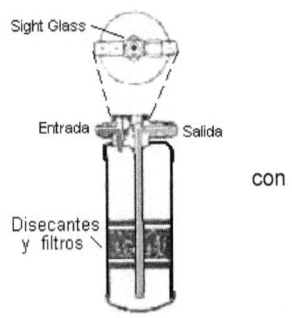

Algunos utilizan una válvula de alivio de presión diseñada para que se rompa en caso de acumularse presiones excesivamente altas dentro del sistema.

V.E.T.

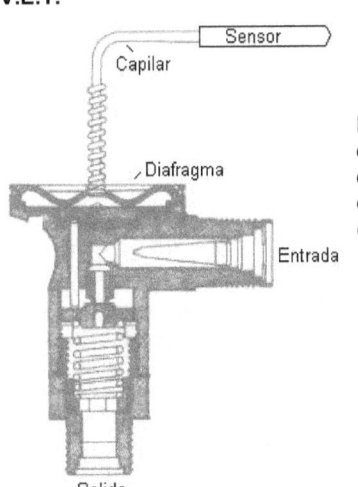

La válvula de expansión regula el flujo de refrigerante al evaporador, asegurándose de esta manera que el evaporador esté tan lleno coma sea posible, sin permitir que el liquido alcance la línea de succión del compresor.

Bajo condiciones de funcionamiento normales, la posición del diafragma de la válvula de expansión se determina por la diferencia entre la presión del evaporador y la presión que se genera en el bulbo sensor. Ambas presiones, son directamente proporcionales a las bajas temperaturas.

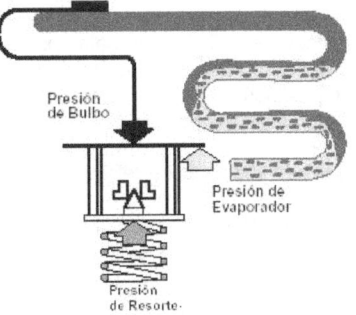

Refrigeración y Aire Acondicionado

Refrigerantes: Leer páginas 135-136

Diclorodiflourometano R-12

No es tóxico, inflamable ni corrosivo. Tiene un bajo calor latente de condensación por eso su aplicación en equipos de acondicionamiento de aire para automóviles.

Los escapes se pueden detectan con "Halide Torch", agua de jabón y detector electrónico. Hierve a (-21.68 °F) El calor del cilindro es blanco.

Su fórmula química es CCL_2F_2. Es dañino a la capa de Ozono y debe ser recuperado totalmente del sistema. Es compatible con el aceite mineral.

Refrigerante 134-a

El refrigerante R-134a (Tanque azul claro) sustituye al R-12. Sus aplicaciones incluyen el reemplazo y uso en instalaciones nuevas de acondicionamiento de aire en automóviles. Este refrigerante (HFC-134ª) no contiene cloro y puede ser usado en muchas aplicaciones que actualmente usan CFC-12. Sin embargo en algunas ocasiones se requieren cambios en el diseño del equipo para optimizar el desempeño del R134ª. Las propiedades termodinámicas y físicas del R 134ª y su baja toxicidad lo convierten en un reemplazo seguro y muy eficiente del CFC-12. Este refrigerante no debe ser mezclado con aire para pruebas de fuga. Su composición es de 100% HFC-134ª. No es compatible con el aceite mineral y requiere lubricante polyolester.

En el uso y manejo de refrigerantes, hay dos secciones que se deben cumplir:

Son la sección 608 que cubre las emisiones de servicio, operación y desechos de sistemas estacionarios y la sección 609 que cubre las emisiones de operación y desecho de automóviles, camiones y otras aplicaciones móviles.

Refrigeración y Aire Acondicionado

Configuración mecánica del evaporador.

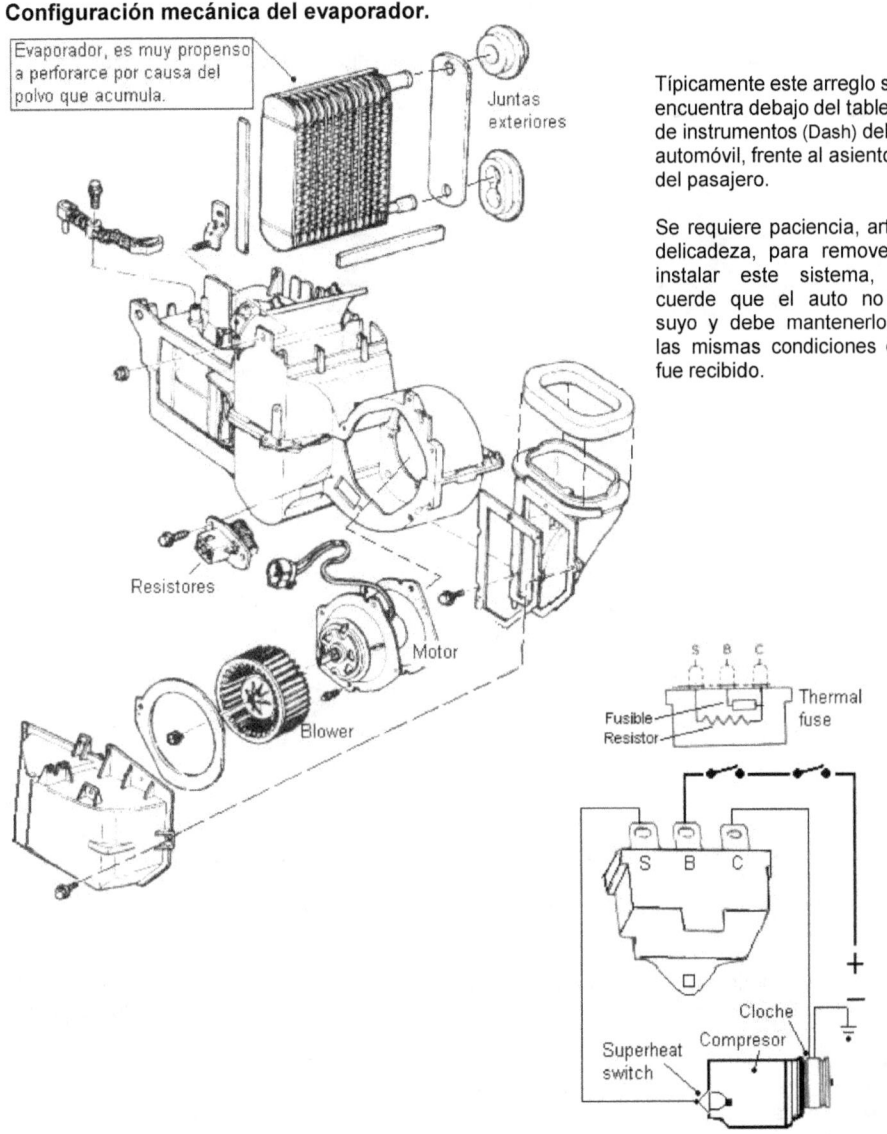

Evaporador, es muy propenso a perforarce por causa del polvo que acumula.

Juntas exteriores

Resistores

Motor

Blower

S B C

Fusible
Resistor

Thermal fuse

S B C

+

Cloche

Superheat switch

Compresor

Típicamente este arreglo se encuentra debajo del tablero de instrumentos (Dash) del automóvil, frente al asiento del pasajero.

Se requiere paciencia, arte y delicadeza, para remover o instalar este sistema, recuerde que el auto no es suyo y debe mantenerlo en las mismas condiciones que fue recibido.

Refrigeración y Aire Acondicionado

Compresores, sus partes y su lubricación.

Un compresor es en realidad, una bomba de calor mecánica. Las válvulas de succión y de alta abren y cierran de acuerdo a las presiones que originan los pistones. Normalmente usan de dos a seis pistones, conectados a través de una biela que a su vez los conecta con el cigüeñal del motor.

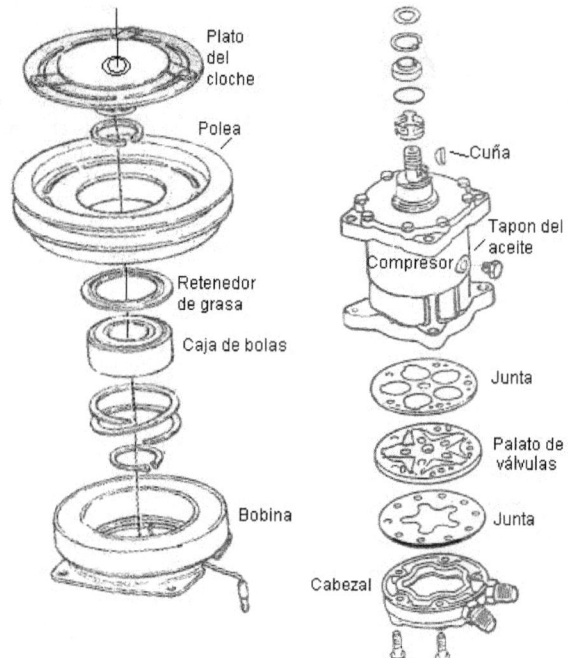

Algunos compresores usan un diseño especial de placa oscilante. La placa oscilante es un disco integral con el eje del compresor, pero que no es perpendicular con la línea central del eje. Por esta razón oscila mientras el eje voltea

El compresor lubrica abasteciendo los cojinetes por medio de una bomba de aceite movida por el cigüeñal. La bomba succiona el aceite de la caja del cigüeñal y lubrica los cojinetes por presión, moja los pistones y los cilindros por salpicadura. El problema de lubricar el compresor se agrava por el hecho de que una parte significante del aceite lubricante que circula por el sistema, está mezclado con refrigerante, debido a la tendencia de una parte del aceite a rodear los pistones y salir del compresor con el gas de descarga, un escape en cualquier parte del sistema reduce la cantidad de aceite que regresa a la caja del cigüeñal.

Refrigeración y Aire Acondicionado

Esquemáticos eléctricos.

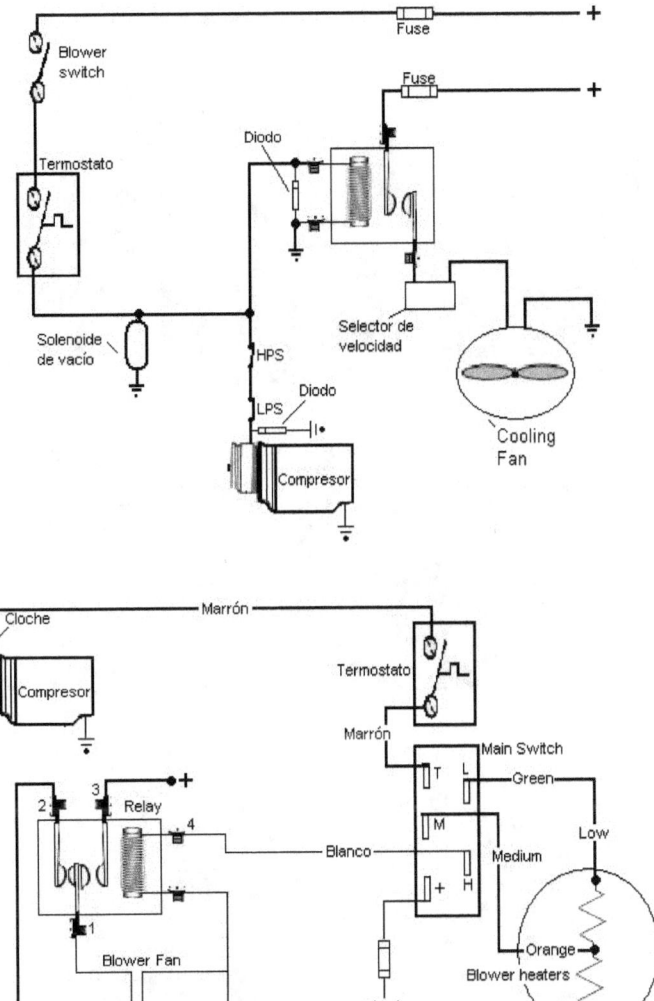

Removiendo algunos componentes mecánicos.

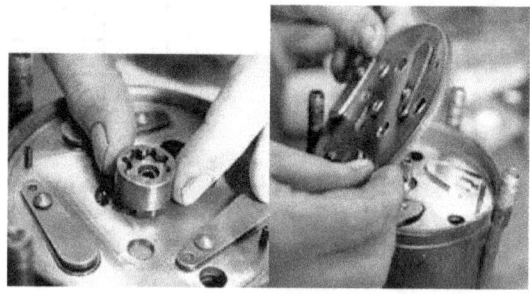

Usualmente el compresor defectuoso se reemplaza por uno nuevo o reconstruido y se envía el original para ser reparado en una factoría especializada.

Refrigeración y Aire Acondicionado

No hay refrigerante en el sistema.

1. No hay enfriamiento.
2. La presión del lado de succión es muy baja.
3. La presión del lado de alta es muy baja.
4. La mirilla de cristal del filtro secador está clara.
5. Aire caliente saliendo por el evaporador.

Causante - Un escape grande.

Poco refrigerante.

1. Enfriamiento inadecuado.
2. Indicación de baja presión en el lado de succión.
3. Presión de alta muy baja.
4. Burbujas en la mirilla de cristal del filtro secador.

Causante - Un pequeño escape.

Compresor defectuoso.

1. Enfriamiento insuficiente.
2. Presión de succión demasiado alta
3. Presión de alta demasiado baja.

Causante - Compresor con poca eficiencia.

Condensador obstruido.

1. No hay enfriamiento, el compresor puede calentarse demasiado.
2. Presión de succión demasiado alta.
3. Presión de alta muy alta.
4. Burbujas en la mirilla de cristal del secador.
5. Línea de succión muy caliente

Causante - Acción inadecuada del condensador.

Humedad en el sistema.
1. Sistema enfría bien en clima frió pero pierde capacidad de enfriamiento según sube la temperatura ambiental,
2. El lado de succión puede dar una lectura de vació.
3. El aire emitido será tibio durante la condición de vació.
4. Un paño mojado en agua muy caliente y aplicado al cuerpo de la válvula de expansión restituye momentáneamente las presiones normales.

Causante - Secador saturado de humedad más allá de su capacidad. El flujo del refrigerante está restringido.

Gases en el sistema.
1. Enfriamiento insuficiente.
2. Presión de succión muy alta.
3. Presión de alta may alta.
4. Algunas burbujas ocasionales en la mirilla de cristal.

Causante - Refrigerante mezclado con aire.

Válvula de expansión defectuosa.
1. El aire acondicionado no enfría el compartimiento de pasajeros.
2. Presión de succión demasiado alto
3. Presión de alta demasiado alta.
4. Condensación en mangas de succión y evaporador.

Causante - Válvula de expansión defectuosa, permite pasar mucho refrigerante al evaporador.

Válvula de expansión cerrada.
1. Escaso enfriamiento del evaporador.
2. Presión de succión muy baja.
3. Presión de alta muy baja.
4. Entrada de la válvula de expansión sudada o congelada.

Causante - Válvula de expansión cerrada u otras partes de la válvula defectuosa

Lado de alta obstruido.
1. Enfriamiento insuficiente del evaporador.
2. Presión de succión demasiada baja.
3. Presión de alta muy baja.
4. Línea de líquido cubierta de escarcha.

Causante - Secador obstruido, materia extraña en la línea.

Su configuración física.

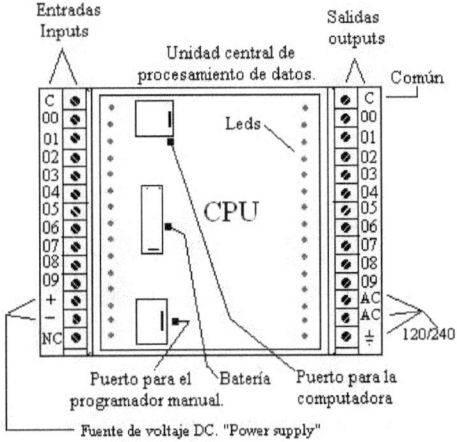

Las partes básicas que componen un PLC son:

1. La unidad central de procesamiento de datos: (CPU) Esta analiza el es- tado ON/OFF de las entradas, las compara con las instrucciones que fueron almacenadas en su memoria y activa una salida.

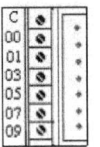

2. Los módulos de entrada: (1/0 Inputs) Sus tornillos están enumerados desde 00 hasta su capacidad máxima. Aquí se conectan: interruptores, foto celdas, interruptores de limite, sensores, termostatos...

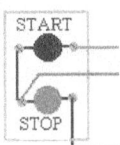

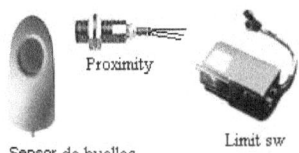

- 303 -

Su configuración física.

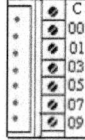 3. Los módulos de salida: (Outputs) Sus tornillos están enumerados desde 00 hasta su capacidad máxima. Aquí se conectan todas las cargas que realizarán alguna función útil.

 4. Una entrada de voltaje AC para alimentar el sistema. Típicamente vienen para 120 ó 240 voltios 50/60 ciclos, con conexión a tierra.

 5. Una salida de voltaje DC, (+) (-) típicamente entre 12 y 48 voltios, provenientes de un "power supply" interno o externo. Los modelos más pequeños lo traen interno.

 6. Un puerto para conectar un programador de mano. Podemos introducir información al CPU manualmente a través de este.

 7. Un puerto para conectar una computadora o "Lap top". La programación se puede escribir en computadora y transferirla luego al PLC o bajarla desde el PLC hacia la computadora para editarla. (Hacerle cambios)

Significados: NC = No hay conexión.

C = Común con otros.

8. La batería: Es usada por el CPU para mantener la memoria de datos en los momentos que esta desconectado de la energía eléctrica. Deben tener una vida de tres a cuatro años. Para reemplazarla, el sistema provee un capacitor, que al estar cargado, suministra energía a la memoria por unos segundos, mientras se hace el cambio a la batería nueva.

9. LEDS: Son diodos emisores de luz, nos indican cuando una entrada o una salida esta activada. Hay un LED por cada tornillo de entrada o salida en el módulo.

Sistemas numéricos.

Cada sistema de número tiene lo que se llama base, que indica él número de dígitos únicos que son permitidos en cada posición, los números que usamos diariamente tienen diez (10) dígitos (0-9), este sistema decimal se describe como base 10.

Los sistemas de PLC's son binarios, se basan en transistores que pueden estar apagados (Off) ó encendidos (On)

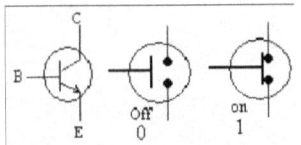 El voltaje aplicado en la base del transistor, debe ser mayor que el voltaje en el emisor, para que cambie a (on) (Estado 1)

Los procesadores matemáticos usan el sistema binario (base 2), y partiendo del diseño, pueden usar también números basados en otras potencias de 2 como el octal (base 8) o hexadecimal (base 16).

Los asuntos numéricos son de importancia para los diseñadores de sistemas y es bueno para nosotros como técnicos tener este conocimiento.
Pero si usted es capaz de distinguir entre **uno** y **cero**, entonces usted puede programar cualquier PLC.

Binario	Estado	Inglés
0	Apagado	Off
1	Encendido	On

Circuitos básicos.

Los PLC basan su programación, en los tres circuitos básicos que usted aprendió durante su primer mes de clases en la escuela vocacional. Estos son: **Serie, Paralelo e Inversor**. Puede que este ultimo le suene raro pero pronto lo reconocerá.

Circuito serie:

De aquí en adelante (Off) será el estado **0** y (On) será el estado **1**.

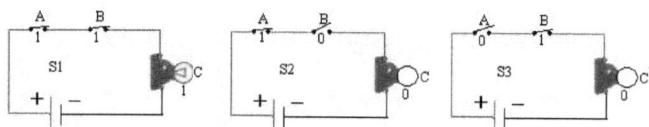

En un circuito serie hay un solo camino para que la corriente circule. Para que la salida C este en estado 1, es necesario que el interruptor A **y** el B estén ambos en estado 1. (Fig. S1) Cualquier interruptor que cambie a estado 0 ocasionará que la salida cambie a estado 0. (Fig. S2 y S3)

Fíjese:

A **y** B tienen que estar en estado (1) para que la salida sea (1).

En inglés seria (A) **And** (B).

En lógica digital, un circuito serie esta representado por este símbolo.

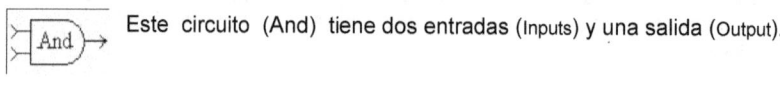 Este circuito (And) tiene dos entradas (Inputs) y una salida (Output).

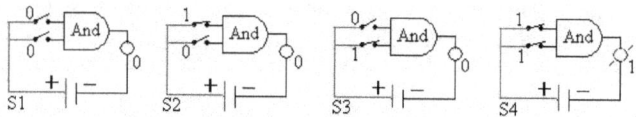

La salida estará en estado 1, solamente cuando A **y** B, (A and B) estén en estado 1. (Fig. S4) Cualquier cambio en las entradas, provocará un cambio de estado en la salida. (Fig. S1, S2 y S3)

En un circuito serie (And) todas las entradas tienen que estar en estado 1 para que la salida sea 1.

Circuito paralelo.

En un circuito paralelo tenemos más de un camino para el flujo de la corriente.

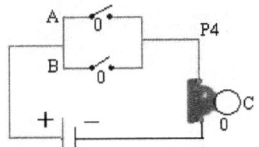

La salida estará en estado 0, sólo si ambas entradas están en estado 0. (Fig. P4)

Cualquiera de las entradas que active un estado 1, ocasionará que la salida cambie a estado 1. (Fig. P1, P2 y P3)

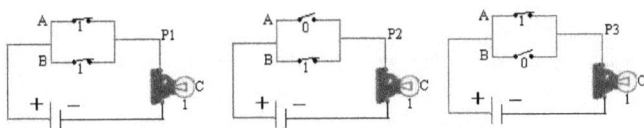

Mire con atención:

Para que se active una salida en estado 1, A o B tienen que estar en estado 1. En Inglés sería A (OR) B.

En lógica digital, un circuito paralelo esta representado por este símbolo.

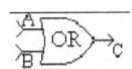 Este circuito (OR) tiene dos entradas (Inputs) y una salida (Output)

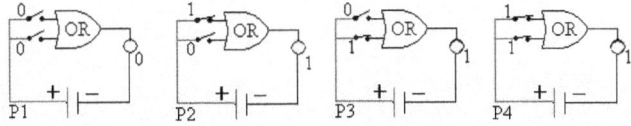

La salida estará en estado 0 solamente cuando las dos entradas estén en estado 0 (Fig. P1) Cualquier cambio en las entradas, ocasionará un cambio en la salida (Fig. P2, P3 y P4)

En un circuito paralelo (OR) cualquier entrada en estado 1, activará la salida en estado 1.

Circuito inversor.

En un circuito inversor, cuando la entrada es 1 la salida es 0, pero cuando la entrada cambia a 0, la salida cambia a 1.

Podemos decir que en este circuito la salida es siempre inversa a la entrada.

En un circuito electromecánico por relay, funciona así:

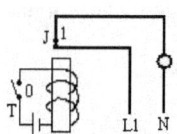

Función A:
Como el interruptor **T** esta abierto, estado 0, no pasa nada en la bobina y el interruptor **J** permanece en su estado normalmente cerrado, o estado 1. Como J es 1, entonces la salida es 1.

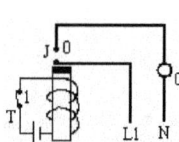

Función B:
Cuando el interruptor (**T**) es 1, el núcleo de la bobina se magnetiza y hala el contacto (**J**) que cambia a un estado 0. Como (J) es 0, la salida es 0.
Esta función (B), es inversa a la función (A).

En lógica digital, un circuito inversor esta representado por este símbolo.

$$A \longrightarrow\!\!\triangleright\!\!\circ\!\!- B$$

Se conoce también como **NOT**.

Función A:
Cuando la entrada es 0, la salida es 1.

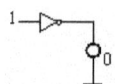

Función B:
Cuando la entrada es 1, la salida es 0.

Planos escalonados.

La capacidad que tienen los PLC para aceptar instrucciones en diagramas escalonados es una de las razones que nos permite el éxito en su programación.

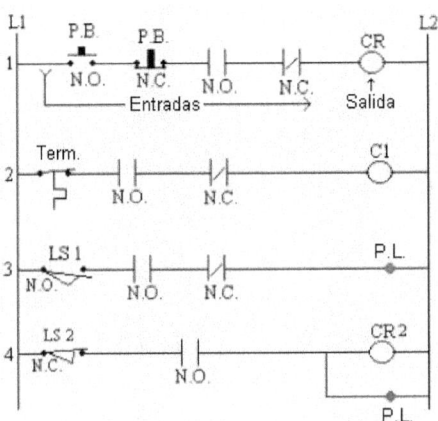

Los diagramas en escalera están compuestos por dos líneas verticales llamadas columnas, marcadas L1 Y L2.

De una columna a otra corren líneas horizontales llamadas "rungs" escalones, las cuales contienen las instrucciones de entrada y están marcadas 1, 2, 3...

Las instrucciones se escriben en la línea horizontal de izquierda a derecha.

A la izquierda deben quedar las condiciones de entradas (Inputs) y la derecha la carga o salida "Output".

Para la programación de PLC, **no** se escriben instrucciones a la derecha de la carga.

Cada línea horizontal consiste de instrucciones o combinaciones de "inputs" que llevan a una instrucción simple de "output".

Direcciones en lenguaje PLC.

Se usa una dirección para decirle a alguien, donde esta localizado lo que debe encontrar. En este caso el CPU debe saber en que dirección están instalados los "inputs" y a donde debe enviar los "outputs".

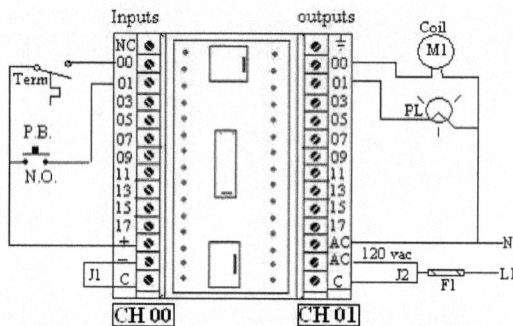

Paso 1. Decimos el número del canal (CH) donde esta instalada la unidad de "inputs" y el número de canal (CH) donde esta instalada la unidad de "outputs".

En este sistema que estamos observando la dirección del canal de "inputs" es **00** y la dirección del canal de "outputs" es **01**.

(Esta en la parte inferior del dibujo.)

Paso 2. Observemos el tornillo donde colocamos el termostato, tiene el número **00.** Podemos decir que la dirección del termostato es **0000.**

$$\overset{0000}{\vphantom{|}} \quad = \quad \frac{00}{CH} \; \frac{00}{Tornillo}$$

¿Cuál es la dirección del "Push button"?

$$\overset{0001}{\underset{P.B.}{\vphantom{|}}} \quad - \quad \frac{00}{CH} \; \frac{01}{Tornillo}$$

Refrigeración y Aire Acondicionado

Dirección de las salidas.

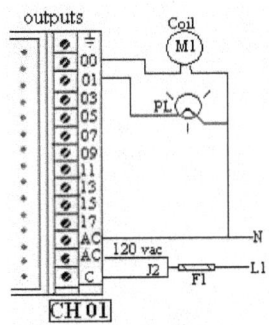

Fíjese bien, que las salidas están conectadas al canal **01.**

La dirección del "coil" seria entonces:

$$\underset{\text{Coil}}{\underline{0100}} = \underset{\text{CH}}{\underline{01}} \quad \underset{\text{Tornillo}}{\underline{00}}$$

¿Cuál es la dirección del PL?

Esta en: **0101**

En el siguiente plano escalonado hay dos instrucciones y una salida.

Cuando el "Limit switch" este activado y el "P.B." sea accionado manualmente, la salida se activará cambiando de estado 0 a estado 1.

```
     0000          0001        0105
 ┤────┤/├─────┤────■────────────◯──────
     LS 2          P.B.         CR2
```

Primero asignaremos las direcciones:

LS es una entrada (Input), estará en el CH 00, tornillo 00.

P.B. es otra entrada, estará en el CH 00, tornillo 01.

CR2 es la salida, estará en el CH 01, tornillo 05.

Usted pensará que las entradas y salidas son lineales, que si entra por el tornillo 01 hay que salir por el tornilla 01, pero en los PLC usted puede entrar por cualquier tornillo y puede enviar la salida a cualquier tornillo.

El sistema de procesamiento de datos se encargara de comunicar ambas instrucciones.

183

Cambiando de escalera a PLC.

Si lo pudo notar, en el ejercicio anterior hemos preparado un plano escalonado, con las direcciones que usa un PLC.

Esto es así de simple.

Ahora conectemos los dispositivos al sistema, según el plano que hicimos en la página anterior.

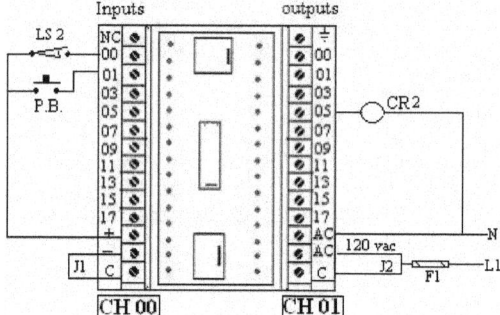

Fíjese que hay dos "Jumpers" J1 y J2, uno esta en el lado de la alimentación DC y el otro en lado de la corriente alterna que alimenta el sistema.

J1 se conecta del lado negativo de la fuente DC al tornillo común del módulo de entrada. El lado positivo de la fuente alimenta los dispositivos de entrada.

J2 se conecta de la línea viva de AC al tornillo común del módulo de salida. El conductor neutral se conecta directamente a la carga.

Conecte el PLC al sistema eléctrico del edificio a través de un dispositivo de protección adecuado, puede ser un fusible o "breaker" calculado de acuerdo a la ampacidad del conductor eléctrico. NEC - Tabla 310-16

Conecte el conductor de tierra de la instalación al tornillo designado en el PLC. NEC. Tabla 250-95

¿Cómo se comunica el procesador con el exterior?

Un módulo de salida para AC típicamente se comunica con la carga a través de "relays" aunque algunos modelos usan "Triacs" para este fin.

Módulo de salida.

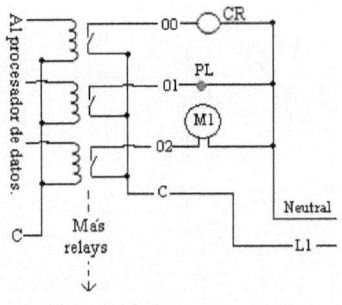

Módulo de salida

El procesador maneja la bobina del "relay" y los contactos eléctricos manejan la carga.

(PL) Pilot light.

Módulo de entrada.

Un módulo de entrada recibe información del exterior a través de "opto-couplers" o transistores. El "Opto-coupler" es un pequeño paquete que contiene dos diodos, uno que emite luz cundo circula una corriente a través de sí y otro que recibe la luz y la transforma en una señal de corriente. Uno es emisor y el otro es receptor.

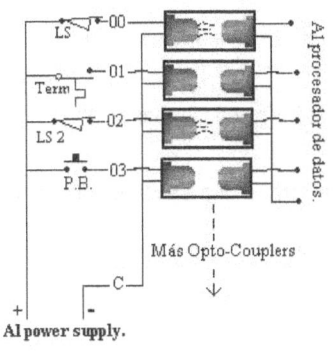

Algunos módulos de entrada podrían ser de común positivo y el negativo alimentaría entonces los dispositivos de entrada.

Lea siempre el manual de instalación que provee el fabricante del sistema.

Programación del PLC.

Un PLC no podría realizar ninguna tarea, si no esta programado correctamente.

Usualmente se hace la programación en el sistema de planos escalonados, como ya vimos anteriormente.

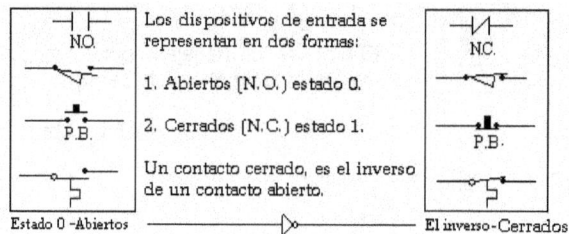

Instrucciones básicas de programación:

LD "Load", se usa para indicarle al procesador que comenzamos a escribir las instruc-ciones. Siempre se comienza en LD.

write Le indica al procesador que grabe en la memoria lo escrito. Después de cada instrucción se escribe "Write". (No lo olvide)

And Le indica al programa que coloque esta instrucción en serie con la anterior.

OR Le indica al programa que coloque esta instrucción en paralelo con la anterior.

out Esta instrucción le indica al procesador que deberá darnos una salida en el lugar asignado.

FUN Le indicamos al PLC que terminamos el programa con la instrucción "FUN 01", significa "END".

Programador manual.

La programación se puede pasar al procesador usando una computadora, por medio de (Software) o usando un programador portátil de mano.

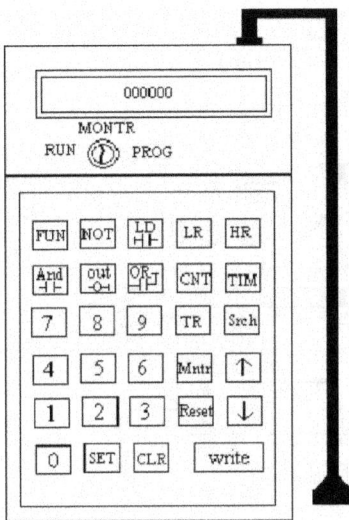

La manera más fácil usada hasta el momento para introducir la información al sistema de PLC, es a través de un programador manual.

Observe que hay una llave con tres posiciones:

Program: La llave debe estar en esta posición cuando estamos escribiendo o modificando el programa.

Run: Con la llave en esta posición nos preparamos para correr el sistema ya programado.

Monitor: En esta posición podemos monitorear el programa, pero no podemos hacerle cambios.

El programador manual se conecta al sistema, a través de un puerto designado para su conexión.

Escribiendo el programa.

En la parte (A) vemos el plano escalonado, el cual contiene tres instrucciones de entrada normalmente abiertas. Estas entradas son las condiciones para que la salida (CR1) se active.

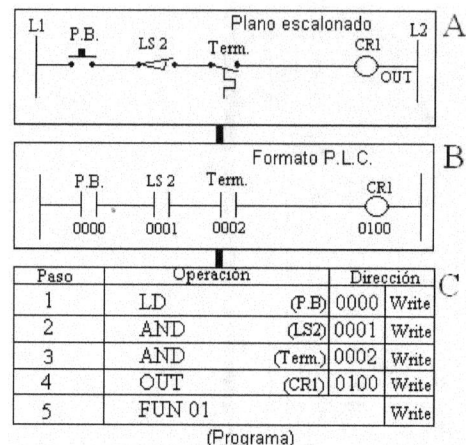

(Programa)

En la parte B del dibujo observamos el mismo diseño pero escrito para un formato de PLC. Tiene los mismos elementos, tres instrucciones de entrada, normalmente abiertas (NO).

Dependiendo como cambie el estatus de las condiciones de entrada, el procesador actualizará el estado "on/off" en la salida.

Una vez cambiamos el plano escalonado a formato PLC, escribimos inmediatamente la dirección para los módulos de entrada y de salida. (El número del módulo y el número del tornillo asignado)

La parte C es el programa que escribiremos en la memoria del sistema, utilizando el programador de mano.

Se comienza el programa con la instrucción <u>LD</u> seguido de la dirección de la primera instrucción de izquierda a derecha. Si la instrucción es un interruptor cerrado, como un "Stop push button" se considera y escribe la instrucción como si fuera un contacto abierto, seguido de la dirección.

Refrigeración y Aire Acondicionado

Preparando el PLC para practicar.

Interruptores sencillos colocados en paralelo para simular las entradas.

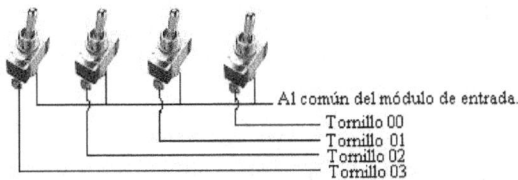

Al común del módulo de entrada.
Tornillo 00
Tornillo 01
Tornillo 02
Tornillo 03

Bombillas colocadas en paralelo para simular las salidas.

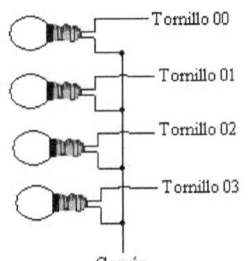

Tornillo 00
Tornillo 01
Tornillo 02
Tornillo 03
Común

Construya un arreglo como este para simular las salidas. Puede usar bombillas no mayores de 40W, por causa de la temperatura que generan. Use cubos o rosetas, pero siempre observando la mayor seguridad.

Los accidentes también tienen padres, su mamá se llama **prisa** y su papá se llama **descuido**. Aléjese de ellos.

Este es un PLC preparado para la enseñanza en clases, con un arreglo como el que acabamos de describir.

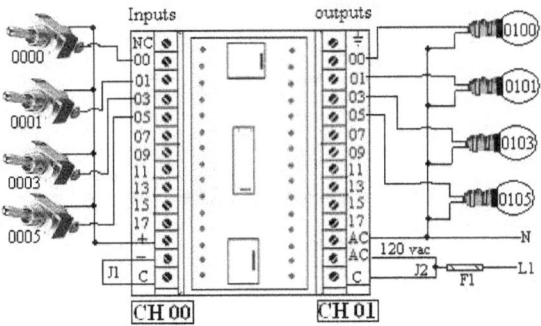

Refrigeración y Aire Acondicionado

Programa 1.

Se considera el "stop" como si fuera un contacto abierto.

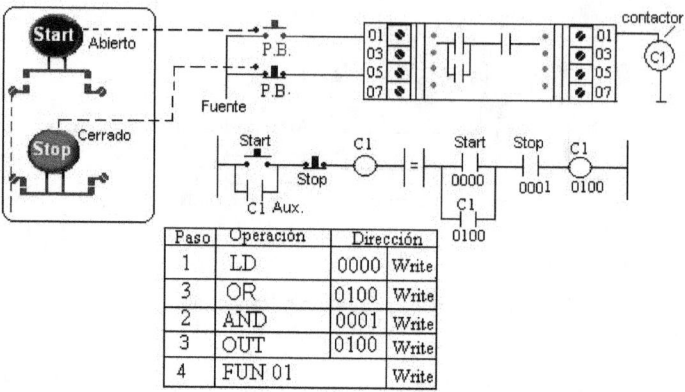

Paso	Operación	Dirección	
1	LD	0000	Write
3	OR	0100	Write
2	AND	0001	Write
3	OUT	0100	Write
4	FUN 01		Write

Programa 2.

Cargamos la primera instrucción, un contacto abierto <u>LD 0000</u>. Ponemos en serie la siguiente instrucción, contacto abierto <u>AND 0001</u>. Le indicamos al procesador que la siguiente es una salida y le damos la dirección, <u>OUT 0100</u>.

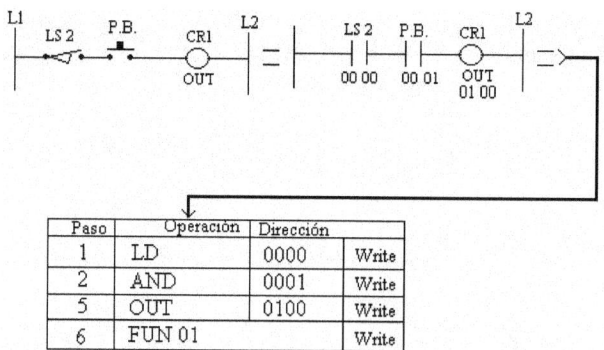

Paso	Operación	Dirección	
1	LD	0000	Write
2	AND	0001	Write
5	OUT	0100	Write
6	FUN 01		Write

Programa 3.

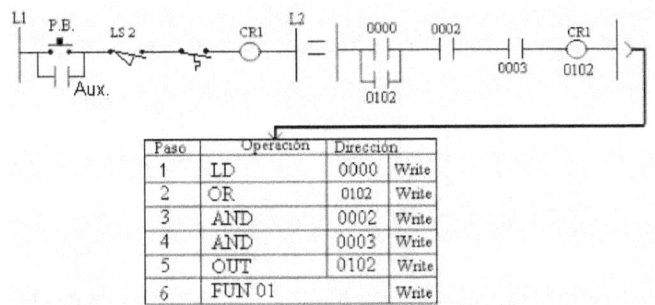

Paso	Operación	Dirección	
1	LD	0000	Write
2	OR	0102	Write
3	AND	0002	Write
4	AND	0003	Write
5	OUT	0102	Write
6	FUN 01		Write

Programa 4.

Sistema de descarche automático.

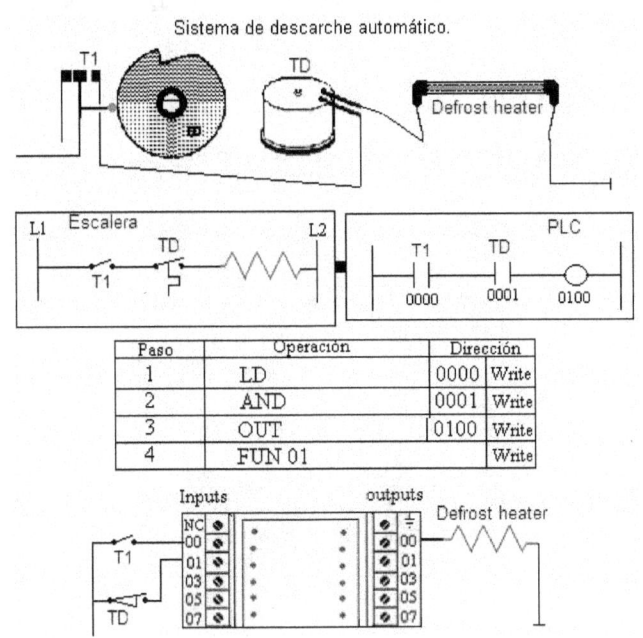

Paso	Operación	Dirección	
1	LD	0000	Write
2	AND	0001	Write
3	OUT	0100	Write
4	FUN 01		Write

Programa 5.

Este es un programa de práctica, para unir bloques.

Bloques que contienen instrucciones en serie y en paralelo.

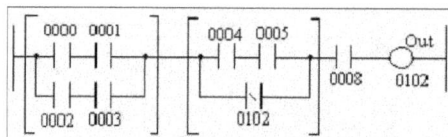

Comience encerrando entre paréntesis los bloques que tenemos que resolver. Luego abra un programa con la instrucción LD y cargue la primera dirección de la primera fila. LD 0000, coloque en serie la próxima instrucción AND 0001. Ahora abra otro programa con la instrucción LD y cargue la fila de abajo, LD 0002, AND 0003.

Tenemos en la memoria el programa de la primera fila y el programa de la segunda fila, estamos listos para ponerlos en paralelo con la instrucción OR LD. (Resuelto el primer bloque)

Segundo bloque: LD 0004, AND 0005
OR NOT 0102

Ahora coloque los dos bloques en serie con la instrucción AND LD.
Continuamos con el resto del programa, AND 0008, OUT 0102, FUN 01.

Paso	Operación	Dirección	
1	LD	0000	Write
2	AND	0001	Write
3	LD	0002	Write
4	AND	0003	Write
5	OR LD		Write
6	LD	0004	Write
7	AND	0005	Write
8	OR NOT	0102	Write
9	AND LD		Write
10	AND	0008	Write
11	OUT	0102	Write
12	FUN 01		Write

Comparando sistemas.

Memorias virtuales.

A

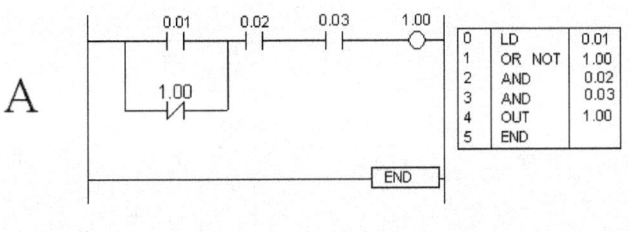

B

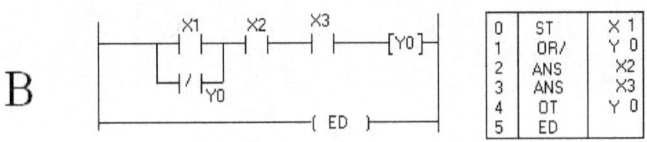

Fíjese que los dos planos escritos en formato de PLC usan los mismos símbolos para las instrucciones, lo que es diferente es el modo de nombrarlos.

¾ El sistema A nombra la unidad de entrada con el número 00, mientras el B la nombra con la letra X.

¾ En la unidad de salida el sistema A usa el numero 01 para identificarla, mientras el otro sistema usa la letra Y.

¾ En el sistema A se abre un programa con la instrucción LD mientras en el B usan la instrucción ST.

¾ El sistema A usa NOT para indicar que el contacto esta en estado cerrado (1), y el B usa este símbolo /.

Continúe enumerando y comparando los diferentes métodos de programación, notará al ganar experiencia, que son un mismo formato, pero con nombres diferentes.

Siempre lea cuidadosamente los manuales de instrucciones de los fabricantes. Compare los datos y anote las diferencias.

Refrigeración y Aire Acondicionado

Resistencia del embobinado del compresor.

Resistencia en ohmios.		
H.P. del compresor	Bobina de marcha	Bobina de arranque
1/8	4.6	18
1/6	2.8	17
1/5	2.4	14.5
1/4	1.8	17.5

Selección del tubo capilar.

Selección del tubo capilar.			Temp. baja		Temp. media		Temp. alta	
H.P. del comp.	Refri-gerante	Tipo de Cond.	Largo	I.D.	Largo	I.D.	Largo	I.D.
1/8	R-12	Estático	108"	0.028	84"	0.028	48"	0.028
	R-134A		118"		96"		64"	
1/4	R-12	Abanico	43"	0.031	90"	0.040	60"	0.040
	R-134ª		47"		99"		72"	0.040
	R-22		52"		108"		72"	0.031
1/2	R-12	Abanico	96"	0.052	48"	0.52	90"	0.064
	R-134ª		105"		55"		108"	0.064
	R-22		115"		58"		108"	0.064
	R-502		127"		63"		119"	0.052

Cálculo para el desplazamiento volumétrico del compresor.

Es las veces que el pistón recorre los cilindros, dependiendo de las R.P.M. del motor.

Fórmula: **DV = (п x R²) x L x N x R.P.M.**

- ¾ DV = desplazamiento volumétrico en pulgadas cúbicas.
- ¾ п = Pi (п)= Constante = 3.1416
- ¾ R² = Radio al cuadrado. (Cuando le den el radio)
- ¾ L = Largo del recorrido que hace el pistón.
- ¾ N = Número de cilindros.
- ¾ R.P.M. = Revoluciones por minutos del compresor.

Cuando le den el diámetro, use esta ecuación $DV = (\frac{\pi \times D^2}{4}) \times L \times N \times R.P.M.$

Eficiencia volumétrica.

$EV = \frac{VR}{VC} \times 100$ Es la relación entre el volumen real y el volumen calculado.

- ¾ (EV) Eficiencia volumétrica.
- ¾ (VR) Volumen real.
- ¾ (VC) Volumen calculado.

Refrigeración y Aire Acondicionado

Calcular la polea del motor.

El diámetro de las poleas está en razón inversa a sus velocidades respectivas.
La polea más pequeña es la que pertenece generalmente al motor.

Fórmula: $D = \dfrac{Vm \times D}{Vc}$

D   =   Diámetro de la polea del motor en pulgadas

Vc =   Velocidad del compresor en (RPM)

d   =   Diámetro de la polea del compresor (pulgadas)

Vm =   Velocidad del motor en (RPM)

La capacidad de transporte de calor por un evaporador esta expresada en la siguiente ecuación matemática:

B.T.U./h = A x U (T2 - T1)
B.T.U. /h = Capacidad del evaporador
A = Área de la superficie del evaporador
T2 = Temperatura exterior del evaporador
T1 = Temperatura interior del evaporador
U = B.T.U. /pie cuadrado

$A = \dfrac{B.T.U. \text{ /hr}}{U\,(T2 - T1)}$

La capacidad de transporte de calor en un condensador dependerá de:

La proporción de calor transferido por un condensador depende, de los mismos factores que en el evaporador.

- ¾ Área
- ¾ Diferencial de Temperatura
- ¾ Tipo de Material
- ¾ Clase de Superficie
- ¾ Cantidad del Medio Condensante (Aire y Agua)

Refrigeración y Aire Acondicionado

LEYES DE LOS GASES:

¾ Ley de Boyle a temperatura constante el volumen de un gas varia inversamente proporcional a la presión absoluta.   Vv x Pv / Tv = Vn x Pn / Tn

¾ Primera ley de Charles a presión constante el volumen de un gas varía directamente proporcional a la temperatura absoluta.

¾ Segunda ley de Charles a volumen constante la presión de un gas varía directamente proporcional a la temperatura absoluta.

¾ Ley de Dalton en unas mezclas de gases confinados, la presión total será igual a la suma de las presiones parciales Pt = Pl + P2 + P3

¾ Ley de Paskal la presión ofrecida por un gas confinado será igual hacia todas las direcciones.

Leyes matemáticas:

1ra Boyle   Vv x Pv = Vn x Pn

1ra Charles   Vv x Tn = Vn x Tv

2da Charles   Tn x Pv = Tv x Pn

Fórmulas de presión atmosférica:

P.S.I. = PSIA - 14.7

P.S.I. = Hg x .491

P.S.I.A. = PSI + 14.7

Hg = .491 / PSI

Calor latente de Sublimación: Es el calor que absorbe un sólido para cambiar a gas sin aparentemente pasar por líquido.

Fórmula para CL: P X C Peso de la materia x C que interviene

Fórmula para CS: P X Ce X Dt Peso por calor específico por diferencia de temperatura.

Cuando sea P.S.I. se cambia a P.S.I.A. sumando 14.7 a la presión dada.

Cuando sea °F se cambia a °Rankine sumando 460 a la temperatura dada

Refrigeración y Aire Acondicionado

TABLA DE PRESIÓN-TEMPERATURA

* = Vacío   NEGRO = Vapor (psig)   + = Líquido (psig)

°F	R-12	R-22	R-502	R-134a	R-507	R-401A	R-404A	R-402A
-50	15.4*	6.2*	0.2	18.4*	0.9	18.5*	0.0	1.2
-48	14.6*	4.8*	0.7	17.7*	1.7	17.7*	0.8	2.1
-46	13.8*	3.4*	1.5	17.0*	2.6	17.0*	1.6	2.9
-44	12.9*	2.0*	2.3	16.2*	3.5	16.0*	2.5	3.9
-42	11.9*	0.5*	3.2	15.4*	4.5	15.0*	3.4	4.9
-40	11.0*	0.5	4.1	14.5*	5.5	14.5*	5.5	5.9
-38	10.0*	1.3	5.0	13.7*	6.5	13.5*	6.5	6.9
-36	8.9*	2.2	6.0	12.8*	7.6	12.5*	7.5	8.0
-34	7.8*	3.0	7.0	11.8*	8.7	11.5*	8.6	9.2
-32	6.7*	4.0	8.1	10.8*	9.9	10.6*	9.7	10.3
-30	5.5*	4.9	9.2	9.7*	11.1	9.0*	10.8	11.6
-28	4.3*	5.9	10.3	8.6*	12.4	8.3*	12.0	12.8
-26	3.0*	6.9	11.5	7.7*	13.7	7.0*	13.2	14.1
-24	1.6	7.9	12.7	6.2*	15.0	6.0*	14.5	15.5
-22	0.3	9.0	14.0	4.9*	16.4	4.5*	15.8	16.9
-20	0.6	10.1	15.3	3.6*	17.8	3.5*	17.1	18.4
-18	1.3	11.3	16.7	2.3*	19.3	2.0*	18.5	19.9
-16	2.1	12.5	18.1	0.8*	20.9	0.5*	20.0	21.5
-14	2.8	13.8	19.5	0.3	22.5	0.4	21.5	23.1
-12	3.7	15.1	21.0	1.1	24.1	1.4	23.0	24.8
-10	4.5	16.5	22.8	1.9	25.8	2.2	24.6	28.5
-8	5.4	17.9	24.2	2.9	27.6	3.1	26.3	28.3
-6	6.3	19.3	25.8	3.6	29.4	3.9	28.0	30.2
-4	7.2	20.8	27.5	4.5	31.3	4.8	29.8	32.1
-2	8.2	22.4	29.3	5.5	33.2	5.7	31.6	34.1
0	9.2	24.0	31.1	6.5	35.2	6.7	33.5	36.1
2	10.2	25.6	32.9	7.5	37.3	8.0	34.8	38.1
4	11.2	27.3	34.9	8.5	39.4	8.8	37.4	40.4
6	12.3	29.1	36.9	9.6	41.6	9.9	39.4	42.6
8	13.5	30.9	38.9	10.8	43.8	11.0	41.6	44.9
10	14.6	32.8	41.0	12.0	46.2	12.2	43.7	47.3
12	15.8	34.7	43.2	13.1	48.5	13.4	46.0	49.7
14	17.1	36.7	45.4	14.4	51.0	14.6	48.3	52.2
16	18.4	38.7	47.7	15.7	53.5	15.9	50.7	54.8
18	19.7	40.9	50.0	17.0	56.1	17.2	53.1	57.5
20	21.0	43.0	52.5	18.4	58.8	18.6	55.6	60.2
22	22.4	45.3	54.9	19.9	61.5	20.0	58.2	63.0
24	23.9	47.6	57.5	21.4	64.3	21.5	60.9	85.9
26	25.4	49.9	60.1	22.9	67.2	23.0	63.6	68.9
28	26.9	52.4	62.8	24.5	70.2	24.8	66.5	72.0

Refrigeración y Aire Acondicionado

°F	R-12	R-22	R-502	R-134a	R-507	R-401A	R-404A	R-402A
30	28.5	54.9	65.6	26.1	73.3	26.2	69.4	75.1
32	30.1	57.5	68.4	27.8	76.4	27.9	72.3	78.3
34	31.7	60.1	71.3	2.5	79.6	26.9	75.4	81.6
36	33.4	62.8	74.3	31.3	82.9	31.3	78.5	85.0
38	35.2	65.6	77.4	33.2	86.3	33.2	81.8	88.5
40	37	68.5	80.5	35.1	89.8	35.0	85.1	92.1
42	38.8	71.5	83.8	37.0	93.4	37.0	88.5	95.7
44	40.7	74.5	87.0	39.1	97.0	39.0	91.9	99.5
46	42.7	77.6	90.4	41.1	100.8	41.0	95.5	103.4
48	44.7	80.7	93.9	43.3	104.6	43.1	99.2	107.3
50	46.7	84.0	97.4	45.5	108.6	45.3	102.9	111.4
52	48.8	87.3	101.0	47.7	112.6	60.06+	109.0+	120.0+
54	51.0	90.8	104.8	50.1	116.7	62.0+	113.0+	124.0+
56	53.2	94.3	108.6	52.3	121.0	65.0+	117.0+	129.0+
58	55.4	97.9	112.4	55.0	125.3	68.0+	121.0+	133.0+
60	57.7	101.6	116.4	57.5	129.7	70.0+	125.0+	138.0+
62	60.1	105.4	120.4	60.1	134.3	73.0+	130.0+	143.0+
64	62.5	109.3	124.6	62.7	139.0	76.0+	134.0+	147.0+
66	65.0	113.2	128.8	65.5	143.7	79.0+	139.0+	152.0+
68	67.6	117.3	133.2	68.3	148.6	82.0+	144.0+	157.0+
70	70.2	121.4	137.6	71.2	153.6	85.0+	148.0+	160.4+
72	72.9	125.7	142.2	74.2	158.7	89.0+	153.0+	168.0+
74	75.6	130.0	146.8	77.2	163.9	92.0+	158.0+	173.0+
76	78.4	134.5	151.5	80.3	169.3	95.0+	164.0+	179.0+
78	81.3	139.0	156.3	83.5	174.7	99.0+	169.0+	184.0+
80	84.2	143.6	161.2	86.8	180.3	102.0+	174.0+	190.0+
82	87.2	148.4	166.2	90.2	186.0	106.0+	180.0+	193.6+
84	90.2	153.2	171.4	93.6	191.9	109.0+	185.0+	202.0+
86	93.3	158.2	176.6	97.1	197.8	113.0+	191.0+	208.0+
88	96.5	163.2	181.9	100.7	203.9	117.0+	197.0+	214.0+
90	99.8	168.4	187.4	104.4	210.2	121.0+	203.0+	220.0+
92	103.1	173.7	192.9	108.2	216.6	125.0+	209.9+	227.0+
94	106.5	179.1	198.6	112.1	223.1	129.0+	215.0+	234.0+
96	110.0	184.6	204.3	116.1	229.8	133.0+	222.0+	240.0+
98	113.5	190.2	210.2	120.1	236.6	138.0+	229.0+	247.0+
100	117.2	195.9	216.2	124.3	243.5	143.0+	235.0+	254.0+
102	120.9	201.8	222.3	128.5	250.6	146.0+	242.0+	261.0+
104	124.7	207.7	228.5	132.9	257.9	151.0+	249.0+	269.0+
106	128.5	213.8	234.9	137.3	265.3	156.0+	256.0+	276.0+
108	132.4	220.0	241.3	142.8	272.9	160.0+	264.0+	284.0+
110	136.4	226.4	247.9	146.5	280.6	165.0+	271.0+	292.0+
112	140.5	232.8	254.6	151.3	288.6	170.0+	279.0+	299.0+
114	144.7	239.4	261.5	156.1	296.6	175.0+	286.0+	307.0+
116	148.9	246.1	268.4	161.1	304.9	180.0+	294.0+	316.0+

Refrigeración y Aire Acondicionado

°F	R-12	R-22	R-502	R-134a	R-507	R-401A	R-404A	R-402A
118	153.2	252.9	275.5	166.1	313.3	185.0+	302.0+	324.0+
120	157.7	259.9	282.7	171.3	321.9	191.0+	311.0+	332.0+
122	162.2	267.0	290.1	176.6	330.7	196.0+	319.0+	341.0+
124	166.7	274.3	297.6	182.0	339.7	202.0+	328.0+	350.0+
126	171.4	281.6	305.2	187.5	348.9	207.0+	336.0+	359.0+
128	176.2	289.1	312.9	193.1	358.2	213.0+	345.0+	368.0+
130	181.0	296.8	320.8	198.9	367.8	219.0+	354.0+	377.0+
132	185.9	304.6	328.9	204.7	377.6	225.0+	364.0+	387.0+
134	191.0	312.5	337.1	210.7	387.5	231.0+	373.0+	394.0+
136	196.1	320.6	345.4	216.8	397.7	237.0+	383.0+	406.0+
138	201.3	328.9	353.9	223.0	408.1	243.0+	392.0+	416.0+
140	206.6	337.3	362.6	229.4	418.7	250.0+	402.0+	426.0+
142	212.0	345.8	371.4	235.8	429.6	256.0+	413.0+	436.0+
144	217.5	354.5	380.4	242.4	440.6	263.0+	423.0+	447.0+
146	223.1	363.3	389.5	249.2	451.9	269.0+	434.0+	458.0+
148	228.8	372.3	398.9	256.0	462.0	277.0+	444.0+	468.0+
150	234.6	381.5	408.4	263.0	475.3	283.0+	449.0+	479.0+

Descarche automático por "Timers"

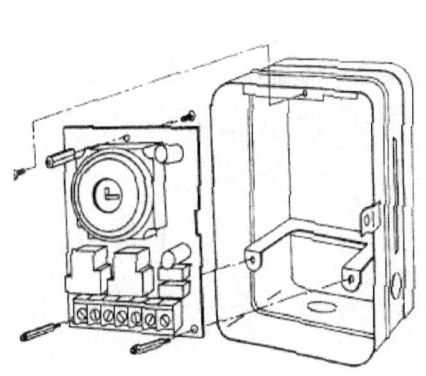 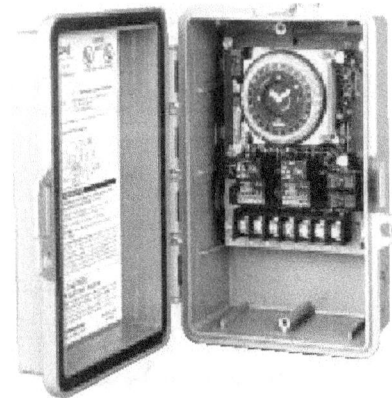

Refrigeración y Aire Acondicionado

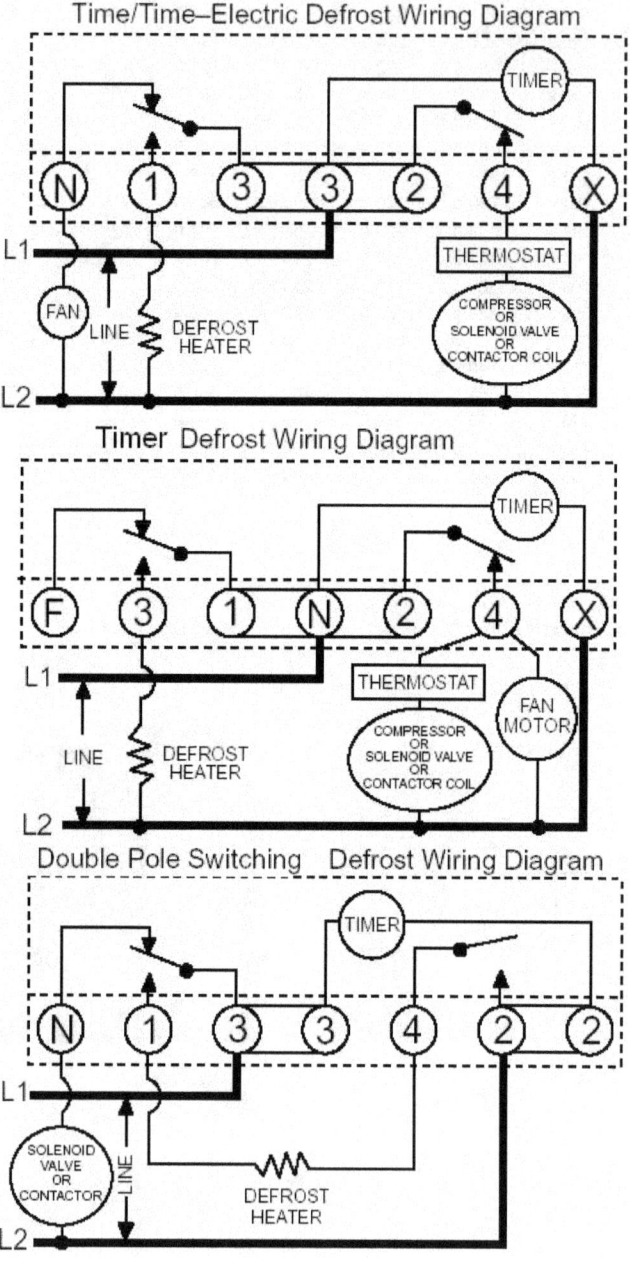

Time/Time–Electric Defrost Wiring Diagram

Timer Defrost Wiring Diagram

Double Pole Switching Defrost Wiring Diagram

Refrigeración y Aire Acondicionado

Controladores por tiempo. (Timers)

Muchas veces es conveniente controlar una carga, como el calentador o las luces exteriores, desde un control que nos permita seleccionar la hora de encendido y la hora de apagado.

Para estas funciones utilizamos los "Timers"

"Pin" para seleccionar la hora de encendido.

"Pin" para seleccionar la hora de apagado.

Aguja para marcar la hora actual del dia.

Esfera, debe halarla hacia afura para que se mueva. (CW)

"Pin" para ON/OFF manual

Contactos, cubiertos por un protector de plástico.

Arreglo para 120 voltios.

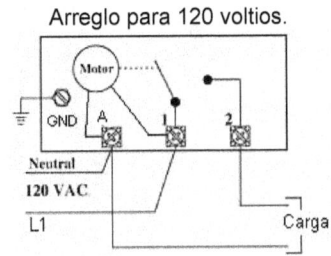

Arreglo para 240 voltios.

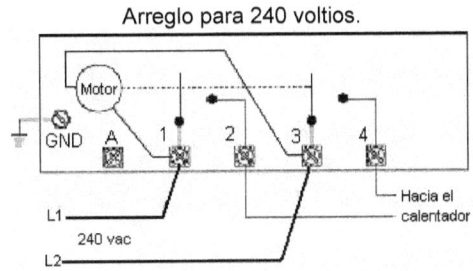

Refrigeración y Aire Acondicionado

Circuitos ramales.

Uso general Y alumbrado.

Utencilios (De la cocina).

Lavandería.

Circuitos individuales.

Receptaculos exteriores.

Acondicionadores de aire.

En los sistemas de distribución de energía hay diferentes circuitos, con diferentes nombres, los cuales están cubiertos por el Código Eléctrico Nacional y el Reglamento de la Autoridad de Energía Eléctrica, bajo diferentes secciones.

Acondicionadores de aire: Este se considera un equipo fijo y será instalado en un circuito individual. El Artículo 440 del NEC, trata los equipos de refrigeración y A/C. La sección 440-6(a) del NEC requiere el uso de la placa que provee el fabricante del acondicionador de aire para su cálculo. Divida los BTU entre el EER que aparece en la placa, y obtendrá los V-A.

En un sistema eléctrico típico, los circuitos ramales se alimentan del panel de distribución, el panel de distribución se alimenta del "pull out" o base de contador y la base de contador se alimenta de las líneas eléctricas de la AEE o de una sub estación privada. Es importante saber los nombres de cada parte del sistema eléctrico.

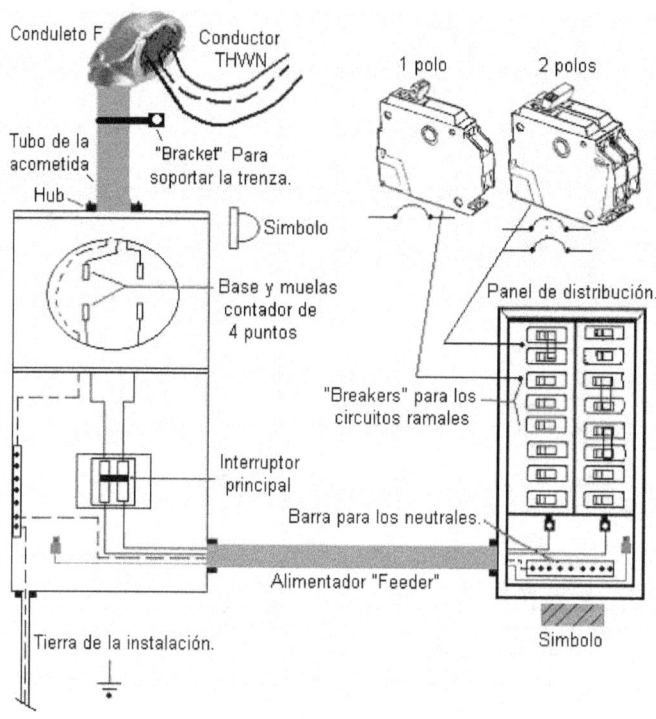

Los "feeders" o alimentadores son los conductos que llevan la energía eléctrica de un dispositivo a otro, mediante conductores de electricidad (Cables) o barras (Bus way) debidamente diseñados para este propósito.

Refrigeración y Aire Acondicionado

Sistemas de tierras aprobados.

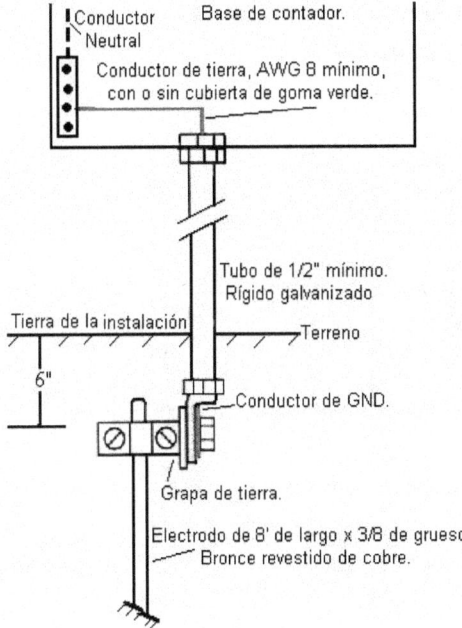

Conductor Neutral

Base de contador.

Conductor de tierra, AWG 8 mínimo, con o sin cubierta de goma verde.

Tubo de 1/2" mínimo. Rígido galvanizado

Tierra de la instalación

Terreno

6"

Conductor de GND.

Grapa de tierra.

Electrodo de 8' de largo x 3/8 de grueso. Bronce revestido de cobre.

Observe los detalles de la conexión de tierra en una base de contador.

Este sistema es llamado, **tierra de la instalación.**

Reglamento Complementario

AEE. 1997 (6.7) (1)

El único método aprobado por la AEE es un electrodo de 8 pies de largo por 5/8 de diámetro revestida en cobre. Deberá terminar en una grapa de tierra aprobada e instalada 6" debajo del terreno. La resistencia total, no debe ser mayor de 25 ohm.

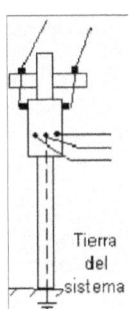

Tierra del sistema

Hay tres clases de tierras diferentes en una instalación.

1. Tierra de la instalación. (Pull out)

2. Tierra del sistema. (Poste)

3. Tierra del equipo. (Carga)

Tierra del equipo.

Refrigeración y Aire Acondicionado

Algunas medidas y distancias comunes.

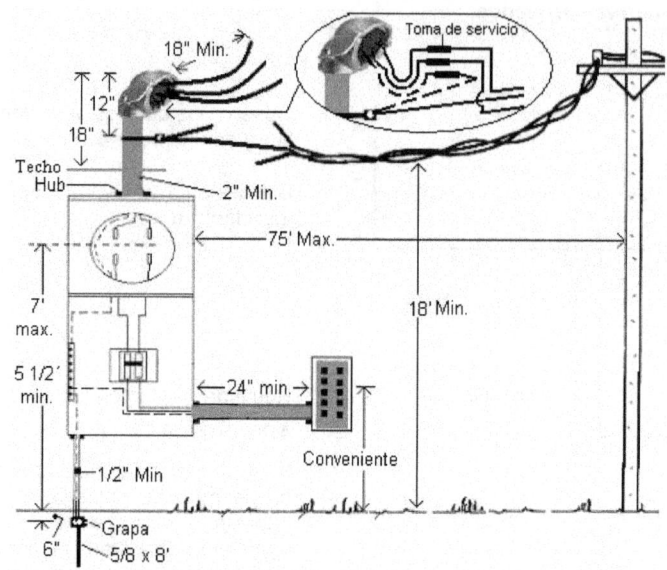

Referencia: Ver, Reglamento complementario AEE. 1997

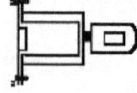

El "Bracket", es un soporte que se instala en el tubo de la acometida con el propósito de sujetar las líneas de servicio. En este caso el tubo de la acometida no será menor de 2 pulgadas en diámetro para evitar que se doble.

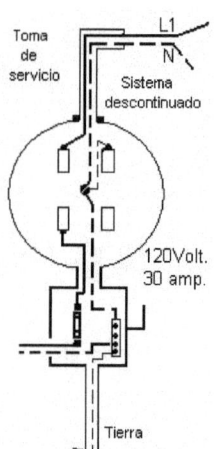

El servicio monofásico de 120 voltios a 30 amperes existe todavía en algunas regiones rurales y urbanas.

La AEE no esta aprobando este tipo de montura para sistemas nuevos y los que están funcionando en el momento, una vez sean dados de baja por algún motivo, la AEE exigirá el cambio al sistema 120/240.

Si por motivos especiales se requiere esta montura, le sugiero una consulta previa con el ingeniero de la sección técnica, en la oficina de área que corresponda.

Refrigeración y Aire Acondicionado

Montura para 120/240/100 amperes.

120/240
Base 4
puntos

Esta es la montura más común con la cual tendremos que intervenir en el servicio residencial y de comercios pequeños.

Las más antiguas tienen una base de fusibles del tipo "PULL OUT" de donde proviene el notorio nombre usado por los electricistas para identificarlas.

Los modelos más nuevos, utilizan un "Main Breaker" Semi automático.

(Se apaga automáticamente pero hay que reactivarlo manualmente)

El panel de distribución debe estar enumerado en conformidad con el arreglo explicado en la nomenclatura.

Los números nones están en un lado del panel de distribución (Izquierda) y los números pares están al lado contrario (Derecha)

Partiendo de los datos obtenidos de la nomenclatura, podemos determinar que el panel de distribución debe ser de 24 circuitos mínimo 120/240 voltios de corriente alterna. Este es un valor típico en el mercado.

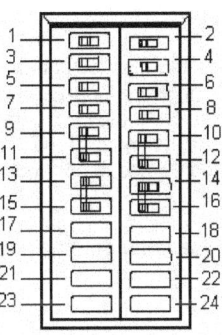

Circuito	Breaker	Polos	Nomenclatura conductor	Conducto	Descripción
1 al 4	20	1	12 THWN	½" ENT	Alumbrado y recept.
5 al 6	20	1	12 THWN	½" ENT	Enseres menores.
07	20	1	12 THWN	½" ENT	Lavandería
08	20	1	12 THWN	½" PVC	Lavadora de platos.
09 - 11	30	2	10 THWN	¾" ENT	Horno
10 - 12	40	2	8 THWN	1" PVC	Tope de estufa.
13 - 15	30	2	10 THWN	¾" PVC	Lavadora / secadora.
14 - 16	30	2	10 THWN	¾" PVC	Calentador
17 al 22			Espacios libres.		Uso futuro.

Refrigeración y Aire Acondicionado

Monturas para contadores trifásicos.

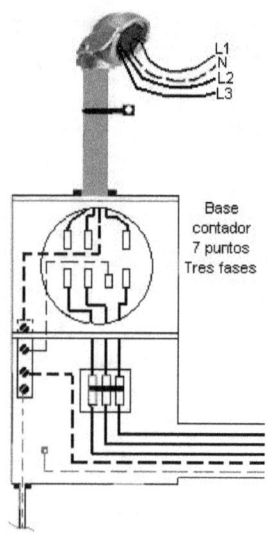

Este tipo de montura no se aprueba para uso residencial, es recomendada para locales comerciales donde la carga calculada es mayor de 100 amperes pero menor de 200 amperes, siempre y cuando existan las facilidades en el área.

Se utiliza en la combinación estrella baja secundaria 120/208 voltios 3⊘/4hilos.

El conductor neutral estará identificado a todo lo largo y solidamente conectado a la tierra de la instalación. Las líneas deben conectarse de izquierda a derecha L1, L2 L3 con el fin de mantener un orden lógico.

Esta montura es usada también para servicio 120/240/4hilos en la combinación delta baja. Recordemos que esta combinación tiene un conductor con voltaje mayor respecto al neutral, llamado "teaser" el cual será marcado en color anaranjado para no usarlo nunca con el conductor neutral. NEC.96 sección 215-8 y 230-56. En la base para el contador de 7 puntos colocaremos el conductor anaranjado a la derecha.

Fíjese también, que una de las muelas inferiores, esta conectada al neutral del sistema.

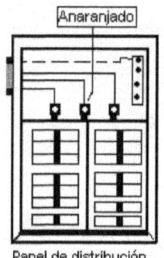

Panel de distribución
Servicio en delta 4h

En el panel de distribución el conductor "teaser" marcado en color anaranjado, se conectará al terminal del centro. En el "Safety Switch" se conecta a la derecha y en el "pull out" en la muela de la derecha.

Refrigeración y Aire Acondicionado

Fotoceldas

Las fotoceldas convierten la luz en señales eléctricas, están hechas de tal forma que cuando son iluminadas mantienen la salida en un estado de apagado y cuando perciben la oscuridad, cambian su estado a encendido. Los modelos nuevos son de funcionamiento electrónico. (En la práctica no se reparan, se cambian por una nueva)

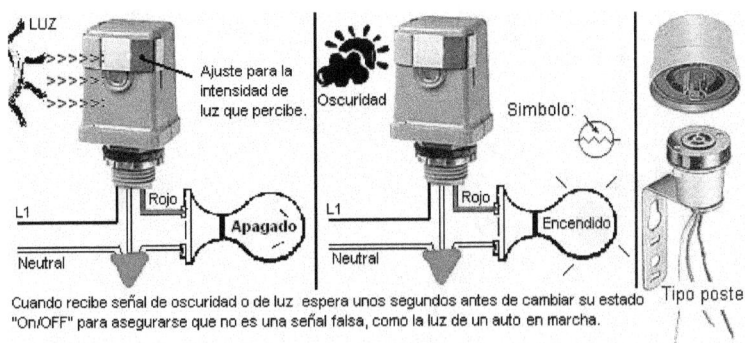

Cuando recibe señal de oscuridad o de luz espera unos segundos antes de cambiar su estado "On/OFF" para asegurarse que no es una señal falsa, como la luz de un auto en marcha.

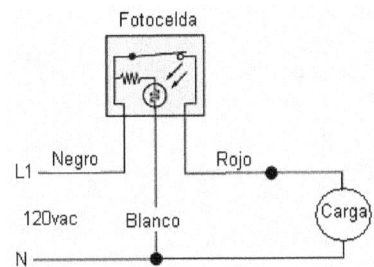

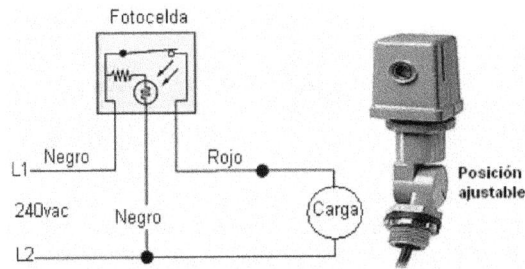

El sensor de la fotocelda debe estar orientado hacia el norte.

Refrigeración y Aire Acondicionado

Código de colores para conectores de alambres.

TWIST-ON WIRE CONNECTORS, COLOR-CODED					
	Color	Conductores	Mínimo	Máximo	Empaque
Soportan Máximo 300 Voltios	Gris	AWG #22 - #16	1#20 w/1 #22	2 #16	100/box 1000/box
	Azul	AWG #22 - #16	3 #22	3 #16	100/box 1000/box
	Naranja	AWG #22 - #14	3 #20	4 #16 w/1 #20	100/box 1000/box
Soportan Máximo 600 Voltios	Amarillo	AWG #22 - #10	2 #18	3 #12	100/box 1000/box
	Rojo	AWG #18 - #10	2 #14	5 #12	100/box 1000/box
	Azul	AWG #14 - #6	1 #10 w/1 #12	1 #6 STR w/2 #8 STR	50 box 1000 box
Mire siempre el manual del fabricante.					

Cinta ("Tape") para aislar y marcar los conductores

Sugerencias del fabricante: Para empalmes regulares use "Tape" #33 las primeras vueltas apretadas para reducir la humedad y las últimas vueltas un poco más relajadas.

Para el tipo de empalme que vemos arriba, Use "Tape" #88 bien apretado para reducir la humedad y lograr un cojín mecánico de aislamiento, luego coloque una capa de "Tape"

Refrigeración y Aire Acondicionado

Tabla 1, capitulo 9

Número máximo de conductores en tubería comercial

Letras Tipo	A. W. G.	\. Tamaño comercial en pulgadas							
		½	¾	1	1 1/4	1 1/2	2	2 1/2	3
	12	10	18	29	51	70	114	164	
	10	6	11	18	32	44	73	104	160
	8	3	5	9	16	22	36	51	79
THHN	6	1	4	6	11	15	26	37	57
THWN	4	1	2	4	7	9	16	22	35
FEP	2	1	1	3	5	7	11	16	25
FEPB	1/0		1	1	3	4	7	10	15
PFA	2/0		1	1	2	3	6	8	13
PFAH	3/0		1	1	1	3	5	7	11
XHHW	4/0		1	1	1	2	4	6	9
Z	250			1	1	1	3	4	7
	300			1	1	1	3	4	6
	400				1	1	1	3	5
	500				1	1	1	2	4

Ámpacidad

A. W. G. KCMIL	90° C / 194° F THHN, THW, RHW, THWN, USE
12	20
10	30
8	55
6	75
4	95
2	110
1/0	170
2/0	195
3/0	225
4/0	260
250	290
300	320
400	380
500	430

Tabla 310-16

Ámpacidad es la corriente que soporta un conductor, bajo ciertas condiciones de temperatura.

Ecuaciones generales.

Motores	
HP =	E X I / 746
I =	HP X 746 / E X PF.
RPM =	HERTZ X 120 / POLOS
POLOS =	HERTZ X 120 / RPM

Ley de Ohm y watts			
E =	IXR	W/I	$\sqrt{W}$ R
I =	E / R	W/E	$\sqrt{W/R}$
R =	E / I	E^2 / w	W / I^2
W =	EXI	I^2XR	E^2 / R

FORMULAS MECANICAS PARA MOTORES

HP =	PIE X LBS / TIEMPO X 33,000
TORQUE =	HP X 5250 / RPM
POLEA DEL MOTOR =	RPM DEL SISTEMA X POLEA DEL SISTEMA / RPM DEL MOTOR
RPM DEL SISTEMA =	POLEA DEL MOTOR X RPM DEL MOTOR / POLEA DEL SISTEMA
DESLIZAMIENTO =	RPMS – RPMO / RPMS X 100
POWER FACTOR =	WATTS / E X I

Ecuaciones matemáticas de potencia.

BUSCAR	UNA FASE	TRES FASES
KW	I x E x P F / 1000	I x E x 1.732 x PF / 1000
KVA	I x E / 1000	I x E x 1.732 / 1000
HP	I x E x %EFF x PF / 746	I x E x 1.732 x %EFF x PF / 746
AMP. Sabemos los hp	HP x 746 / E x % EFF x PF	HP x 746 / 1.732 x E x % EFF x PF
AMP. Sabemos los kw	KW x 1000 / E x PF	KW x 1000 / 1.732 x E x PF
AMP. Sabemos los kva	KVA x 1000 / E	KVA x 1000 / 1.732 x E

E = Voltios   I = Amperes   %EFF = eficiencia   PF = Factor de potencia

Refrigeración y Aire Acondicionado

Ecuaciones mecánicas.

POTENCIA (KW)
KW x 56.9 = BTUs min.
KW x 3412 = BTUs hr.
KW x 1.341= HP
KW hrs. x 3412 = BTUs
KW hrs x 1.34 = hp hr.

Conversión de temperaturas
(Celsius x 1.8) + 32 = Fahrenheit
(Fahrenheit −32) / 1.8 = Celsius

FORMULAS MECANICAS
Pie lbs. x 2.29/1,000 = BTUs
Pie lbs. x 5.05 / 10,000,000 = hp hrs
Pie lbs. x 3.77 / 10,000,000 = kw hrs
Pie lbs. min. x 1.29/1,000 = BTUs min.
Pie lbs. min. x 3.03/100,000 = hp
Pie lbs. seg. x 1.82/1,000 = hp
Pulg. ² x 273,000 = mil. circulares
Milésimas. circulares x 0.7854 = mil. ²

CABALLOS DE FUERZA (HP)
HP x 42.4 = BTUs min.
HP x 33,000 = pie libras min.
HP x 550 = pie libras seg.
HP x 0.746 = hw
HP caldera x 33520 = BTUs hr.
HP caldera x 9.80 = kw
HP hrs. x 2550 = BTUs
HP hrs. x 1,980,000 = pie libras

Conversión de unidades.

Conversión

Factores de conversión: Velocidad, Aceleración, Flujo				
Velocidad				
1 ft/hr	=	8.467 x 10^{-5} m/sec	1 mile/hr	=	0.447 m/sec
1 ft/min	=	5.080 x 10^{-3} m/sec	1 mile/min	=	26.82 m/sec
1 ft/sec	=	0.3048 m/sec	1 mile/sec	=	1609 m/sec
1 in/sec	=	0.0254 m/sec	1 mile/hr	=	1.609 km/hr
Aceleración				
1 ft/sec^2	=	0.3048 m/sec^2	1 in/sec^2	=	0.0254 m/sec^2
Flujo (Volumen/Tiempo)				
1 ft^3/min	=	4.719 x 10^{-4} m^3/sec	1 in^3/min	=	2.731 x 10^{-7} m^3/sec
1 ft^3/sec	=	0.02832 m^3/sec	1 gal/min	=	6.309 x 10^{-5} m^3/sec

Refrigeración y Aire Acondicionado

Diccionario Técnico.

Acondicionamiento de aire: Sistema científico para controlar la temperatura, humedad, ventilación y purificación del aire en una estructura cerrada.

Acumulador de succión: Recipiente de líquido que retiene temporalmente el exceso de mezcla refrigerante aceite y la regresa en cantidades que el compresor puede manejar con seguridad.

Adsorbente: Un sólido o liquido con la propiedad de adsorber otras sustancias.

Ampere: Unidad para medir la cantidad de electrones que pasan por un conductor eléctrico en un segundo.

Amperaje a plena carga: Capacidad máxima de corriente en el motor, moviendo carga.

Amperaje con rotor bloqueado: Corriente en el motor del compresor, cuando se traba el rotor y no puede girar.

Amperímetro: Dispositivo empleado para medir la corriente en una línea eléctrica.

Átomo – parte más pequeña en que se puede dividir un elemento.

Arco eléctrico: Una chispa luminosa que se forma en el espacio entre dos conductores o terminales cuando están físicamente separados.

Área libre: Área total de las aberturas en una rejilla, a través de las cuales puede fluir el aire con cierta libertad.

Arrastre de aceite: Vapor refrigerado que viaja a una velocidad suficiente para arrastrar aceite dentro del sistema posterior, del compresor.

Aspiración: Inducción de aire dentro de una corriente primaria de aire.

Azeotropos: Mezclas refrigerantes que tienen los mismos puntos máximo y mínimos de ebullición. A estas mezclas se les llama azeotrópicas.

Bobina solenoide: Núcleo de hierro dulce alrededor del cual se embobina un alambre, La bobina se energiza para activar magnéticamente un dispositivo electromecánico.

Bomba de calor: Sistema con ciclo de compresión que se usa para proporcionar calor a un espacio específico (calefacción). El sistema también remueve el calor, invirtiendo el flujo del refrigerante. (Refrigeración).

Bombeo descendente: Utilización de una bomba o un compresor para reducir la presión de un sistema.

Refrigeración y Aire Acondicionado

Bulbo húmedo: Se coloca un trozo de algodón en la punta del termómetro de bulbo seco, para obtener una lectura de bulbo húmedo. El trozo de algodón debe mojarse y tener una cantidad suficiente de aire circulando por el.

Bulbo seco: Se refiere a un termómetro normal.

BTU (British thermal unit): Unidad térmica requerida para elevar la temperatura de una libra de agua, un grado Fahrenheit.

Calor – Forma de energía que poseen todos los cuerpos debido a su actividad molecular.

Calor latente (calor oculto) Se analiza en el cambio de estado de líquido a sólido o de sólido a líquido o de liquido a vapor. Estos cambios utilizan calor latente, no puede ser medido con un termómetro.

Calor latente de condensación: Utilizado para cambiar de vapor a líquido.

Calor latente de evaporación: Utilizado para cambiar de líquido a vapor.

Calor latente de fusión: Utilizado para cambiar de sólido a líquido

Calor específico: Cantidad de calor requerido cambiar temperatura de una libra de una sustancia, un grado Fahrenheit.

Calor sensible: Cuando se registra un cambio en la temperatura, puede ser medido con un termómetro.

Calor total: Suma del calor sensible y el calor latente.

Combustible: Sustancia susceptible al calor, capaz de encenderse y quemarse.

Campo magnético: Flujo magnético permanente que rodea un imán o a un electroimán energizado.

Cero absoluto – es aquella temperatura donde todo movimiento molecular se detendría.

Combustibles fósiles: Recursos naturales que se usan como combustible, tales come el carbón, petróleo y gas.

Compresor: Dispositivo que succiona refrigerante a baja presión, lo comprime aumentando su temperatura y su presión y lo descarga por el lado de alta.

Compresor semihermético: Un conjunto de motor y compresor, que puede ser desarmado y reparado por el técnico de mantenimiento.

Refrigeración y Aire Acondicionado

Condensado: Humedad extraída del aire caliente, que sale a través de un serpentín en forma de fluido.

Condensador: Parte de un mecanismo de refrigeración que convierte vapor caliente de refrigerante, en líquido.

Conductores: Materiales que permiten el paso de electrones con cierta facilidad...

Control modulador: Capacidad para adoptar diversas posiciones, desde completamente cerrados hasta completamente abiertos. Dependiendo de la energía aplicada.

Control de zona: Control independiente de la temperatura del aire en el cuarto, en diferentes áreas de un edificio.

Corriente alterna: Corriente eléctrica que cambia constantemente de dirección e intensidad.

Corriente continua: Corriente eléctrica que se mueve en una sola dirección.

Decibeles: Unidades de medición de sonido o ruido. (Mide la intensidad)

Deshumidificación: Proceso de remoción de la humedad en el aire.

Delta T: Diferencia de temperatura entre el ambiente y la temperatura de condensación del refrigerante.

Desecante: Agente secador empleado para remover la humedad del refrigerante mediante la adsorción del agua, hasta que su presión de vapor iguale la presión del vapor del sistema.

Densidad – masa x unidad de volumen.

Diagrama de Mollier: *D*iagrama presión-entalpía, grafica de las propiedades del refrigerante, tales come la presión, el calor y la temperatura.

Ducto: Conducto que lleva el aire desde la unidad de ventilación del evaporador hasta el espacio que se quiere acondicionar.

Electroimán: Embobinado de alambre que se devana alrededor de un núcleo de hierro.

Electrones libres: Electrones unidos deficientemente en la orbita exterior de un átomo.

Energía calorífica: La suma de la energía potencial y de la energía sintética de un sistema, no permanece siempre constante.

Elevador de velocidad: Tubo vertical que se dimensiona a un tamaño inferior para aumentar la velocidad y asegurar el arrastre de aceite.

Refrigeración y Aire Acondicionado

Entalpía: Contenido de calor a partir de un punto de referencia establecida, generalmente (-40°F) (- 40°C).

El estado de la materia depende de – presión – cantidad de calor.

Equilibrio: Estado de reposo, balance debido a la interacción igual de fuerzas opuestas.

Escalas absolutas – son aquellas escalas que se usan en temperaturas bien bajas.

Evaporador: Parte de un mecanismo de refrigeración que evapora el refrigerante y absorbe calor.

Extractor: Dispositivo ajustable para dirigir una porción de aire desde el ducto de alimentación, hasta una rama secundaria.

Factor K: Área libre de una rejilla.

Factor U: El reciproco del factor resistente del aislamiento.

Fase: El intervalo de tiempo entre el instante en que algo ocurre y el instante en que una segunda cosa relacionada con la anterior tiene lugar.

Filtro adhesivo: Son fabricados de fibras cubiertas por un líquido adhesivo o aceite. Estos filtros pueden remover hasta el 90% del sucio.

Frío – Ausencia de calor.

Filtro de carbón: Este filtro puede remover partículas sólidas, gases y bacterias.

Fluorocarbono: Fluido sintético que contiene gas fluoruro y derivados del carbón.

Flujo de calor – El calor fluye en una temperatura alta a otra de menor temperatura.

Fuerza – un halar o un empujar – presión acumulada.

Fuerza electromotriz: Fuerza eléctrica, Voltaje, diferencia de potencial.

Gases- cualquier sustancia que sea sellada en su envase para que no escape a la atmósfera.

Gas de destello (Flash gas): Refrigerante liquido requerido para bajar instantáneamente la temperatura, a una presión baja determinada del líquido restante.

Gas liviano – un kgm de gas que ocupa un espacio mayor que un kgm de aire.

Refrigeración y Aire Acondicionado

Granos de humedad: Representa el peso del vapor de agua presente en un pié cúbico de aire. El grano es una medida de peso. Un grano de humedad equivale a 1/7,000.

Gravedad específica: Peso de un líquido comparado con el del agua, al que se le ha asignado el valor 1.

Herméticamente sellado: Términos que describen un sistema de refrigeración que tiene un compresor impulsado por un motor totalmente encerrado en una carcasa, gabinete o alojamiento sellado.

Hidrónico: Sistema de agua

Higrómetro: Instrumento que se utiliza para medir el grado de humedad en la atmósfera.

Humedad: Condición relativa a la cantidad porcentual de agua contenida en el aire.

Humedad absoluta: La cantidad de humedad en el aire. Se indica en granos por pie

Humedad relativa: Diferencia entre la cantidad de vapor de agua presente en el aire en un momento dado y la mayor cantidad posible a esa temperatura.

Humidificador: Dispositivo empleado para agregar y controlar la cantidad de humedad del aire.

Humidistato Control eléctrico en un espacio con aire acondicionado o en un ducto de alimentación de aire que activa el humidificador.

Índice solar: Número de I a 100 que indica el porcentaje de agua casera caliente que podría haber sido suministrada ese día por un sistema solar típico para agua caliente.

Inducción – propiedad de un circuito o un componente de inducir F E M o magnetismo.

Inducción mutua – (Ocurre entre dos bobinas)

Infiltración: Aire que se filtra o se fuga del edificio a través de las grietas o fisuras que circundan las ventanas y puertas.

Ion: Átomo con no electrón adicional.

Impedancia – oposición total en un circuito de corriente alterna.

Junta o unión movible: Junta o unión de tubería que se hace con un codo de 90° y un codo macboy hembra de servicio. Se usa para conectar tanques de petróleo y permitir un movimiento fácil.

Refrigeración y Aire Acondicionado

Ley de Ohm: Relación matemática entre voltaje, corriente y resistencia en un circuito eléctrico. Se enuncia de manera simple, Voltaje = Amperes X Ohms. E = Ix R.

Leyes termodinámicas: Los principios de refrigeración se basan en dos leyes termodinámicas: 1) el calor siempre se transmite del cuerpo caliente al frió. Nunca viaja del objeto más frió al más caliente, 2) El calor es una forma de energía y la energía no puede destruirse: Únicamente puede transformarse.

Líquido – cualquier sustancia que libremente tomara la forma de un envase.

Longitud equivalente: Caída de presión en las válvulas y acoplamientos expresada como la longitud equivalente de tubería incluye la longitud real del tubo más la longitud equivalente de codos, T, uniones y válvulas.

Medio: Sustancia para transferir calor. Agua, aire y salmuera, se usan como medios condensadores.

Modos solares: Los diversos ciclos de operación, tales como calefacción, enfriamiento, calefacción de almacén de piedra. etc.

Muro o pared expuesta: Muro o pared que tiene un lado en el área acondicionada y el otro a la intemperie o dando a un área no acondicionada.

Ohm: Unidad de medición (Ω) de la resistencia eléctrica. Existe un ohmio cuando un voltio produce un flujo de un ampere.

Óhmetro: Instrumento usado para medir la resistencia en ohms.

Operada por piloto: Válvula pequeña que opera indirectamente una válvula mayor. El principio de operación se basa en la diferencia de áreas efectivas de pistón o émbolo. Emplea la diferencia de presiones entre los lados de alta y baja para accionar la válvula en lugar de usar una válvula mayor de solenoide para sobreponerse directamente a la presión de cierre del lado de alta presión.

Oscilación de temperatura: El cambio de temperatura en interiores, en grados, en relación con el cambio de grados de la temperatura en el exterior en un día determinado.

Perdida total de presión: Pérdida por fricción en los ductos que debe vencer el ventilador para proporcionar el volumen de aire requerido para el espacio acondicionado.

Pies cúbicos por minuto (pcm): El área libre en pie^2 por la velocidad de avance.

Pies de carga: Diferencial de presión entre la presión de succión de la bomba y la presión de descarga de la bomba. Hay 2.31 pies de carga por un psi (1 psi).

Pies por minuto: Medida de velocidad de una corriente de aire.

Refrigeración y Aire Acondicionado

Pirólisis: Ruptura o desintegración de moléculas complejas en unidades más simples por medio del calor.

Placa de orificio: Abertura donde comienza el lado de baja.

Plenum: Cámara de aire que se mantiene a presión, conectada a uno o más ductos. Presión

crítica: La presión del vapor a la temperatura crítica. Véase temperatura crítica. Presión de

impacto: La presión tendría un fluido en movimiento si se llevara al reposo isentrópicamente contra un gradiente de presión. Se conoce también como presión dinámica.

Presión del lado de alta: Presión de condensación.

Presión de velocidad: Fuerza en el aire que lo mueve hacia adelante en un ducto.

Presión estática: Fuerza hacia afuera del aire dentro de un tubo, ducto, o recipiente.

Presión saturada: Presión de evaporación que corresponde a la temperatura ambiente.

Presión total: Suma de la presión de velocidad y la presión estática, expresada en pulgadas de agua.

Precipitador electrostático: Este elimina prácticamente todo el sucio. Primero el aire pasa por un filtro regular, luego se encuentra con el filtro que pone una carga eléctrica estática en todas las partículas que pasan por él. El aire es pasado a través de un campo ionizado de alto voltaje y de polaridad positiva. Las partículas son atraídas por una placa con un potencial negativo.

Polarización negativa: Voltaje constante insertado en serie con un elemento de un dispositivo electrónico.

Polea acanalada: Para motor.

Proceso adiabático: Cualquier proceso termodinámico que tenga lugar en un sistema sin intercambio de calor con el medio que lo rodea.

Proceso isotérmico: Cualquier proceso a temperatura constante, tal como la compresión o la expansión de un gas, que va a acompañado por la adición o remoción de calor en una proporción y velocidades tales que son exactamente suficientes para mantener una temperatura constante

Proposición, oferta: Acuerdo de venta que incluye costo, equipo que ha de instalarse y garantía.

Refrigeración y Aire Acondicionado

Protector externo de sobrecarga (OL): Dispositivo que detiene automáticamente la operación si sobreviene una situación peligrosa.

Potencia de freno (bhp): Potencia real necesaria para hacer el trabajo. Se dividen los amperes de marcha normal entre los amperes a plena carga anotados en la placa del motor multiplicados por la potencia nominal.

Psicrómetro: Instrumento utilizado para medir la humedad relativa del aire atmosférico.

Psicrómetro de honda: Dispositivo de medición con termómetros de bulbo seco y bulbo húmedo. Cuando se mueve rápidamente en el aire mide la humedad.

Punto de balance: Punto en el cual la capacidad de la bomba de calor iguala la pérdida de calor de la estructura.

Punto de ignición: Temperatura a la que se inflama el petróleo. Para combustibles de petróleo grado 2 es de 100°F (43.3°C)

Puntilleo, graneo: Proceso por medio del cual los fabricantes de colectores solares usan ácido para volver áspera la superficie del vidrio. El vidrio puntilleado reduce la perdida por reflexión.

Purga: Soltar el aire comprimido a la atmósfera.

Radiación nocturna: Perdida de energía por radiación al cielo nocturno.

Reactancia inductiva – oposición a un cambio de corriente debido a la acción del conductor.

Recopilación de datos: Lista detallada de los factores de carga y de trabajo que son necesarios antes de estimar el cálculo de las cargas térmicas.

Refrigeración: Proceso de transferir o remover calor de una sustancia para bajar su temperatura.

Región de enrarecimiento o agotamiento: Parte del canal de un transistor de efecto de campo de Oxido metálico en que no hay portadores de carga.

Registro: Combinación de rejillas y compuerta de tiro ensamblados.

Resistencia: Oposición al flujo de electrones.

Restrictor: Dispositivo de control de refrigerante que produce una deliberada caída de presión mediante la reducción del área de flujo de la sección transversal.

Retroajuste; Cancelación o adición de componentes del sistema para modificar la fuente de energía requerida para calefacción.

Refrigeración y Aire Acondicionado

Sangría fija: Orificio que permite un flujo predeterminado.

Semiconductor: Material que ni es un buen conductor ni es buen aislador. Dos ejemplos son el germanio y el silicio.

Sistema de bromuro de litio: Utiliza agua como refrigerante y bromuro de litio como absorbedor; solución fuerte.

Sistema pasivo: Sistema do transferencia directa de energía en el que el flujo de ésta se produce a través de medios naturales.

Sobrecalentamiento: Intensidad de calor medible, mayor que la temperatura de evaporación del líquido, pero a la misma presión existente.

Solución glicol: Mezcla de agua y anticongelante, normalmente 50/50.

Sólido: molecular del mismo tamaño masa y forma.

Sumidero térmico: Espacio con aire líquido al que se transfiere el calor desalojado del hogar o casa. El aire que rodea el hogar o la casa se usa como sumidero térmico durante el ciclo de enfriamiento.

Transmisión de calor: convección – por gravedad, radiación – en forma de onda, conducción de un cuerpo a otro.

Tanque recibidor: Previsión contra un exceso de refrigerante durante las demandas de carga-pico y el bombeo descendente
.
Técnico: Persona que ha completado un periodo especifico de capacitación y que puede desarrollar adecuadamente los trabajos requeridos por el equipo. Estos trabajos incluyen la instalación y el mantenimiento de equipos comerciales.

Temperatura – intensidad de calor en un cuerpo o sustancia.

Temperatura ambiente: La temperatura que rodea a un objeto por todos lados. Temperatura

de bulbo seco: La temperatura del aire indicada por un termómetro ordinario. Temperatura

crítica: La temperatura más elevada a la que un refrigerante puede permanecer en estado.

Temperatura de punto de roció: Temperatura a la que el vapor, con humedad del 100% comienza a condensarse como liquido.

Temperatura media: Temperatura promedio para un día dado.

Refrigeración y Aire Acondicionado

Temperatura de saturación: Temperatura de evaporación a la presión del medio ambiente.

Termodinámica: Física de la relación entre el calor, que es la forma más baja de energía, y las otras formas de energía.

Termosifón: Circulación natural de un gas o líquido que ocurre cuando se le calienta. El material caliente más ligero se eleva, mientras que el material más frió desciende. Eventualmente, el material caliente llega hasta el tope superior.

Tiro: Distancia que viaja la corriente de aire desde la salida hasta la velocidad terminal.

Toxicidad: Grado en que algo es venenoso y tóxico.

Transmisividad: Cantidad de energía térmica que es transmisible.

Tiro de agua: La presión de aire de 0.01 pulgada 0.03 pulgadas (2.49 a 7.47 KPa) de una columna de agua llevada sobre la flama.

Tubo capilar: Tipo de dispositivo para control de refrigerante que produce una caída deliberada de presión por medio de la reducción del área de la sección transversal del flujo.

Tubo pilot: Dispositivo para medir la presión total. La presión estática y la presión de velocidad dentro de un ducto.

Unidad de absorción: Un sistema que sustituye un absorbedor y un generador por un compresor.

Unidad manejadora de aire aspirado (Pull-through unit): Unidad en la que los serpentines de expansión directa o hidrónicas se localizan adelante del ventilador de alimentación.

Unidad manejadora de aire soplado: Unidad en la cual los serpentines de expansión directa o hidrónicos se localizan antes del ventilador de alimentación.

Valor limite de umbral: (VLU) Concentración de gas con promedio en tiempo a la que un trabajador puede estar expuesto en una semana de 40 horas.

Válvula automática de expansión (VAE): Dispositivo de control de refrigeración operado por el lado de baja presión del sistema. Permite que permanezca la línea a una presión constante del lado de baja mientras está trabajando el compresor. También es llamada válvula de presión constante.

Válvula de presión constante: Véase válvula automática de expansión.

Válvula king: Válvula colocada en la salida del tanque recibidor. La válvula de servicio de recibidores de líquidos.

Refrigeración y Aire Acondicionado

Vapor halógeno: Vapor químico emitido por refrigerantes halogenados, tales como los "freones".

Válvula termostática de expansión (VTE): Un control de refrigerante que maneja el flujo de líquido hacia el evaporador.

Velocidad: Rapidez o prontitud del movimiento.

Velocidad frontal: Velocidad promedio del aire que pasa a través de la cara de una salida o retorno.

Velocidad terminal: Punto en el que el aire descargado por una rejilla reduce su velocidad a 50 pies/min (0.25 m/seg).

Viscosidad: Medida de la calidad con que se fluye. Un aceite de alta viscosidad es grueso y de vaciado lento.

Voltaje: La fuerza que hace que los electrones se muevan en un conductor, creando por lo tanto, una corriente. Esta puede ser tanto corriente alterna, como corriente directa.

Voltímetro: Instrumento empleado para medir voltaje, (Diferencia de potencial)

Volumen especifico – el volumen de 1 kilogramo de un gas en condiciones "Standard"

Unidades de equivalencias de energías.

1 HP = 2,546 BTU

1 HP = 746 WATTS

1 WATT = 3.412 BTU/HRS

1 BTU/HRS = .293 WATTS

1 WATTS = .7376 PIE LIBRA

1 PIE LIBRA = 1.3558 WATTS

El micrón: Es una milésima de un milímetro (.000039 pulgadas) es una medida de longitud.

Hay 1,000 micrones en un milímetro. Un cabello humano mide 100 micrones de diámetro.

Un vacío de 500 micrones halara la Columba de mercurio a .019 pulgadas de alineación.

Refrigeración y Aire Acondicionado

El curso de refrigeración.

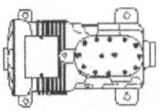

Los fascinantes secretos de la refrigeración, enarbolaran delante de aquel que pueda comprender, las leyes de la termodinámica y de la física que acompañan sus efectos y sus manifestaciones.

Refrigeración:

Cuando el hombre pensó por primera vez en la refrigeración, ya estaban presentes en el universo todos los elementos necesarios que abrían de ser descubiertos y desarrollados para el beneficio de la humanidad. La refrigeración es la base de la conservación para los alimentos, las medicinas, y otros usos fundamentales para la salud y el bienestar de nuestra gente.

El curso que van a estudiar, trata de la técnica de la refrigeración y las materias asociadas a esta. No es un curso de física, pero es muy importante exponer algunos datos elementales sobre el asunto. Trataremos también algunos aspectos simples acerca de la materia, la energía y la electrodinámica.

Le presentaremos algunos datos gráficos, para que adquiera una idea básica, de cómo realmente se comporta un sistema de refrigeración y acondicionamiento de aire. Desarrollaremos este curso partiendo de lo más elemental, hasta adentrarnos en las partes de alta complejidad en el circuito mecánico y eléctrico.

Descubrirá, que al entender la teoría y el funcionamiento de todas sus partes, la habilidad para repararlas o modificarlas se incrementan a la par. Sin embargo hay algo muy importante que deben hacer, aprender a sosegarse y a pensar, solo así, podrán muy pronto desarrollar las verdaderas capacidades técnicas, para solucionar problemas complejos.

En el estudio de la ciencia de la refrigeración, estaremos incursionando en un área de la tecnología que todavía no alcanza su madurez. Sabemos muy poco de esta rama de la física llamada refrigeración.

Apenas aprendemos cuales son los métodos adecuados para producirla y controlarla.

Aún así, no se puede descartar que la refrigeración sea una de las ciencias que mantiene en movimiento la economía mundial. Si detenemos los sistemas de refrigeración por un par de días, esto representaría millones de dólares en pérdidas para la industria a nivel mundial.

Esta dependencia que tiene el mundo entero por lo refrigerado, abre un mercado amplio de oportunidades para todos aquellos técnicos especializados en esta materia, que tengan las competencias necesarias para suplir la gran demanda de empleo en esta rama.

Refrigeración y Aire Acondicionado

La materia.

Se conoce como materia, todo lo que tiene peso y ocupa espacio. La materia puede existir en diferentes estados, dependiendo del medio ambiente que la rodea.

El agua es materia, tiene peso y ocupa espacio. Pero su estado o condición física dependerá del medio ambiente donde se encuentre. Si observamos un río en Puerto Rico a 82° Fahrenheit de temperatura, podemos ver que el agua fluye en forma de líquido.

Río

Si el mismo caso se diera en otra parte del mundo, donde su temperatura baje de 32° Fahrenheit, lo que veremos será una masa de hielo como esta.

Hielo

De otro modo, si colocamos agua en un recipiente y le subimos la temperatura hasta 212° Fahrenheit, notaremos que comienza a hervir y luego se convierte en vapor de agua.

Vapor de agua

Refrigeración y Aire Acondicionado

Estados de la materia.

Esto nos demuestra que la materia puede existir en tres estados básicos.

Sólido: Tiene forma definida.

En el estado sólido, las moléculas, átomos o iones que componen la sustancia están unidos entre sí por fuerzas relativamente intensas, formando un todo compacto.

La proximidad entre las partículas que la componen es una característica de los sólidos y permite que entren en juego las fuerzas de enlace que ordenan el conjunto, dando lugar a una red cristalina. En ella las partículas ocupan posiciones definidas y sus movimientos se limitan a vibraciones en torno a los vértices de la red en donde se hallan situadas.

Por esta razón, **las sustancias sólidas poseen forma y volumen definidos.** Los sólidos ejercen presión solamente sobre su base.

Líquido: No tiene forma definida, toma la forma del envase que lo contiene. Visto a través del microscopio, el estado líquido se caracteriza porque la distancia entre las moléculas es inferior a la de los gases. La proximidad entre las moléculas hace que se dejen sentir fuerzas de interacción, que evitan que una molécula pueda escaparse de la influencia del resto, como sucede en el estado gaseoso, pero que les permite moverse deslizándose unas sobre otras.

Por esta razón los líquidos no poseen forma propia, sino que **se adaptan a la forma del recipiente que los contiene**. Sin embargo, el hecho de que las moléculas estén ya suficientemente próximas hace de los líquidos, **fluidos incomprimibles.**

Toda compresión lleva consigo una reducción de la distancia intermolecular, y si ésta compresión fuera apreciable, entrarían en juego las fuerzas repulsivas entre los núcleos atómicos que se opondrían a dicha compresión y la neutralizarían.

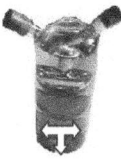

Los Líquidos ejercen presión sobre su base y hacia los lados.

Refrigeración y Aire Acondicionado

Gas: Sustancia que a temperatura y presión constante, tiene que ser sellada en su envase, para que no escape a la atmósfera. El estudio de los gases, y en particular del aire, atrajo la atención del irlandés Robert Boyle. Las experiencias que le permitieron establecer su conocida ley consistieron, en añadir mercurio a un tubo acodado suficientemente largo, abierto por un extremo y provisto de una llave en el otro lado. Con la llave abierta introducía mercurio y el nivel dentro del tubo se igualaba. A continuación cerraba la llave y añadía sucesivamente cantidades iguales de mercurio, con lo cual, la presión a la que estaba sometido el gas encerrado en el otro extremo del tubo, aumentaba en igual proporción.

Mediante sucesivas medidas de la distancia entre los dos niveles alcanzados por el mercurio, observó que la disminución del volumen del gas guardaba cierta relación con el aumento de presión. Si doblaba el peso del mercurio, el volumen se reducía a la mitad, si lo triplicaba se reducía a la tercera parte.

Un análisis cuidadoso de tales resultados le permitió, finalmente, establecer una ley. Boyle no indicó exactamente que la temperatura debía permanecer constante durante el experimento, pero un descubrimiento independiente efectuado por el físico francés Edme Mariotte lo puso de manifiesto, completando así las conclusiones de Boyle.

A temperatura constante, el volumen de un gas es inversamente proporcional a la presión que soporta: Esta es la llamada ley de Boyle. (Ver página 324)

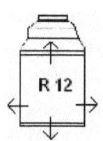

Los gases ejercen presión hacia todas direcciones, razón para que tengan que ser sellados en su envase.

Estado plasmático.

Hay un cuarto estado de la materia, **el plasma**, un estado gelatinoso que tiene cualidades de sólido y de líquido. Los estados sólido, líquido y gaseoso constituyen las formas en que se presenta la materia en condiciones no demasiado alejadas de las que reinan en nuestro planeta. Sin embargo, bajo condiciones extremas, la materia modifica su composición y propiedades y se aleja de las leyes que describen el comportamiento de los sólidos, líquidos o gases.

El plasma es considerado como el cuarto estado de la materia, pues su presencia en el universo es muy abundante. Se trata de una masa gaseosa fuertemente ionizada en la cual, como consecuencia de temperaturas extremadamente elevadas, los átomos se han visto despojados de su envoltura de electrones y coexisten con los núcleos atómicos en un estado de agitación intensa.

Refrigeración y Aire Acondicionado

Los elementos.

¿Qué es una sustancia?

Sustancia es cualquier materia que se encuentre en forma pura. Podemos mencionar por ejemplo, el agua en un río o el azúcar de la caña, ambas son sustancias, pero la mezcla de agua con azúcar es una solución.

Hay básicamente dos tipos de sustancias:

1. Las que son elementos...

Están formadas por una sola clase de átomos. Plata, Cobre...

2. Las que forman un compuesto...

Están formadas por dos o más clases de átomos. Agua, sal...

Por ejemplo, se descubrió que la sal se componía de dos elementos diferentes, el sodio y el cloro, ligados en una unión íntima conocida como compuesto químico. El aire, en cambio, resultó ser una mezcla de los gases nitrógeno y oxígeno.

Una sustancia puede ser dividida hasta su expresión mínima, donde todavía conserva las características de la materia original que le dio forma. Esta parte más pequeña de la materia se llama **molécula.** Una molécula puede estar formada por dos o más **átomos.**

Los átomos son los **elementos** que componen y le dan características a la materia.

Hay 103 clases de átomos o elementos, 92 naturales y 11 creados por el hombre.

La tabla Periódica

A mediados del siglo XIX, varios químicos se dieron cuenta de que las similitudes en las propiedades químicas de diferentes elementos suponían una regularidad que podía ilustrarse ordenando los elementos de forma tabular o periódica.

El químico ruso Dmitri Mendeléiev que vivió entre 1834-1907 creo la tabla periódica, en la que los elementos están ordenados en filas y columnas de tal forma que los elementos con propiedades químicas similares queden en un grupo.

Según este orden, a cada elemento se le asigna un número atómico, de acuerdo con su posición en la tabla, que va desde el 1 para el hidrógeno hasta el 92 para el uranio.

LOS ELEMENTOS Y SUS CAPAS DE ELECTRONES.

Parte 1		Número de la órbita						
		1	2	3	4	5	6	7
Núm. atómico	Elemento							
1	Hidrógeno	1						
2	Helio	2						
3	Litio	2	1					
4	Berilio	2	2					
5	Boro	2	3					
6	Carbono	2	4					
7	Nitrógeno	2	5					
8	Oxígeno	2	6					
9	Flúor	2	7					
10	Neón	2	8					
11	Sodio	2	8	1				
12	Magnesio	2	8	2				
13	Aluminio	2	8	3				
14	Silicio	2	8	4				
15	Fósforo	2	8	5				
16	Azufre	2	8	6				
17	Cloro	2	8	7				
18	Argón	2	8	8				
19	Potasio	2	8	8	1			
20	Calcio	2	8	8	2			
21	Escandio	2	8	9	2			
22	Titanio	2	8	10	2			
23	Vanadio	2	8	11	2			
24	Cromo	2	8	13	1			
25	Manganeso	2	8	13	2			
26	Hierro	2	8	13	2			
27	Cobalto	2	8	15	2			
28	Níquel	2	8	16	2			
29	Cobre	2	8	18	1			
30	Cinc	2	8	18	2			
31	Galio	2	8	18	3			
32	Germanio	2	8	18	4			
33	Arsénico	2	8	18	5			
34	Selenio	2	8	18	6			
35	Bromo	2	8	18	7			
36	Criptón	2	8	18	8			
37	Rubidio	2	8	18	8	1		
38	Estroncio	2	8	18	8	2		
39	Itrio	2	8	18	9	2		

Refrigeración y Aire Acondicionado

LOS ELEMENTOS Y SUS CAPAS DE ELECTRONES

Parte 2		Número de la órbita						
		1	2	3	4	5	6	7
Núm. atómico	Elemento							
40	Circonio	2	8	18	10	2		
41	Niobio	2	8	18	12	1		
42	Molibdeno	2	8	18	12	1		
43	Tecnecio	2	8	18	14	1		
44	Rutenía	2	8	18	15	1		
45	Rodio	2	8	18	16	1		
46	Paladio	2	8	18	18	0		
47	Plata	2	8	18	18	1		
48	Cadmio	2	8	18	18	2		
49	Indio	2	8	18	18	3		
50	Estaño	2	8	18	18	4		
51	Antimonio	2	8	18	18	5		
52	Telurio	2	8	18	18	6		
53	Yodo	2	8	18	18	7		
54	Xenón	2	8	18	18	8		
55	Cesio	2	8	18	18	8	1	
56	Bario	2	8	18	18	8	2	
57	Lantano	2	8	18	18	9	2	
58	Cerio	2	8	18	19	9	2	
59	Praseodimio	2	8	18	20	9	2	
60	Neodimio	2	8	18	21	9	2	
61	Promecio	2	8	18	22	9	2	
62	Samario	2	8	18	23	9	2	
63	Europio	2	8	18	24	9	2	
64	Gadolinio	2	8	18	25	9	2	
65	Terbio	2	8	18	26	9	2	
66	Disprocio	2	8	18	27	9	2	
67	Holmio	2	8	18	28	9	2	
68	Erbio	2	8	18	29	9	2	
69	Tulio	2	8	18	30	9	2	
70	Iterbio	2	8	18	31	9	2	
71	Lutecio	2	8	18	32	9	2	
72	Hafnio	2	8	18	32	10	2	
73	Tantalio	2	8	18	32	11	2	
74	Tungsteno	2	8	18	32	12	2	
75	Renio	2	8	18	32	13	2	
76	Osmio	2	8	18	32	14	2	
77	Iridio	2	8	18	32	15	2	
78	Platino	2	8	18	32	16	2	
79	Oro	2	8	18	32	18	1	

LOS ELEMENTOS Y SUS CAPAS DE ELECTRONES

Parte 3		Número de la órbita						
		1	2	3	4	5	6	7
Núm. atómico	Elemento							
80	Mercurio	2	8	18	32	18	2	
81	Talio	2	8	18	32	18	3	
82	Plomo	2	8	18	32	18	4	
83	Bismuto	2	8	18	32	18	5	
84	Polonio	2	8	18	32	18	6	
85	Astato	2	8	18	32	18	7	
86	Radón	2	8	18	32	18	8	
87	Francio	2	8	18	32	18	8	1
88	Radio	2	8	18	32	18	8	2
89	Actinio	2	8	18	32	18	8	2
90	Torio	2	8	18	32	19	9	2
91	Protactinio	2	8	18	32	20	9	2
92	Uranio	2	8	18	32	21	9	2
93	Neptunio	2	8	18	32	22	9	2
94	Plutonio	2	8	18	32	23	9	2
95	Americio	2	8	18	32	24	9	2
96	Curio	2	8	18	32	25	9	2
97	Berkelio	2	8	18	32	26	9	2
98	Californio	2	8	18	32	27	9	2
99	Einsteinium	2	8	18	32	28	9	2
100	Fermio	2	8	18	32	29	9	2
101	Mendelevio	2	8	18	32	30	9	2
102	Nobelio	2	8	18	32	31	9	2
103	Laurencio	2	8	18	32	32	9	2

Con la llegada de la ciencia experimental en los siglos XVI y XVII los avances en la teoría atómica se hicieron más rápidos. Los químicos se dieron cuenta muy pronto de que todos los líquidos, gases y sólidos pueden descomponerse hasta su expresión mínima o elementos.

La curiosidad acerca del tamaño y masa del átomo ocupó a cientos de científicos durante un largo periodo en el que la falta de instrumentos y técnicas apropiadas impidió obtener respuestas satisfactorias. Posteriormente se diseñaron numerosos experimentos para determinar el tamaño y peso de los diferentes átomos. El átomo más ligero, el de hidrógeno, tiene un diámetro de aproximadamente 10 -10 m (0,0000000001 m) y una masa alrededor de 1,7 × 10 -27 kg. Un átomo es tan pequeño que una sola gota de agua contiene más de mil trillones de átomos

Refrigeración y Aire Acondicionado

Atmósfera: La atmósfera es la envoltura gaseosa que rodea a la Tierra. Comenzó a formarse hace unos 4,600 millones de años con el nacimiento de la Tierra.

La atmósfera de las primeras épocas de la historia de la Tierra estaría formada por vapor de agua, dióxido de carbono (CO_2) y nitrógeno, junto a unas pequeñas cantidades de hidrógeno (H_2) y monóxido de carbono pero con ausencia de oxígeno.

Era una atmósfera ligeramente reductora hasta que la actividad fotosintética de los seres vivos introdujo oxígeno y ozono (a partir de hace unos 2,500 o 2,000 millones de años) y hace unos 1000 millones de años la atmósfera llegó a tener una composición similar a la actual.

También ahora los seres vivos siguen desempeñando un papel fundamental en el funcionamiento de la atmósfera. Las plantas y otros organismos fotosintéticos toman CO_2 del aire y devuelven O_2, mientras que la respiración de los animales y la quema de bosques o combustibles realiza el efecto contrario: retira O_2 y devuelve CO_2 a la atmósfera.

Los gases fundamentales que forman la atmósfera son:

Gases	% (en vol)
Nitrógeno	78.084
Oxígeno	20.946
Argón	0.934
CO_2	0.033

Otros gases de interés presentes en la atmósfera son el vapor de agua, el ozono y diferentes óxidos de nitrógeno, azufre, etc.

También hay partículas de polvo en suspensión como, por ejemplo, partículas inorgánicas y otros pequeños organismos.

Los componentes de la atmósfera se encuentran concentrados cerca de la superficie, comprimidos por la atracción de la gravedad y, conforme aumenta la altura la densidad de la atmósfera disminuye con gran rapidez.

En los 5.5 kilómetros más cercanos a la superficie se encuentra la mitad de la masa total y antes de los 15 kilómetros de altura está el 95% de toda la materia atmosférica.

La mezcla de gases que llamamos aire mantiene la proporción de sus distintos componentes casi invariable hasta los 80 kilómetros aunque cada vez menos denso conforme vamos ascendiendo.

Refrigeración y Aire Acondicionado

La atmósfera se divide en:

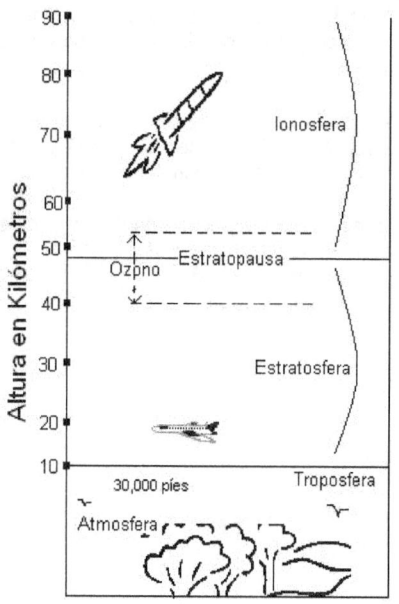

La troposfera, que abarca hasta un límite superior que se encuentra a los 9 Km. en los polos y los 18 Km. en el ecuador.

En ella se producen importantes movimientos verticales y horizontales de las masas de aire y hay relativa abundancia de agua.

La troposfera es la zona de las nubes y los fenómenos climáticos: lluvias, vientos, cambios de temperatura, etc. Es la capa de más interés para la ecología.

En la troposfera la temperatura y la presión disminuyen conforme se va subiendo.

La estratosfera comienza a partir de la troposfera y llega hasta un límite superior llamado estratopausa que se sitúa cerca de los 50 kilómetros de altitud.

En esta capa la temperatura cambia su tendencia y varía hasta llegar a ser de alrededor de 0 ºC en la estratopausa.

Casi no hay movimiento en dirección vertical del aire, pero los vientos horizontales llegan a alcanzar frecuentemente los 200 km/hora, lo que facilita el que cualquier sustancia que llega a la estratosfera se esparza por todo el globo con rapidez, que es lo que sucede con los CFC (Presentes en algunos refrigerantes) que destruyen el ozono.

En esta parte de la atmósfera, entre los 40 y los 55 kilómetros aproximadamente, se encuentra el ozono que es tan importante en la absorción de las dañinas radiaciones.

La ionosfera se encuentra a partir de la estratopausa.

En ella el aire está tan dilatado que su densidad es muy baja. Son los lugares en donde se producen las auroras boreales y en donde se reflejan las ondas de radio.

Refrigeración y Aire Acondicionado

Presión atmosférica:

La presión que ejerce la capa de aire que nos rodea sobre los cuerpos que están situados al nivel del mar, es de 14.7 PSI ("Pounds square inch") Libras por pulgada cuadrada.

Esta presión disminuye rápidamente con la altura.

Usualmente no percibimos esta presión porque nacemos y vivimos bajo esta influencia atmosférica, sin embargo al subir sobre el nivel del mar se pueden sentir algunos efectos fisiológicos, como resultado de la masa de aire que nos rodea.

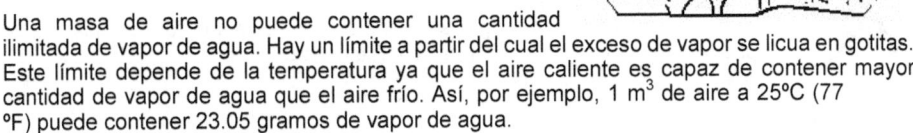

Una masa de aire no puede contener una cantidad ilimitada de vapor de agua. Hay un límite a partir del cual el exceso de vapor se licua en gotitas. Este límite depende de la temperatura ya que el aire caliente es capaz de contener mayor cantidad de vapor de agua que el aire frío. Así, por ejemplo, 1 m^3 de aire a 25°C (77 °F) puede contener 23.05 gramos de vapor de agua.

Lógicamente cuando cerramos herméticamente una tubería, una cantidad de aire a presión atmosférica (14.7psi) queda confinada en su interior. En algún momento según cambie la presión y la temperatura, este aire confinado se convertirá parcialmente en agua.

La refrigeración tiene dos enemigos comunes: La humedad y la suciedad, no sea cómplice de ellas.

Para minimizar el problema de la humedad dentro de un sistema, se recurre a extraer el aire confinado en su interior utilizando una bomba de hacer vacío. (Las veremos pronto)

Vacío: Es una presión menor a la presión atmosférica a nivel del mar. (14.7psi)

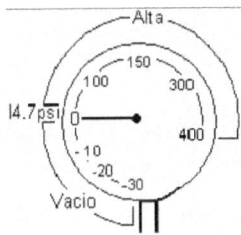

En los instrumentos diseñados para medir presiones confinadas (manómetros), se marca la presión atmosférica (14.7psi) como el punto de referencia 0.

Las medidas por encima de cero se refieren a presiones positivas de alta y por debajo de cero a presiones negativas o de vacío.

Un instrumento bien calibrado, debe señalar el cero cuando esta abierto a la atmósfera.

Luego estudiaremos los diferentes manómetros, sus usos y su calibración.

Refrigeración y Aire Acondicionado

La energía y el calor.

Energía: Es la capacidad que poseen todos los cuerpos para realizar trabajo.

La energía no se crea, ni se destruye, solamente podemos transformarla en otros tipos de energía. (Ley 1ra de la termodinámica)

Cualquier acción efectuada sobre un cuerpo, conlleva un aumento de su energía.

Al doblar un arco o al estirar un resorte se almacena en ellos energía en forma elástica que se manifiesta al soltar la flecha o liberar el resorte.

Esta propiedad de la energía se manifiesta en diversas formas, las cuales pueden transformarse e interrelacionarse unas con otras.

Trabajo: Es simplemente una ecuación matemática, (T = F x D) **T**rabajo es igual, a la **F**uerza aplicada, por la **D**istancia movida.

Hay trabajo realizado, cuando una fuerza que actúa sobre un objeto lo mueve cierta distancia.

Sí consultamos la energía cinética, que es la energía asociada con el movimiento de un objeto, veremos que los conceptos de trabajo y energía pueden aplicarse a la dinámica de un sistema mecánico sin recurrir a ecuaciones y leyes complejas.

Es importante señalar que los conceptos de energía y trabajo se fundamentan en las leyes de Newton.

Energía térmica: Es una forma de energía que interviene en los fenómenos caloríficos.

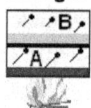

Cuando dos cuerpos a diferentes temperaturas se ponen en contacto, el más caliente (A) comunica energía al menos caliente (B) el tipo de energía que se traspasa de un cuerpo a otro como consecuencia de una diferencia de temperaturas es precisamente, la energía térmica.

Esto concuerda con la segunda ley de la termodinámica, la cual nos indica, que el calor fluye de un cuerpo caliente a otro que se encuentre a menor temperatura.

La energía tiene un ciclo constante de transformación, continuamente pasa de una forma de energía a otra para realizar diferentes trabajos.

Refrigeración y Aire Acondicionado

Ciclo de energía.

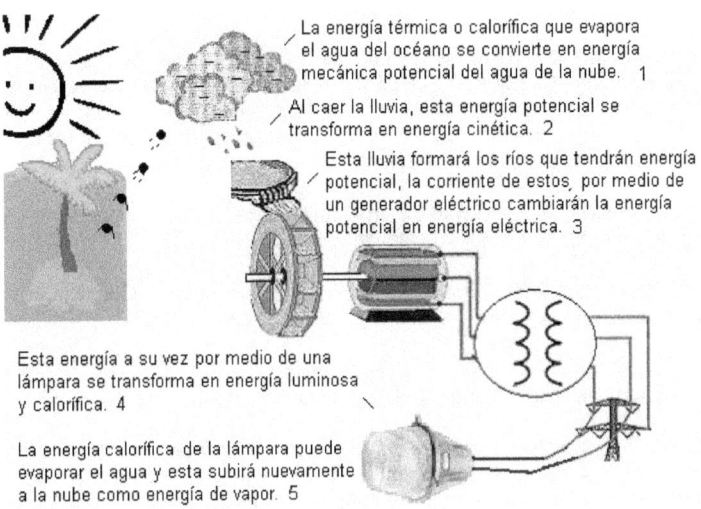

La energía térmica o calorífica que evapora el agua del océano se convierte en energía mecánica potencial del agua de la nube. 1

Al caer la lluvia, esta energía potencial se transforma en energía cinética. 2

Esta lluvia formará los ríos que tendrán energía potencial, la corriente de estos, por medio de un generador eléctrico cambiarán la energía potencial en energía eléctrica. 3

Esta energía a su vez por medio de una lámpara se transforma en energía luminosa y calorífica. 4

La energía calorífica de la lámpara puede evaporar el agua y esta subirá nuevamente a la nube como energía de vapor. 5

El calor.

Las experiencias de algunos científicos como, Joule (1818-1889) y Mayer (1814-1878) acerca de la conservación de la energía, señalaban el calor como una forma más de energía.

El calor no sólo era capaz de aumentar la temperatura o modificar el estado físico de los cuerpos, (sólido, líquido y gaseoso) sino que además podía moverlos y realizar algún trabajo de utilidad.

Desde entonces las nociones de calor y energía quedaron unidas y el progreso de la física permitió, a mediados del siglo pasado, encontrar una explicación detallada para la naturaleza de esa nueva forma de energía.

El calor es una forma de energía que guarda estrecha relación con el movimiento atómico molecular.

Esta hipótesis fue corroborada por la posibilidad de producir trabajo mecánico consumiendo calor, por ejemplo, en las calderas y otras máquinas de vapor que producen electricidad.

El calor representa la cantidad de energía que un cuerpo transfiere a otro como consecuencia de una diferencia de temperatura entre ambos cuerpos.

Refrigeración y Aire Acondicionado

Métodos de difusión de calor.

Hay tres métodos estudiados, referente al movimiento del calor:

1. **Conducción** = Cuando el calor pasa de un cuerpo a otro a través de los sólidos, moviéndose de una molécula a la siguiente. La propagación tiene lugar cuando se ponen en contacto dos cuerpos que están a diferentes temperaturas. Las moléculas que reciben directamente el calor aumentan su vibración y chocan con las que las rodean, hasta que todas las moléculas del cuerpo se agitan.

   Partiendo de esta explicación, si el extremo de una varilla metálica se calienta con una flama, transcurrirá cierto tiempo para que el calor llegue al otro extremo.

2. **Convección** = Cuando el calor viaja a través de los líquidos y los gases. Como el calor hace disminuir la densidad, las masas de aire o agua calientes ascienden y las frías descienden.

   En esta forma, las moléculas se mueven libremente a través de la masa.

3. **Radiación** = Cuando el calor pasa de un objeto a otro a través del espacio, sin calentamiento de las moléculas que se encuentran entre ellos. Así recibimos el calor desde el sol hasta la tierra. La transferencia de calor por radiación se hace por medio de ondas electromagnéticas que pueden propagarse igual en un medio material que en la ausencia de este.

Hay diferentes tipos de calor:

1. **Calor Latente** = Es el calor que absorbe o rechaza una sustancia para cambiar el estado físico, sin alterar su temperatura. El termómetro no indica cambio alguno en la temperatura. Se identifica (C_L)

El líquido esta cambiando a vapor, pero el termómetro no registra cambio alguno en la temperatura.

2. **Calor Sensible** = Es el calor que absorbe o rechaza un cuerpo para cambiar su temperatura, sin alterar su estado físico. Se puede medir con un simple termómetro. Se identifica (C_s)

Algunos textos usan la (Q) para calor, en lugar de la (C) siga a su maestro.

Refrigeración y Aire Acondicionado

3. **Calor Especifico** = Es el calor que absorbe o rechaza **una libra** de alguna materia, para cambiar su temperatura **1 °Fahrenheit**. Se identifica (CE)

Las expresiones científicas acerca del calor y la temperatura se apoyan en las sensaciones que nos transmite nuestro propio cuerpo. Nos referimos a las sensaciones captadas por el tacto, las cuales permiten clasificar los cuerpos en fríos y calientes, dando esto lugar a la idea de temperatura y calor. Sin embargo, la física busca datos que puedan ser expresados en forma numérica, con magnitudes o valores medibles.

Temperatura: No es una forma de energía, sino una medida de la cantidad de energía que posee un cuerpo. La temperatura es un indicador de la energía cinética de las moléculas. Cuando un objeto se siente caliente, los átomos en su interior se están moviendo rápidamente en direcciones inciertas y cuando se siente frío, los átomos se están moviendo lentamente.

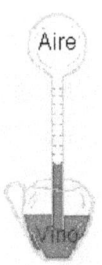

Los primeros equipos usados para medir la temperatura fueron llamados **Termoscopios**. Consistían en un bulbo de vidrio con un largo tubo extendido hacia abajo colocado dentro de un recipiente con agua coloreada, en 1610 Galileo utilizó vino.

Termómetro: Es un instrumento que mide la temperatura de un sistema en forma cuantitativa. Una forma fácil de construirlo es encontrando una sustancia que tenga una propiedad que cambie de manera regular con la temperatura, es decir, que varíe linealmente. Por ejemplo, el mercurio es líquido dentro del rango de temperaturas de -38.9 °C hasta 356.7 °C. Como líquido, el mercurio se expande cuando se calienta, esta expansión es lineal y puede ser calibrada con exactitud matemática.

La primer escala termométrica fue construida por un científico sueco de nombre Anders Celsius (1701-1744) El escogió como puntos fijos, la fusión del hielo y la ebullición del agua, aclarando pues, que las temperaturas a las que se daban tales cambios de estado, eran constantes a la presión atmosférica. Le asignó al primero el valor 0 y al segundo un valor 100, con lo cual fijó el tamaño del grado centígrado como la centésima parte del intervalo de temperatura comprendido entre esos dos puntos fijos.

> 100°C
> Ebullición del agua
>
> 0 °C
> Fusión del hielo

En los países americanos los termómetros están expresados en grados Fahrenheit. La escala Fahrenheit es diferente a la Celsius, en los valores asignados a los puntos fijos, y en el tamaño de los grados. Al primer punto fijo se le asigna el valor 32 y al segundo el valor 212.

> 212 °F
> Ebullición del agua
>
> 32 °F
> Fusión del hielo

Refrigeración y Aire Acondicionado

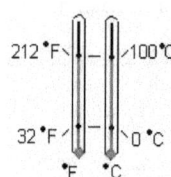

Puede notar que los puntos fijos de los dos termómetros, tanto los de ebullición del agua como los de fusión del hielo, coinciden en ambos instrumentos.

Estas dos escalas pueden ser mutuamente convertibles, mediante las siguientes ecuaciones matemáticas.

Cambiando grados °Fahrenheit a centígrados. **°C = (°F – 32 ÷ 1.8)**

Cambiemos 212 °Fahrenheit a centígrados.

°C = (°F – 32 ÷ 1.8)

°C = (212 – 32 ÷ 1.8)

°C = 100

Cambiando grados centígrados a °Fahrenheit. **°F = (°C x 1.8 + 32)**

Cambiando 100 grados centígrados a °Fahrenheit.

°F = (°C x 1.8 + 32)

°F = (100 x1.8 + 32)

°F = 212

Cambiemos 160 °Fahrenheit a centígrados.

°C = (°F – 32 ÷ 1.8)

°C = (160 – 32 ÷ 1.8)

°C = 71.111

Cambiando 200 grados centígrados a °Fahrenheit.

°F = (°C x 1.8 + 32)

°F = (200 x1.8 + 32)

°F = 392

Refrigeración y Aire Acondicionado

El cero absoluto: Es la temperatura teórica más baja posible y se caracteriza por la total ausencia de calor.

Es la temperatura a la cual cesaría todo movimiento molecular. Aquí el nivel de energía es el más bajo posible.

Nunca se ha alcanzado tal temperatura y la termodinámica asegura que es inalcanzable.

Escala Kelvin (Lord Kelvin): La escala de temperaturas adoptada por el Sistema Internacional (SI) es la llamada escala absoluta o Kelvin.

En ella el tamaño de los grados es el mismo que en la escala Celsius, pero el cero de la escala se fija en – 273.16 ºC.

Este punto llamado el cero absoluto de la temperatura es tal, que a dicha temperatura cesaría el movimiento molecular.

El cero absoluto constituye un límite inferior natural de temperaturas, lo que hace que en la escala Kelvin no existan temperaturas bajo cero.

La escala está fraccionada en un cierto número de partes que reciben el nombre de grados Kelvin.

De este modo el valor superior corresponde a 373 mientras que el inferior es de 0 ºK.

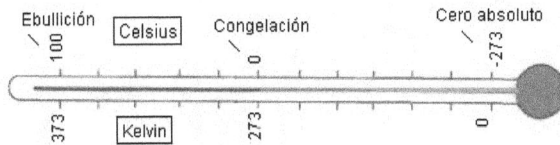

El cero absoluto en la escala Kelvin corresponde aproximadamente a la temperatura de - 273.16 ºC. (Lo redondeamos a 273)

Para cambiar grados centígrados a Kelvin, debes sumarle 273.

Esta es la ecuación matemática   ºK = ºC + 273.

Para cambiar grados Kelvin a centígrados, debes restarle 273.

Esta es la ecuación matemática   ºC = ºK – 273.

Refrigeración y Aire Acondicionado

Grados Fahrenheit: En 1724 Gabriel Fahrenheit usó mercurio como líquido termométrico. Su expansión térmica es amplia, no se pega al vidrio y permanece líquido en un amplio rango de temperaturas. Su apariencia plateada hace que sea fácil de leer. Fahrenheit calibró la escala de mercurio de su termómetro de la siguiente manera: Colocando el termómetro en una mezcla de agua salada y hielo, el punto sobre la escala marcado lo llamó cero. Un segundo punto fue obtenido de la misma manera (la mezcla fue usada sin sal) se marcó este punto como 30. Un tercer punto designado como 96 fue obtenido colocando el termómetro en la boca, para medir el calor del cuerpo humano.

Sobre esta escala, Fahrenheit midió el punto de ebullición del agua obteniendo 212. Después le adjudicó el punto de congelamiento del agua como 32. Así el intervalo entre el punto de congelamiento y ebullición del agua puede ser representado por el número racional 180. (212 -32 =180)

Temperaturas medidas en esta escala son designadas como grados Fahrenheit.

Escala Rankine: Esta escala emplea el cero absoluto como el punto más bajo. En esta escala cada grado de temperatura equivale a un grado en la escala Fahrenheit.

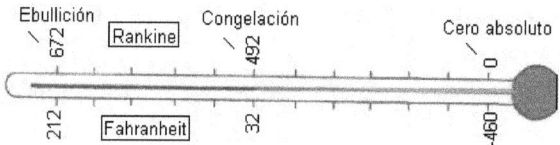

En la escala Rankine, el punto de congelación del agua equivale a 492 °R, y su punto de ebullición a 672 °R.

Para convertir Rankine a Fahrenheit se le suman 459.7 (Lo redondeamos a 460)

Esta es la ecuación matemática   R = °F + 460

Para convertir Fahrenheit a Rankine se le restan 460

Esta es la ecuación matemática   F = °R - 460

Escala	Cero Absoluto	Fusión del Hielo	Evaporación
Kelvin	0°K	273.2°K	373.2°K
Centígrada	-273.2°C	0°C	100.0°C
Rankine	0°R	491.7°R	671.7°R
Fahrenheit	-459.7°F	32°F	212.0°F

Comparando las diferentes escalas.

Refrigeración y Aire Acondicionado

Cantidad de calor.

Un asunto fundamental es la cantidad de calor que se supone reciben o ceden los cuerpos al calentarse o al enfriarse, respectivamente. La cantidad de calor que hay que proporcionar a un cuerpo para que su temperatura aumente en un número de unidades determinado es tanto mayor cuanto más elevada es la masa (peso) de dicho cuerpo y es proporcional a lo que se denomina calor especifico de la sustancia de que esta formado.

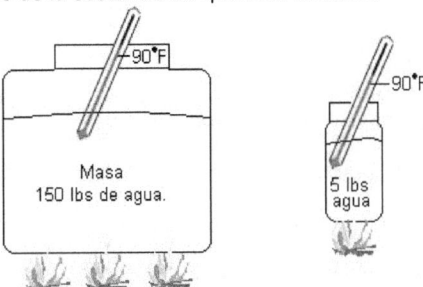

Dos sustancias con diferentes masas, pueden alcanzar y permanecer a la misma temperatura termométrica, pero la cantidad de calor que tendrán que absorber para alcanzarla será diferente en cada una tomando en cuenta, el peso y el calor especifico de la materia.

Calor Especifico: Es el calor que absorbe o rechaza una libra de cualquier sustancia para subir o bajar su temperatura 1 °F.

Calor específico de las sustancias más comunes.

Sustancia	CE	Unidad
Agua	1	
Hierro	.12	
Cristal	.20	B.T.U.
Aire	.24	
Aluminio	.22	
Hielo	.504	
Salmuera al 20%	.85	
Vapor de agua	.5	
Mercurio	.0333	
Cobre	0.093	

Partiendo de estas observaciones:

1. Se expresa la temperatura como la intensidad en grados de calor que contiene una sustancia.

2. Se mide su volumen en BTU ("British Thermal Unit") Unidad Británica de medida termal.

Refrigeración y Aire Acondicionado

Calculo del volumen de calor.

Estudiamos en la lección anterior que una cosa es la temperatura de un cuerpo medida con un termómetro, la cual se expresa en grados de calor y otro asunto es la cantidad o volumen de calor que posee ese cuerpo, expresado en (BTU).

Para calcular los BTU debemos conocer lo siguiente:

1. La masa (M) peso de la sustancia.
2. El calor especifico de esa sustancia (CE)
3. El cambio de temperatura (DT) la diferencia entre la temperatura que se encuentra la sustancia y la temperatura a la cual queremos llevarla.

Para este cálculo se utiliza la siguiente ecuación matemática:

$$BTU = M \times CE \times DT$$

Ejemplo: Un tanque con 30 galones de agua que se encuentra a 77 ºF de temperatura   lo queremos subir hasta 130 ºF.

Busquemos los datos:

Sustancia = agua
Masa = 30 galones x 8.34 = 250.2 Lbs (Un galón de agua pesa 8.34 libras)
CE = 1 BTU (Mire en la tabla de la página anterior, el calor especifico del agua)
DT = 53 ºF (Reste 130 – 77= 53) diferencia entre la dos temperaturas.

Calculemos los BTU:

$$BTU = M \times CE \times DT$$
$$BTU = 250.2 \times 1 \times 53$$
$$BTU = 13,260.6$$

Otro ejemplo: 300 lbs de salmuera al 20%, la bajaremos de 140 ºF hasta 36 ºF.

Sustancia = Salmuera al 20%
Masa = 300Lbs.
CE = .85 (Mire en la tabla de la página anterior)
DT = 104 ºF (Reste 140 – 36= 104) diferencia entre la dos temperaturas

Calculemos los BTU:

$$BTU = M \times CE \times DT$$
$$BTU = 300 \times .85 \times 104$$
$$BTU = 26,520$$

Refrigeración y Aire Acondicionado

BTU TOTALES.

Si tuviéramos que calcular los BTU necesarios para bajar la temperatura de 20 libras de

vapor de agua, desde 230 °F hasta 28 °F, tendríamos que tomar en cuenta los cambios de estados físicos y el calor latente en las zonas de cambio.

Fíjese que en este arreglo hay dos cambios físicos:

1. De vapor a líquido.

2. De líquido a sólido.

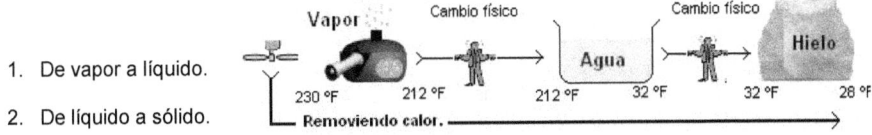

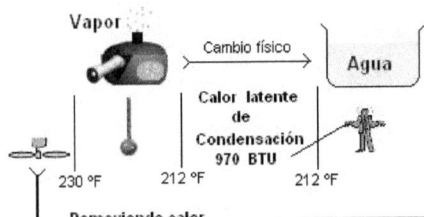

A partir de los 230 °F se registra un cambio de temperatura en el termómetro hasta los 212 °F. Después de este punto el termómetro no registra cambios en la temperatura, pero el vapor comienza a convertirse en líquido. En este proceso de cambio, interviene el calor latente de condensación. (970 BTU)

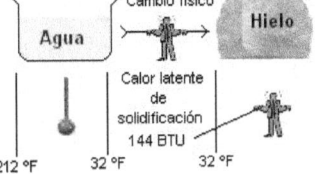

Una vez el vapor se ha convertido completamente en líquido, el termómetro nuevamente registra un cambio en la temperatura hasta alcanzar los 32 °F. En este punto, comienza un cambio físico de líquido a sólido.

El termómetro no registra cambios en la temperatura, pero el líquido continúa absorbiendo calor latente de solidificación (144 BTU) hasta convertirse en hielo completamente. Una vez el hielo esta sólido a 32 °F, se comienza nuevamente a registrar cambios en la temperatura, hasta bajar a los 28 °F.

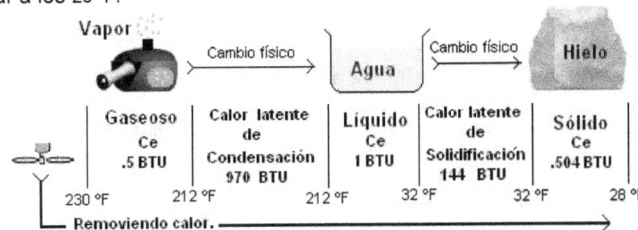

Refrigeración y Aire Acondicionado

En esta tabla podemos ver el calor específico (Ce) por libra de la sustancia y el calor latente (CL) que interviene, en el cambio de estado físico.

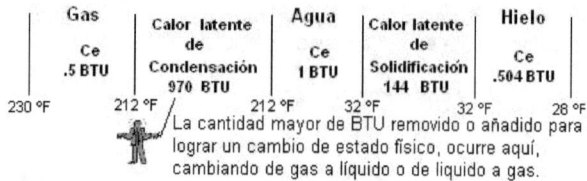

La cantidad mayor de BTU removido o añadido para lograr un cambio de estado físico, ocurre aquí, cambiando de gas a líquido o de líquido a gas.

M = Masa o peso de la sustancia en libras.
Ce = Calor específico de la sustancia.
CL = Calor latente o calor escondido
DT = Diferencia de temperaturas (La mayor menos la menor)

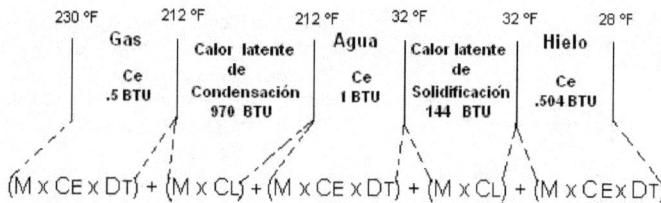

$$(M \times C_E \times D_T) + (M \times C_L) + (M \times C_E \times D_T) + (M \times C_L) + (M \times C_E \times D_T)$$

Ecuación matemática:

BTU =

$$(M \times C_E \times D_T) + (M \times C_L) + (M \times C_E \times D_T) + (M \times C_L) + (M \times C_E \times D_T) \; (20$$

$$\times .5 \times 18) + (20 \times 970) + (20 \times 1 \times 180) + (20 \times 144) + (20 \times .504 \times 4)$$

$$(180 + 19400 + 3600 + 2880 + 40.32)$$

26100.32 BTU/hr

Calcule los BTU:

1. Baje 100 libras de vapor con una temperatura de 280 ºF, hasta convertirlo en líquido a 43 ºF.
2. Baje la temperatura de 200 libras de agua desde 190 ºF, hasta que se convierta en hielo a 5 ºF.
3. Refrigere 40 libras de vapor hasta convertirlo de 300 ºF, en hielo a 15 ºF.
4. 50 libras de agua a 210 ºF se enfriaron hasta convertirse en hielo a 32 ºF.
5. 40 libras de salmuera al 20% serán enfriadas de 190 ºF, hasta 30 ºF.

Refrigeración y Aire Acondicionado

Principios de refrigeración.

Hasta hoy, pensábamos que en la refrigeración se trabajaba con el frío, pero según aumenten nuestros conocimientos técnicos, veremos que en realidad, lo que hacemos es remover calor de una sustancia para bajarle su temperatura.

Cuando removemos calor de una sustancia lógicamente se percibe una sensación al tacto de frío. En refrigeración y A/C trabajamos con el calor, moviéndolo de un lugar a otro.

Lo que usualmente llamamos **frío**, científicamente se expresa como **ausencia de calor**.

El calor se mueve de una región de alta temperatura, a otra de menor temperatura.
(2da Ley de la Termodinámica)

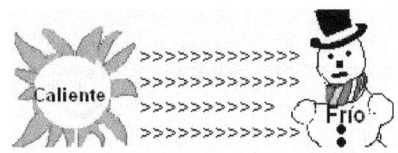

La sustancia química utilizada para transportar el calor de un lugar a otro se llama refrigerante, este químico encuentra suficiente calor a bajas temperaturas para hervir.

Si permitimos que un poco de refrigerante líquido caiga sobre una superficie, éste tomará calor de la superficie donde cayó para hervir y para cambiar su estado físico a vapor.

Como consecuencia de este cambio de estado, la superficie perderá calor en el proceso y se pondrá fría.

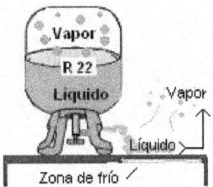

Una sustancia en forma de líquido, tomará calor del medio que la rodea para cambiar su estado físico a vapor. Este proceso se llama **evaporización.**

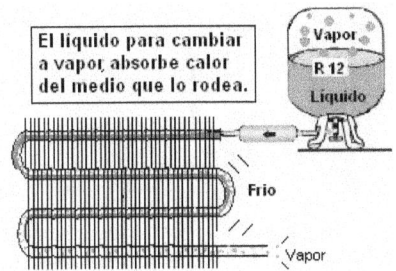

El líquido para cambiar a vapor absorbe calor del medio que lo rodea.

Si permitimos que algo de líquido controlado pase a través de una tubería, se creara un efecto de refrigeración, el efecto de refrigeración se identifica, cuando **la escarcha aparece** en el sistema.

Este arreglo de tubería, por donde circula el refrigerante en forma de líquido, se llama **evaporador.**

Refrigeración y Aire Acondicionado

Cuando aplicamos calor a un líquido confinado, le aumentamos su presión y su temperatura. El líquido bajo estas condiciones hervirá hasta convertirse en vapor a alta presión y alta temperatura.

Cuando retiramos calor del vapor mediante algún medio disponible, este se enfriará cambiando su estado físico a líquido. Una sustancia en forma de vapor, se convertirá en líquido si le extraemos el calor que contiene

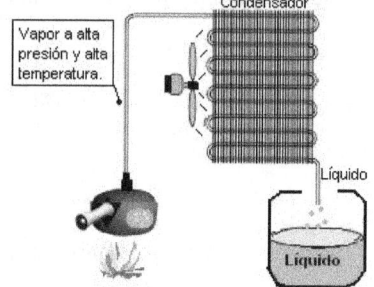

Este proceso de cambio de estado se llama condensación y el arreglo de tubería utilizado para enfriar el vapor, se llama condensador

De los sistemas inventados para producir refrigeración, el más usado al día de hoy es el sistema mecánico por compresión. Este método de refrigeración tiene sus principios fundados en un artefacto de acción mecánica impulsado por electricidad, al cual se le llama compresor. (También hay refrigeración termoeléctrica, se conoce como el fenómeno de: **(Peltier)**

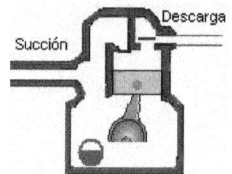

El compresor mecánico recibe refrigerante a baja temperatura y baja presión por la línea de succión y lo comprime, elevando su temperatura y su presión, luego lo envía a través de la descarga hacia la línea de alta y al sistema de condensación.

Compresión: Cuando encerramos algo en una recamara y le reducimos el espacio interior, eso es un método de compresión mecánica.

En la figura (A) el refrigerante entra a la cámara de compresión por la válvula de succión que esta abierta, aquí el pistón esta bajando. Inmediatamente el pistón comienza a subir y a reducir el espacio entre las moléculas del refrigerante. En la figura (B) las válvulas de succión y descarga están cerradas, el pistón esta subiendo y continúa el proceso de compresión. En la figura (C) la válvula de succión esta cerrada y la de descarga abre para dejar salir el refrigerante en estado de compresión.

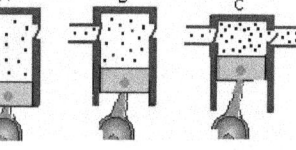

Refrigeración y Aire Acondicionado

Sistema mecánico de refrigeración.

Sus componentes básicos:

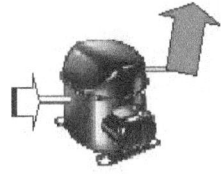

El compresor: Dispositivo electromecánico que absorbe refrigerante en forma de vapor a baja presión, le sube la temperatura y la presión y lo descarga hacia la línea de alta.

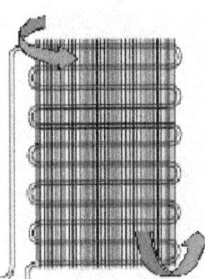

El condensador: Dispositivo mecánico que recibe el refrigerante en forma de vapor a alta temperatura y alta presión y lo condensa, extrayéndole calor hasta convertirlo en líquido.

Este tipo de condensador **estático**, intercambia el calor con el medio ambiente que lo rodea, por eso su superficie es mayor que la de los condensadores de **tiro forzado**, que utilizan un abanico para enfriarse.

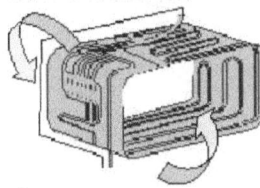

El evaporador: Este dispositivo mecánico recibe el refrigerante en forma de líquido atomizado y le cede el calor que contiene en su alrededor para que el líquido pueda hervir y convertirse en vapor. Este recibe calor del medio que lo rodea por convección. Los más modernos son de tiro forzado, utilizan un abanico para mover el calor.

Filtro secador: Contiene en su interior un compuesto químico (Silica – gel, Tamices moleculares, Alumina activada) y otros componentes capaces de recoger la humedad y las partículas extrañas dentro del sistema.

Tubo Capilar: Es el de menor costo y el más simple de todos los controles de flujo de refrigerante. Consiste de un tubo de cobre de diámetro interno bien reducido situado desde la salida del condensador hasta la entrada del evaporador.   Los evaporadores que usan tubo capilar como control de flujo, se llaman evaporadores semi-inundados, ya que el capilar suministra desde el compresor hasta el evaporador, la misma cantidad de refrigerante que se bombea.

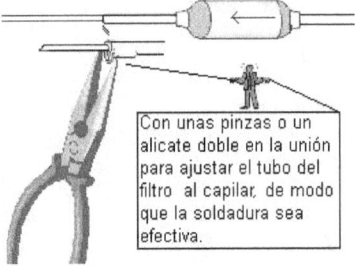

Con unas pinzas o un alicate doble en la unión para ajustar el tubo del filtro al capilar, de modo que la soldadura sea efectiva.

Refrigeración y Aire Acondicionado

Composición mecánica.

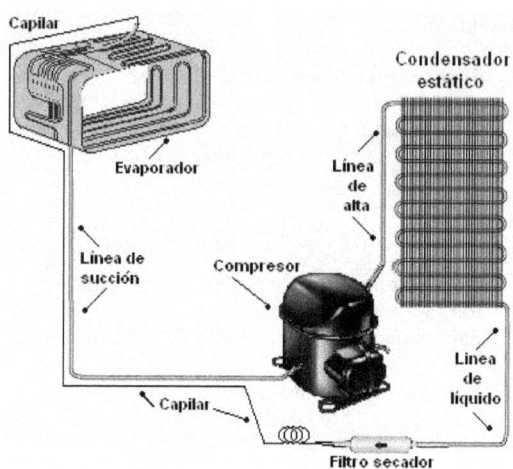

Identificando las partes por el tacto y la vista.

Línea de alta: Es la más caliente en el sistema.

Condensador: Se encuentra en la parte de afuera del área refrigerada. Recibe la línea de alta por la parte superior y descarga hacia la línea de líquido por la parte inferior. Debe estar caliente en la parte superior y pierde temperatura según el líquido baja.

Línea de líquido: Debe estar en la parte baja del condensador y un tanto tibia con respecto a la línea de alta. Sale del condensador hacia el filtro secador y de aquí al dispositivo de control, en este caso el capilar.

Tubo capilar: Es el más delgado del sistema, se diseña para que mantenga una diferencia de presión cuando el compresor esta funcionando y una vez seleccionado su largo y diámetro no se pueden ajustar. Usualmente esta soldado al tubo de succión para lograr un intercambio de calor que vaporice el líquido remanente en esta línea de baja.

Evaporador: Se localiza dentro del área refrigerada, recibe por el lado de arriba líquido atomizado desde el control de refrigerante (capilar) y por la parte de abajo se conecta con el compresor a través de la línea de baja. (Es el tubo del sistema que siempre esta frío)

Compresor: Esta localizado entre el evaporador y el condensador fuera del área refrigerada. Una parte del compresor pertenece al lado de baja y la otra al lado de alta.

Refrigeración y Aire Acondicionado

Identificando las partes por el tacto.

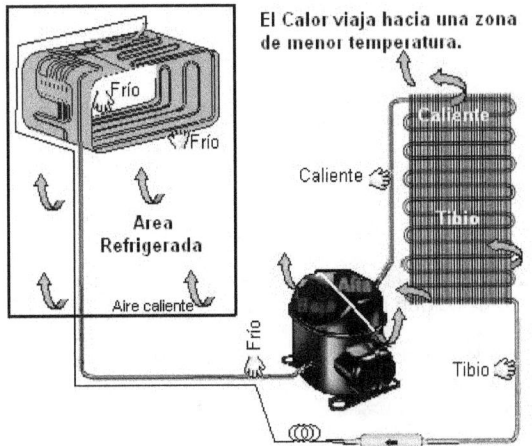

El Calor viaja hacia una zona de menor temperatura.

En este arreglo mecánico el calor se mueve por convección natural, de una zona de alta temperatura a otra que se encuentre a menor temperatura.

1. El calor se mueve desde el área más caliente del condensador hacia el medio ambiente que lo rodea.

2. El aire caliente se mueve desde el área que rodea el evaporador hacia el centro de este.

Sistema de tiro forzado.

En este arreglo el condensador tiende a tener un área mas reducida ya que no depende del intercambio de calor por el método de convección natural.

Tanto el evaporador como el condensador, utilizan un abanico.

El aire ambiental es forzado a pasar a través de ellos, por la acción mecánica del abanico. Así nace el nombre de tiro forzado. Los demás componentes, son los mismos del sistema anterior.

Cuando se calienta un cuerpo, el calor se propaga a los que están próximos a éste y la diferencia de

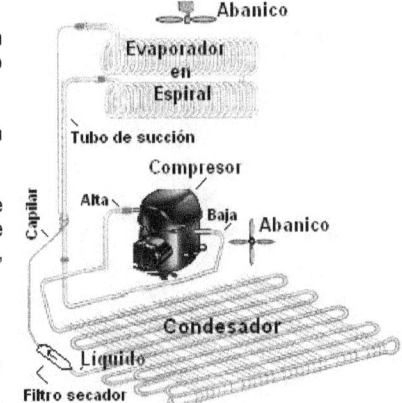

temperatura entre el punto calentado directamente y el otro situado a cierta distancia es menor, mientras mejor conductor del calor es dicho cuerpo.

Si la conductividad térmica de un cuerpo es pequeña, la transmisión del calor se manifiesta por un descenso rápido de la temperatura entre el punto caliente y el otro próximo. Así sucede con el vidrio, la porcelana, el caucho, etc.

En el caso contrario, por ejemplo con metales como el aluminio y el cobre la conductividad térmica es grande. Esta es la razón por la cual se escogieron estos materiales para fabricar condensadores y evaporadores.

Refrigeración y Aire Acondicionado

Tubos y tuberías.

El término **tubo** se usa generalmente en materiales de pared delgada, los cuales **no** permiten cortar una rosca en sus extremos.

El término de **tubería** es el que se aplica a materiales de pared gruesa que permiten cortar una rosca en sus extremidades.

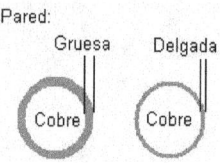

Pared:
Gruesa   Delgada
Cobre   Cobre

Los tubos más usados en refrigeración y acondicionamiento de aire se fabrican en cobre y en aluminio, siendo el cobre el más común por la facilidad para soldarlo.

Hay también tuberías de **hierro** y **acero** que se utilizan en aplicaciones especiales dentro de la refrigeración. Es importante señalar que no se usan tuberías de acero roscadas ya que no se pueden realizar estas conexiones a prueba de fugas.

El tubo usado en refrigeración y aire acondicionado se conoce como tubo **A.C.R,** esto quiere decir que es fabricado especialmente para estas aplicaciones.

Este tubo se presuriza con gas nitrógeno para mantenerlo libre de aire, humedad y polvo, por esta importante razón este tubo debe estar sellado en los extremos.

Hay una gran variedad de accesorios para facilitar el trabajo de interconectar los tubos de cobre en la construcción de un sistema práctico.

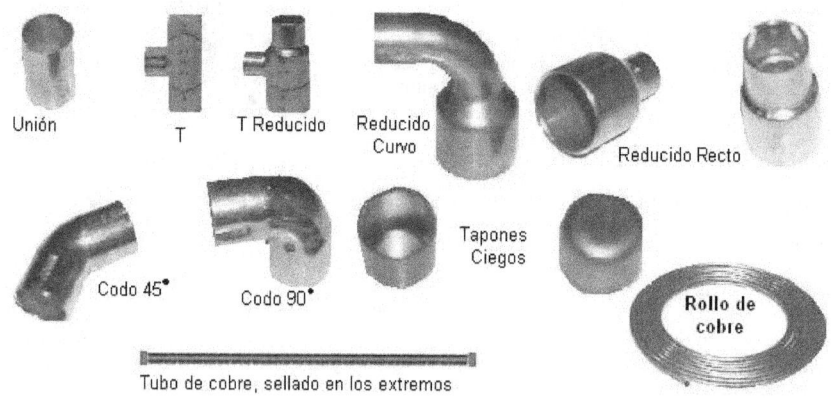

Unión   T   T Reducido   Reducido Curvo   Reducido Recto

Codo 45°   Codo 90°   Tapones Ciegos   Rollo de cobre

Tubo de cobre, sellado en los extremos

Hay muchos mas, busque los catálogos de los distribuidores.

Refrigeración y Aire Acondicionado

Medidas y diámetros de los tubos.

El tubo de cobre tiene tres clasificaciones por letras, **K. L. M.**

¾ (K) es de pared gruesa.

¾ (L) es de pared mediana.

¾ (M) es de pared delgada

La clasificación (M) no se usa en sistemas de refrigeración.

El tubo de cobre suave es el tubo más flexible, se le puede dar cualquier forma. Esta disponible típicamente en bobinas de 25, 50 y 100 pies de largo.

La bobina viene sellada y deshidratada de fábrica.

El tubo de cobre para refrigeración se mide por la parte exterior, las medidas más usadas son: 1/4, 3/8, 5/8, 1/2 y 3/4 de diámetro externo. (OD)

¿Qué tiene diferente el tubo para refrigeración?

¾ Se miden por la parte externa. (OD)
¾ No puede estar contaminado.
¾ No puede estar expuesto al ambiente.
¾ Soporta altas y bajas temperaturas.
¾ Se fabrica rígido y flexible.
¾ Esta presurizado con gas nitrógeno.

¿Cómo se unen entre si, los tubos de cobre?

¾ Por soldadura:

9 Presto - Lite
9 Oxi – Acetileno

¾ Usando conexiones "Flare"

Refrigeración y Aire Acondicionado

Cómo soldar con antorcha.

La soldadura blanda consiste en la unión de dos tubos de cobre que encajan perfectamente uno con el otro, por medio de estaño y un soplete o antorcha.

En refrigeración, el estaño, no se recomienda para el lado de alta.

Material	Composición		Funde	Fluye
Estaño 50/50	Estaño 50%	Plomo 50%	360 °F	415 °F
Estaño 95/5	Estaño 95%	Antimonio 5%	450 °F	465 °F

Usando un cortador de tubos, corte todos los tramos de acuerdo al diseño, limpie las dos superficies a ensamblar (exterior del tubo e interior) con lija #120, o con un cepillo de alambre.

Unte las partes a soldar con pasta desoxidante diseñada especialmente para soldar cobre con estaño.

Pasta

Junte las piezas que quiere unir por soldadura. Las piezas a soldar deben alinear perfectamente por los extremos, tienen que estar limpias y sin residuos de grasa o sucio.

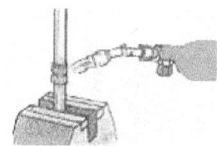

Caliente las piezas a soldar con la flama, (no el estaño): La temperatura de calentamiento debe permitir la fusión del estaño al éste entrar en contacto con las piezas calentadas.

La temperatura precisa para que se produzca la fusión del estaño se habrá conseguido cuando el cobre adquiera un tono rojizo. Aparte la flama y sitúe la punta del estaño sobre la unión de los dos tubos. El estaño se fundirá y fluirá por capilaridad entre las dos piezas.

Para trabajar con tubos ya instalados, proteja las pinturas, telas de las paredes y suelos, utilizando un escudo térmico como una plancha de zinc.

Refrigeración y Aire Acondicionado

Soldadura con "Presto-lite"

Recordemos los enemigos comunes de la refrigeración: El sucio, la humedad, la grasa y el descuido. Todo lo que se intente soldar tiene que limpiarse con lija o con un cepillo de alambre. **El "Presto-lite" es altamente tóxico, explosivo e inflamable.**

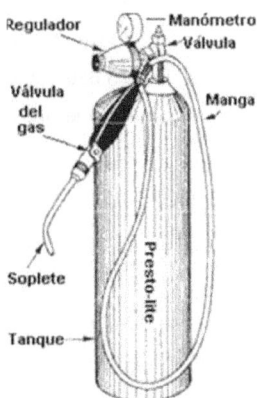

Puede usar el presto-lite para soldadura con plata en sistemas de poca capacidad. En sistemas grandes es recomendable usar oxi acetileno. Lo ideal seria hacer estas soldaduras con oxi acetileno, el Presto-lite tiene una flama muy larga lo que dificulta la tarea en lugares reducidos

(El tanque debe estar lo más lejos posible de la flama)

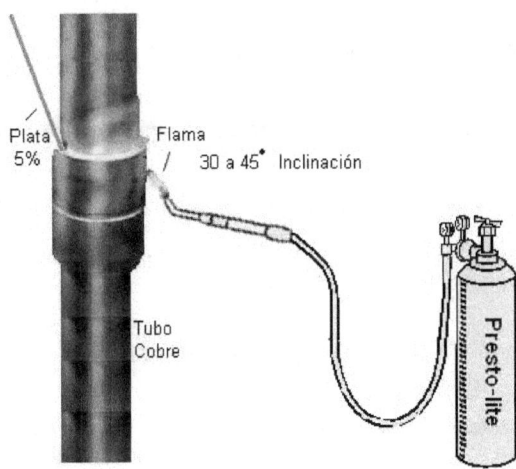

Refrigeración y Aire Acondicionado

Procedimiento:

- ¾ Limpie las dos superficies a soldar (exterior del tubo e interior)
- ¾ Use lija #120 o cepillo de alambre.
- ¾ Unte las partes a soldar con pasta desoxidante, (FLUX para plata).
- ¾ Encaje las piezas que quiere unir por soldadura
- ¾ Las piezas a soldar deben encajar perfectamente por los extremos.
- ¾ Deben estar limpias y sin residuos de grasa.
- ¾ Seleccione una varilla de plata al 5 ó 10%.

Material	Funde	Fluye
Plata 5%	1,120 °F	1,145 °F

- ¾ Abra la válvula del tanque y revise la manga para escapes.
- ¾ Usando un chispero encienda el presto-lite y ajuste la flama, en presencia y con la supervisión del maestro.
- ¾ Caliente las piezas a soldar con la flama, (no la plata).
- ¾ La temperatura de calentamiento debe permitir la fusión de la plata, una vez ésta entre en contacto con el tubo de cobre caliente.
- ¾ La temperatura precisa para que se produzca la fusión de la plata se habrá conseguido cuando el cobre adquiera un tono rojizo.
- ¾ Mantenga la flama y sitúe la punta de la plata sobre la unión de los dos tubos.
- ¾ La plata se fundirá y fluirá entre las dos piezas.
- ¾ En este punto preciso retire la flama.

El mantenimiento de los sistemas de soldar es su responsabilidad como técnico licenciado.

Observe: Mangas rotas, válvulas defectuosas, tanques en mal estado o sobre llenos, almacenamiento de los tanques en lugares de altas temperaturas, mal uso de las herramientas, omisión de las reglas de seguridad…

Refrigeración y Aire Acondicionado

Soldadura con Oxi Acetileno.

El nombre oxi acetileno se obtiene de los nombres de los dos gases utilizados en este procedimiento; oxi es la abreviatura de oxigeno, un gas que es componente del aire atmosférico y el cual se necesita para que haya combustión.

El oxigeno constituye alrededor de la quinta parte del aire que nos rodea; pero el que se usa para la soldadura es oxigeno puro.

Se almacena en cilindros verdes o amarillos a una alta presión, de alrededor de 168 kg/cm^2 (2,400 lb/pulg^2), y se debe manejar con mucho cuidado.

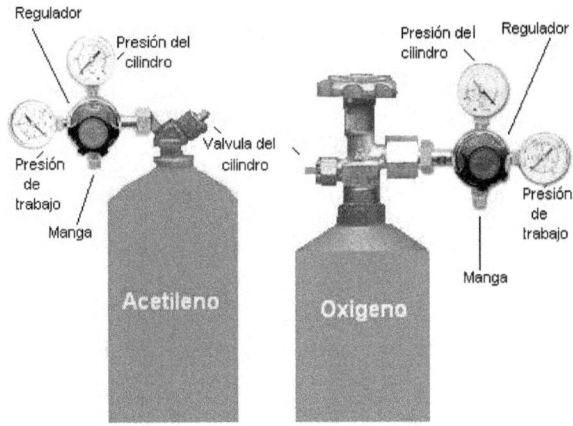

El acetileno, el segundo gas utilizado en esta soldadura, es extremadamente combustible y puede explotar con facilidad. El acetileno, el cual **no** forma parte del aire atmosférico, se debe producir en una planta.

El acetileno se almacena en un cilindro, rojo o negro.

El acetileno también está a presión en el cilindro, aunque a una presión más baja, 210 lb/pulg^2. Si se almacenara el acetileno a una presión más alta, podría explotar.

Se utilizan el oxigeno y el acetileno de los cilindros junto con reguladores, mangueras y sopletes para producir una flama. Esta flama puede alcanzar una temperatura de 6,000 °F.

La mayoría de los aceros se funden alrededor de 2,800 °F.

Soldadura con Oxi Acetileno.

Reguladores de presiones.

La presión normal en el cilindro de oxigeno es de 2,400 lb/pulg². Esto significa que el manómetro más cercano al tanque debe indicar hasta 2,400 lb, cuando menos. El segundo manómetro, que indica la presión en la salida del regulador, indicará la presión de trabajo del oxigeno en la manguera y en el soplete. Algunos procesos oxiacetilénicos requieren una presión de trabajo más alta en el oxigeno.

Como el oxigeno y el acetileno están a presión en los cilindros, se necesita usar un sistema para reducir esa alta presión. Tanto el regulador de oxigeno como el regulador de acetileno tienen una misma función, reducir la alta presión que hay en la válvula del cilindro, de modo que se pueda usar para la soldadura o para el corte.

Hay muchos tipos de reguladores en el mercado, pero el más común es el de doble manómetro y una etapa. Esto significa que el primer manómetro medirá la presión del gas en el cilindro y el segundo medirá la salida en el regulador.

La importancia de la segunda presión se vera al describir el encendido y ajuste del soplete.

La diferencia principal entre el regulador de oxigeno y el de acetileno es la presión a la cual deben trabajar.

La presión normal en el cilindro de acetileno es de alrededor de 210 lb/pulg² (14.7 kg/cm²) y el primer manómetro debe indicar, cuando menos, esa presión. Pero, el segundo manómetro es más importante.

El acetileno a una presión de más de 15 lb/pulg² (1 .05 kg/cm²) en cualquier otro lugar que no sea el cilindro especial, puede explotar. Hay que tener sumo cuidado al usar el acetileno.

MANGUERAS

Una manguera sale de cada regulador al soplete y son de diferentes colores, La manguera para oxigeno es verde, la de acetileno es roja.

Las roscas de estas mangueras y las roscas en el cilindro y reguladores son diferentes para que sea casi imposible cometer un error al conectar el regulador a un cilindro nuevo.

El equipo para oxigeno tiene rosca derecha, el equipo para acetileno tiene rosca izquierda,

Refrigeración y Aire Acondicionado

Soldadura con oxi acetileno.

Sopletes

El soplete para oxi acetileno tiene dos conexiones roscadas, dos válvulas, una cámara mezcladora y una punta con un orificio pequeño. Cada conexión roscada suministra gas (oxigeno o acetileno) a la cámara mezcladora cuando se abren las válvulas.

El acetileno y el oxigeno se mezclan en esta cámara para tener la flama correcta en la punta del soplete.

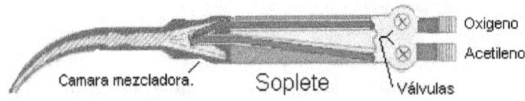

La punta de soplete deja que los gases mezclados salgan por el orificio, en donde se queman.

Hay diferentes tamaños de puntas para soplete oxiacetilénico. Se numeran por tamaños desde 00 hasta 15, y cuanto más alto sea el número, más grande será el orificio.

Por supuesto, cuanto más grande sea el orificio, más presión se necesitará en el gas y la flama saldrá más grande. Con una flama grande, se puede calentar una superficie más grande.

Tamaño de la punta	Presión oxigeno	Presión acetileno
1	1	1
2	2	2
3	3	3
4	4	4
5	5	5
6	6	6
7	7	7
8	8	8
9	9	9
10	10	10
11	10	10
12	10	10

Diferentes tamaños de puntas de soplete y las presiones que se usan con cada una.

La mayoría de los maestros de refrigeración ajustan la presión de trabajo así:

Acetileno en 5 psi   Oxigeno en 20 psi.

Soldadura con oxi acetileno.

Encendido del soplete.

Dado que el acetileno es muy inflamable, **la válvula del tanque sólo se debe abrir ¼ de vuelta.** Esto deja pasar suficiente gas por el regulador y facilita cerrarlo en una emergencia.

Recuerde que el acetileno es muy peligroso si es usado a una presión de (15 lb/pulg^2) o más.

El encendido del soplete oxiacetilénico es fácil y seguro si seguimos los siguientes pasos y se observan las reglas de seguridad.

Procedimiento:

¾ Use anteojos oscuros de seguridad. Abra muy poco, **alrededor de ¼ de vuelta**, la válvula de acetileno (La que está conectada con la manguera roja)

¾ Abra completamente la válvula del oxigeno, esto ayudará a operar la válvula de alivio en caso de una alta presión.

¾ Coloque el chispero en la punta del soplete y actívelo manualmente, con esto saltaran chispas que inflamarán el acetileno. (No utilice fósforos)

¾ Gradúe el acetileno hasta que tenga una llama brillante, sin humo negro.

¾ Abra suavemente la válvula de oxigeno hasta que vea tres llamas de colores diferentes: una pequeña de color azul intenso en la punta; una llama azul más clara de más o menos 1 pulgada de longitud y una llama azul muy tenue en el extremo.

¾ Después de que haya identificado las tres llamas diferentes, siga abriendo lentamente la válvula de oxigeno. La llama azul claro (intermedia) se moverá hacia la punta del soplete y se hará más pequeña, hasta que sea del mismo tamaño que la de azul intenso.

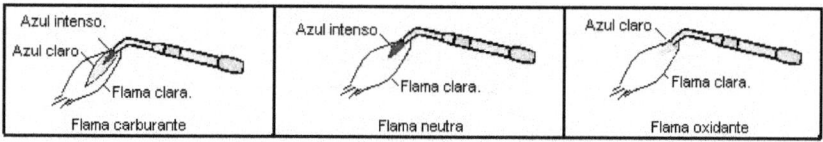

Para apagar el soplete, cierre primero la válvula de acetileno. Esto puede producir un ruido como el de un estallido suave, pero es normal.

Siempre es importante cortar primero el acetileno para evitar "post" combustión en la punta del soplete.

Refrigeración y Aire Acondicionado

Cortar y avellanar.

Cortar el tubo con segueta podría dejar residuos y partículas en el interior que causaran graves daños al sistema, si no tiene un filtro adecuado. Lo ideal es usar un cortador de tubos, vienen en diferentes tamaños y formas.

Cortador de tubos

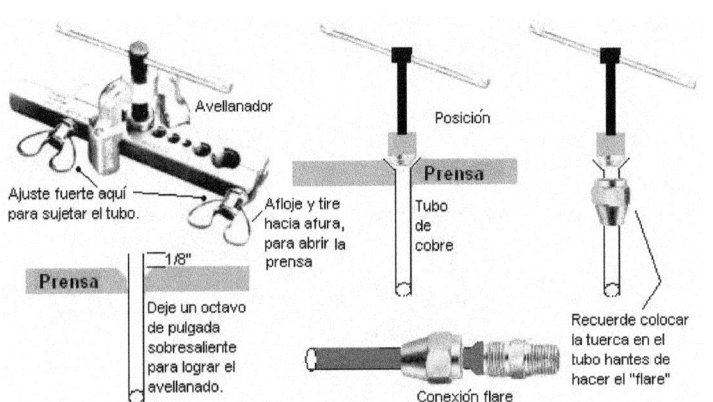

Avellanador

Ajuste fuerte aquí para sujetar el tubo.

Prensa

1/8"

Deje un octavo de pulgada sobresaliente para lograr el avellanado.

Afloje y tire hacia afura, para abrir la prensa

Posición

Prensa

Tubo de cobre

Conexión flare

Recuerde colocar la tuerca en el tubo hantes de hacer el "flare"

El avellanador "Flaring tool" es muy usado en la refrigeración, tanto en el taller como en el campo de trabajo. Esta es una herramienta muy simple y fácil de usar.

Los expandidores son muy usados para crear una unión de tubo a tubo. Se coloca el tubo en la prensa de acuerdo a su diámetro, dejando fuera el largo de tubo que se quiere expandir. Luego se introduce el expandidor en el tubo y le damos suavemente con el martillo de bola.

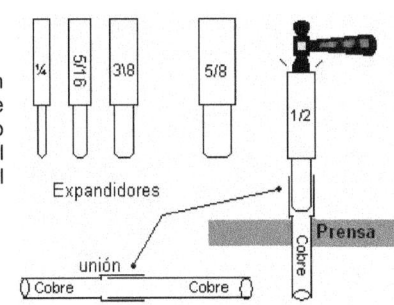

Expandidores

1/4   5/16   3\8   5/8   1/2

Prensa

Cobre

unión

Cobre   Cobre

Uniones "Flare"

Tapon macho "Flare"

Tapon hembra "Flare"

Tuerca corta "Flare"

Unión "Flare"

Codo 90°   Unión reducida   Unión soldable   T

Hay una gran variedad de accesorios "flare" en el mercado para casi todas las situaciones.

Lo más útil de este sistema es que no requiere soldadura ni herramientas complejas.

Refrigeración y Aire Acondicionado

Métodos para doblar tubos.

Este "spring" de doblar tubos viene en diferentes tamaños de acuerdo al tubo que se esta usando. Coloque el tubo dentro del "spring" y doble suavemente con la mano hasta lograr la curva que se necesita. Fíjese que el tubo y el "spring" coincidan en diámetro.

Esta otra herramienta es más especializada para doblar tubos con precisión.

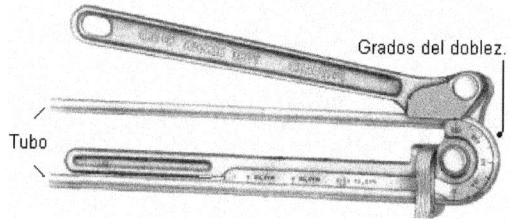

Grados del doblez.

Tubo

Herramienta para cortar tubos con precisión.

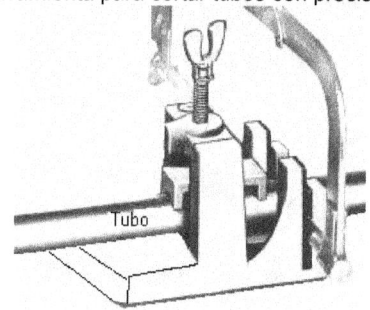

Tubo

Cuando se corta el tubo con la segueta solamente, es casi imposible hacer un corte derecho.

Los cortes mal alienados ocasionan problemas para unir los tubos y pueden ser los causantes de una soldadura deficiente y de un escape posterior.

Refrigeración y Aire Acondicionado

Soldadura, aluminio – aluminio - cobre.

Flux

INSTRUCCIONES:

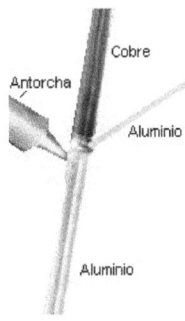
Cobre
Antorcha
Aluminio
Aluminio

1. Limpie el área que va a soldar de tierra, oxidación, aceite y agua. Use un cepillo de hierro o cualquier otro material que sea abrasivo.

2. Aplique una capa uniforme de fundente al área entera que va a soldar. Si va a soldar tubería a una conexión existente, aplique el fundente a la tubería, introduzca la tubería a la conexión.

3. Aplique calor a la conexión que va a soldar. Si esta soldando aluminio a cobre, primero caliente la pieza de aluminio y después el cobre. Use un movimiento suave con la antorcha, siempre teniendo la llama en movimiento. Cuando el flux (fundente) se pone caliente. Empezará hacer burbujas. Las burbujas incrementaran rápidamente con el calor.

4. Cuando vea que el flux este burbujeando rápidamente. Aplique la soldadura a la conexión. Cuando se esta aplicando la soldadura usen las burbujas como indicador para determinar la temperatura adecuada para soldar. La soldadura debería fluir sin resistencia. Cuando la soldadura empiece a fluir en la conexión elimine la llama poco a poco.

5. Permita que la conexión se enfrié, entonces quite el residuo del flux (fundente) con un paño mojado.

Paquetes para reparaciones en aluminio.

El "Kit" para reparar tubos y piezas de aluminio es muy usado por los técnicos de refrigeración, especialmente para reparaciones en los evaporadores. El sistema no debe tener presión y es importante limpiar el área con el líquido que se provee. Lea las instrucciones y permita el tiempo adecuado para que la pasta seque.

Pieza de aluminio.

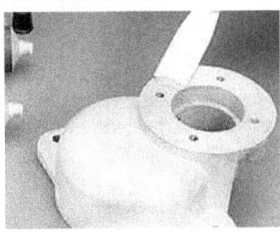

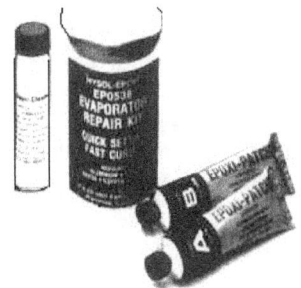

Refrigeración y Aire Acondicionado

Electricidad básica.

Voltaje: Simplemente, voltaje es la diferencia de potencial que hay entre dos cargas eléctricas, llamado también fuerza electromotriz o presión eléctrica. Se utiliza la letra **E** para identificarlo y se expresa en voltios.

Repasemos este concepto:

Para describir las propiedades del campo eléctrico en el interior de un conductor se recurre a la noción de diferencia de potencial, también denominada presión eléctrica o fuerza electromotriz, porque de ella depende el movimiento de las cargas libres de un punto a otro. El sentido de la corriente eléctrica depende no sólo del signo de la diferencia de potencial, sino también del signo de los elementos portadores de carga presentes en el conductor.

En un conductor de cobre, los portadores de carga son los electrones negativos por lo que su desplazamiento se producirá, en términos de signos, desde el polo negativo hacia el positivo.

El potencial eléctrico que acumula una sustancia dependerá del movimiento de los electrones en esa sustancia. La cantidad de electrones que gana o pierde la sustancia es lo que determina su nivel de energía.

Si colocamos juntas dos materias que contengan niveles diferentes de energía, el resultado será una fuente de voltaje.

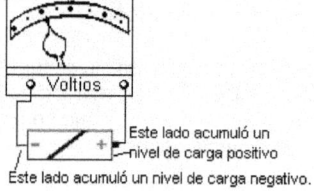

Este lado acumuló un nivel de carga positivo

Este lado acumuló un nivel de carga negativo.

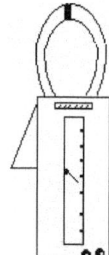

Instrumento típico del técnico de refrigeración para medir corriente, voltaje y resistencia. Un voltímetro calcula la diferencia de potencial entre los dos terminales y lo expresa como voltaje, fuerza electromotriz, presión eléctrica o diferencia de potencial, en cualquier caso hablamos de lo mismo.

Corriente eléctrica.

Corriente eléctrica es el flujo de electrones en una sola dirección. Fíjese que hay un requisito, debe fluir en una sola dirección, de negativo a positivo, esta es la dirección lógica de la corriente en un circuito. Se usa la letra I para identificarla y se expresa en amperes.

Para que la corriente pueda fluir, se requiere de un circuito básico. Un circuito básico es el camino que recorren los electrones desde que salen de la parte negativa de la fuente de voltaje a través de los conductores, pasando por la carga y regresando a la fuente por el lado positivo.

Veamos como se comportan, la ley de las polaridades eléctricas de Benjamín Franklin y el flujo de la corriente en un circuito.

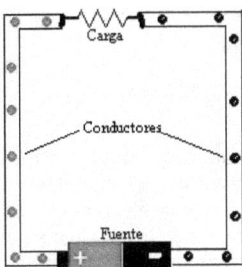

El lado negativo de la fuente, repele los electrones negativos y los impulsa hacia la carga, al pasar por la carga los electrones le dejan la energía que transportan y son atraídos fuertemente por el lado positivo de la fuente. En este proceso el lado negativo de la fuente pierde electrones y acumula carga positiva (Ausencia de electrones). Por el otro lado la parte positiva de la fuente gana electrones y acumula carga negativa (exceso de electrones). Cuando los dos potenciales estén al mismo nivel, dejará de fluir la corriente, la fuente se descarga y no hay voltaje

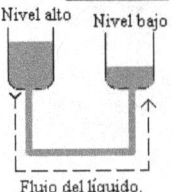

Semejante al circuito eléctrico, en este arreglo el agua fluirá mientras los tanques tengan una diferencia en sus niveles. Cuando los dos niveles sean iguales, cesará el flujo del líquido.

Existen dos teorías que tratan sobre el flujo de la corriente eléctrica en un circuito.

a) La teoría del flujo de electrones, la cual nos indica que la corriente fluye de negativo a positivo.

b) La teoría convencional acerca del flujo de la corriente, esta nos dice que la corriente fluye desde positivo hasta negativo.

En este libro utilizaremos la Teoría del Flujo de Electrones.

Resistencia

Simplemente, resistencia es la oposición que ofrece un material, al paso de los electrones a través de su estructura física. Se utiliza la letra **R** para identificar la resistencia y se expresa su valor en ohmios. Su símbolo es la letra griega omega, :

La resistencia es un efecto que está presente en todo el circuito eléctrico y en sus componentes. Hasta el presente, todo lo que podemos hacer para reducir los efectos de la resistencia es seleccionar materiales con buena conductancia. Esto quiere decir que permiten el flujo de la corriente eléctrica con facilidad. La conductancia es igual al reciproco de la resistencia y se usa la letra **G** para identificarla. $G = \dfrac{1}{R\Omega}$

Requisitos para los conductores de corriente.

Los metales y no metales se encuentran separados en el sistema periódico por una línea diagonal de elementos. Los elementos a la izquierda de la diagonal son los metales y los elementos a la derecha son los no metales. Los elementos metálicos se pueden combinar unos con otros y también con otros elementos formando compuestos, disoluciones y mezclas. Una mezcla de dos o más metales o de un metal con algunos no metales como el carbono, se denomina aleación. Las aleaciones de mercurio con otros elementos metálicos son conocidas como amalgamas.

No todos los metales son conductores eléctricos apropiados para su uso en la construcción de sistemas de energía. Para que esto sea de esa manera los conductores deben cumplir con algunos requisitos de física, de costos y de volumen para su explotación comercial.

Para que un material sea escogido como conductor eléctrico:

¾ Su estructura atómica debe estar formada por átomos que contengan uno o dos electrones en la órbita exterior.
¾ Debe encontrarse en grandes cantidades.
¾ Debe ser un material manejable fácilmente.
¾ De buena conductancia.
¾ De baja resistencia.
¾ Fácil para explotar industrialmente a un costo razonable.

Los conductores más usados en trabajos de electricidad son, el cobre y el aluminio. En el pasado se uso el hierro como conductor de electricidad, pero ya esta desapareciendo como tal. La plata se usa en aplicaciones industriales, especialmente en la electrónica.

Refrigeración y Aire Acondicionado

Buenos conductores de electricidad.

Se puede definir un buen conductor como: Un material que su estructura atómica esta formada, por átomos que su órbita exterior contienen 1 ó 2 electrones. Ejemplos de estos son: La plata y el cobre. Si se fijan en el listado anterior, la plata no cumple con el siguiente requisito: Fácil para explotar a un precio razonable, por esta razón el cobre ocupa el primer lugar en el mercado.

Otro factor importante de los conductores es su resistencia específica **(RS)** para esta prueba se cortaron metales diferentes a la misma medida y se hicieron las pruebas a la misma temperatura, de modo que todo sucediera baja las mismas condiciones de laboratorio. Esta tabla contiene los resultados de las pruebas de resistencia específica con los materiales que más comúnmente se utilizan en el trabajo de electricidad. Hay también otros elementos que aunque no son de uso común vale la pena mencionarlos.

Los metales más usados	
Material	Resistencia (Rs)
Plata	9.65Ω
Cobre	10.37Ω
Aluminio	17.01Ω
Hierro	60.09Ω

Otros elementos	
Oro	14.70Ω
Tungsteno	35.60Ω
Bronce	42.20Ω
Plomo	132.30Ω
Mercurio	576.00Ω
Nicromio	612.00Ω

Factores influyentes en la resistencia.

Los factores que más influyen en la resistencia de los conductores de corriente eléctrica son:

1. **El largo del conductor**, se expresa en pies y pulgadas.

Diámetro — Conductor eléctrico — Largo

2. **El diámetro del conductor**, se expresa en milésimas circulares.

3. **La temperatura**, se mide en °F o °C.

4. **La cantidad de electrones por área cuadrada disponibles.** Esto nos puede dar una idea de porque unos materiales conducen la electricidad mejor que otros, a pesar de tener las mismas características requeridas en la ciencia física.

Refrigeración y Aire Acondicionado

Materiales del mismo tamaño.

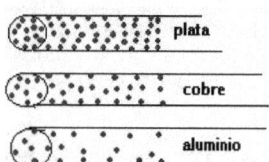

Cuando la carga conectada al circuito le pide electrones al conductor para realizar su tarea, solamente puede dar más el que mayor volumen de electrones contenga en su estructura física. Fíjese que para el cobre mover la misma cantidad de electrones que la plata, su diámetro tendría que ser mayor en milésimas circulares. Igualmente le pasaría al aluminio, para alcanzar el mismo volumen que el cobre, su diámetro debe aumentarse considerablemente.

Resistencia total de los conductores.

¿Cómo se calcula la resistencia total de un conductor eléctrico?

La resistencia total de 75 pies de conductor AWG #6 en cobre será...

Solución: <u>Largo del conductor X la resistencia de 1,000 pies</u>
1,000

Ya sabemos que son 75 pies de conductor.

Busquemos en el Capítulo 9 del NEC, Tabla 8 (Propiedades de los conductores) la resistencia de 1,000 pies de conductor AWG #6 = (0.3962)

$$Rt = \frac{75X.3962}{1,000} = \frac{29.715}{1,000} = .029715 \, \Omega$$

Puede usar esta ecuación matemática para llegar a un valor parecido al de la tabla 8 del NEC. $Rt = \frac{LxRS}{CM}$ **L** = Largo del conductor (Ida y vuelta) **Rs** = Resistencia especifica del material. **CM** = Milésimas circulares.

Un conductor eléctrico en cobre AWG #6 mide 500' desde el fusible a la carga, ¿Cuánto es la resistencia total?

Observe:
Son 500' del fusible a la carga y 500' de la carga retornando a la fuente de voltaje. Esto suma 1,000' en total.

$$Rt = \frac{LxRs}{CM} = \frac{1,000x10.37}{26,240} = \frac{10,370}{26,240} = 0.395 \, \Omega$$

Mire la tabla 8 del código en la siguiente página y busque conductor AWG #6.
En la columna de la derecha, mire y compare la resistencia de 1,000' de este conductor, con el resultado obtenido en la ecuación.

Refrigeración y Aire Acondicionado

Resistencia total de los conductores.

La tabla siguiente muestra los calibres de conductores más usados y su resistencia por 1,000 pies del conductor. Puede ver también el diámetro del conductor y las milésimas circulares.

La tabla 8 del capítulo 9 del NEC

Medida AWG	Diámetro	Milésimas circulares	Ohmios x 1,000 FT.
14	064.1	4,110	2.52
12	080.8	6,530	1.59
10	101.9	10,380	1.00
8	128.5	16,510	.6281
6	162.0	26,240	.3962
4	204.3	41,740	.2485
2	257.6	66,360	.1563
0	324.9	105,600	.09825
00	364.8	133,100	.0871
000	409.6	167,800	.0618
0000	460.0	211,600	.0490

Cuando no sepa las milésimas circulares, use este método: **CM = D²**
El diámetro de un conductor #12 es 080.8, las milésimas circulares serán:

$$CM = D^2 = 080.8 \times 080.8 = 6,528.64 \ CM$$

Nota: Para conductores en cobre y aluminio el código utiliza las letras (AWG) American Wire Gage, lo mismo que Brown and Sharp Gage (BS). Los conductores mayores de 4/0 se miden en milésimas circulares, comenzando en 250,000 milésimas circulares. Hasta el 1989 se les marcaba "250 MCM" en el 1990 el código lo cambia a **"250 kcmil"** El termino MCM se define como 1,000 milésimas circulares. ("M" en el sistema numérico Romano significa 1,000) La notación fue cambiada para reconocer la designación de "K" como el significado de 1,000.

("ANSI/IEEE Standard 100-1992, The IEEE Standard Dictionary of Electrical and Electronic Terms; recent UL standards; and IEEE standards now use the notation "kcmil" rather than "MCM.)

Refrigeración y Aire Acondicionado

Caída de voltaje.

¿Porque si el voltaje nominal es 120/240, algunas medidas reflejan 110, 115 de línea a neutral y 220, 230 de línea a línea?

Esto es un efecto causado por el largo del conductor, el grueso del conductor, la corriente del circuito y otros factores como la temperatura. A este efecto se le conoce como **caída de voltaje en el conductor**. "Voltage drop".

Ecuación matemática para calcular $VD = \dfrac{2xLxRxI}{1,000}$

Esta es la fórmula para calcular "Voltage drop" El **(2)** es porque la corriente viaja a la carga por un conductor y regresa a la fuente por el otro, **(L)** es el largo del conductor en pies, **(R)** es la resistencia del conductor en Ω, **(I)** es la corriente en el circuito, expresada en amperes.

Una residencia que tiene una carga continúa de 45 amperes, esta alimentada con conductor #8 en cobre, y la trenza mide 150' de la acometida al transformador más cercano. ¿Cuánto es la caída de voltaje en las líneas?

Busquemos la resistencia de 1,000' de conductor #8 en la tabla 8, capitulo 9 del NEC. Esta nos da .6281Ω por 1000' del conductor.
Apliquemos la ecuación:

$$VD = \frac{2xLxRxI}{1,000} = \frac{2x150x.6281x45}{1,000} = \frac{8479.35}{1,000} = 8.479$$

La caída o perdida total de voltaje es 8.47 voltios.

Como el voltaje nominal es 240 voltios, la restamos 8.47 y tendremos el voltaje real, que será medido por el voltímetro.

240 - 8.47 = 231.53 medidos entre L1 y L2.
115.76 medidos de cualquier línea a neutral.

$$\text{Por ciento} = \frac{240-231.53}{240} x100 = \frac{8.47}{240} x100 = 3.52\%$$

La caída de voltaje debe mantenerse entre el (3) y el (5) % máximo.

Aisladores

Todos los cuerpos son capaces en alguna medida de permitir el paso de los electrones a través de su estructura física. Los materiales que ofrecen oposición mayor al flujo de la corriente, son llamados aisladores.

Se puede definir un aislador como: Un material que se opone al paso de la corriente a través de su estructura. Están formados por átomos que contienen de siete a ocho electrones en su órbita exterior. Un átomo que contiene en su orbita exterior ocho electrones, trata de mantenerlos en su sitio y se niega a desprenderse de ellos.

Claro esta, que si a esta estructura se le aplica suficiente energía externa, los electrones comenzaran a moverse.

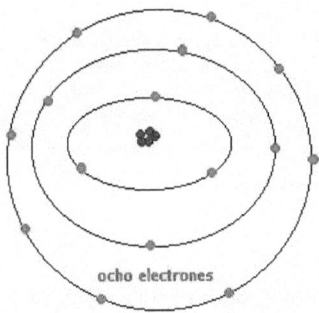

Algunos aisladores conocidos son:

El plástico, la cerámica, la goma, el vidrio y la baquelita, entre otros. El tipo de aislador que debe tener un conductor de electricidad será determinado de acuerdo **al sitio donde se usará.**

NEC Table 310-13 "Conductor Application and Insulations"

El fabricante imprime a todo lo largo del conductor el voltaje al cual el material aislador es seguro. En este caso este tipo de aislador fue listado hasta 600 voltios, si le aplicamos un voltaje mayor, el material aislador conducirá dejando de ser seguro.

El circuito eléctrico.

En un circuito se parte de un punto y se regresa a este mismo punto por algún medio disponible. En un circuito eléctrico se dice que todo electrón que parte del lado negativo de la fuente tiene que regresar por el lado positivo usando como medio los conductores de electricidad.

Todo electrón que sale de la fuente de voltaje tiene que retornar a ella luego de pasar por la carga.

Las partes básicas que componen un circuito eléctrico son:

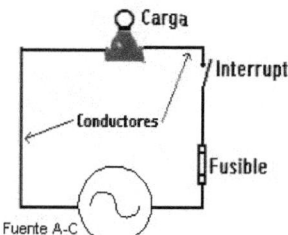

1. **La fuente de energía.**
2. **Los conductores.**
3. **La carga.**
4. **El medio de control.**
5. **El medio de protección.**

1. **La fuente de energía:** Esta produce la diferencia de potencial, voltaje o presión para impulsar los electrones a través de los conductores hacia la carga.

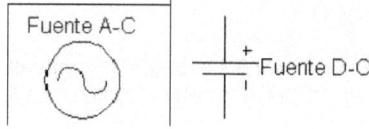

2. **Los conductores de electricidad:** Son el medio por donde los electrones viajan en el circuito.

Refrigeración y Aire Acondicionado

3. La carga: Es cualquier dispositivo que se conecte al sistema con el propósito de utilizar y convertir la energía eléctrica.

 (a) Motor eléctrico: Convierte energía eléctrica en mecánica

 (b) Bombilla: Convierte energía eléctrica en lumínica.

 (c) Plancha: Convierte energía eléctrica en calor.

4. Un medio de control: Este es un interruptor que permite detener el flujo de electrones, cuando deseamos apagar el dispositivo que funciona como carga.

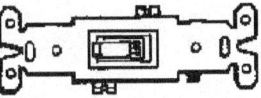

5. Un medio de protección: Este es un fusible, "Breaker", "Overload" o cualquiera otro que pueda detener el flujo de corriente si las condiciones no son seguras.

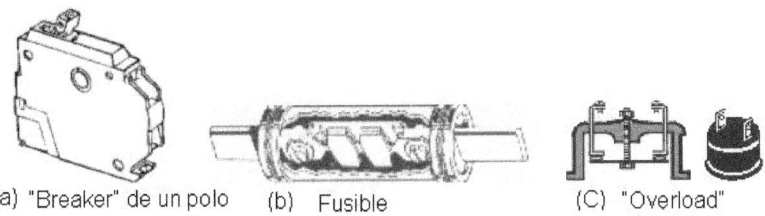

(a) "Breaker" de un polo   (b) Fusible   (C) "Overload"

Georg Simon Ohm.

Cuando entre los extremos de un conductor se establece una diferencia de potencial (E), aparece en él una corriente eléctrica que lo atraviesa (I) Dado que I es consecuencia de E, debe existir una relación entre sus valores respectivos. En los conductores dicha relación es lineal y constituye la ley de Ohm.

GEORG SIMON OHM: Físico Alemán por el cual la unidad de resistencia eléctrica el Ohm, fue nombrado en su honor. Nació en marzo 16, 1789 murió el 6 de julio 1854.

En 1826 estableció la ley de Ohm la cual expresa la relación existente entre el flujo de la corriente, el voltaje y la resistencia, en un circuito completo. Toda su vida, Ohm obtuvo trabajos poco remunerados, pero en 1852 se le dio un gran reconocimiento en física, en la Universidad de Munich.

Ohm analizó y determino, que había una relación matemática entre el voltaje, la corriente y la resistencia del circuito eléctrico cuando se alimenta con corriente directa.

Esta relación matemática hoy la conocemos como la ley de Ohm y se expresa de la siguiente manera:

E			E =	I x R	E = Voltaje
I	R		I =	E ÷ R	I = Corriente
			R =	E ÷ I	R = Resistencia

Algunos datos simples de matemática.	
X Puede sustituirlo así *	÷ Puede sustituirlo por /
% Por ciento	√⎺ Raíz cuadrada
φ Fase	+/- Más o menos

Resolviendo el problema.

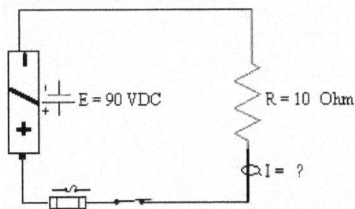

Busque en el plano que valores son conocidos y anótelos:

R = 10 Ω
E = 90 VDC
I = (?) Este es el valor desconocido.

Pregúntele la solución a la ley de Ohm tapando la I.

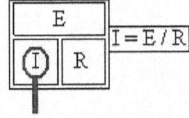

Le contestará que **I = E ÷ R.**

En el siguiente paso, sustituya las letras por los valores conocidos,

I = 90v ÷10Ω.

Luego termine, dividiendo 90 VDC entre 10Ω.

Este será el resultado I = E ÷ R = 90VDC ÷10Ω = 9 amperes.

Ohm puede sustituirlo por Ω en el resultado de la ecuación.

Resistor: Es un dispositivo utilizado con el propósito de introducirle resistencia a un circuito. Resistor es el nombre del dispositivo, resistencia es el efecto que produce en el circuito.

Calculando la corriente. (I)

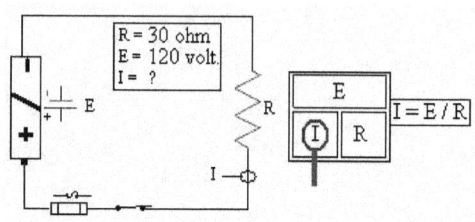

Valores: R = 30 Ω
         E = 120 volt.
         I = (?)

Solución: I = E ÷ R
            I = 120 ÷ 30
            I = 4 amp.

Calculando la resistencia. (R)

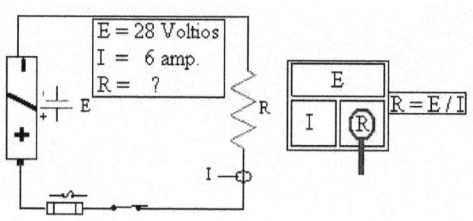

Valores: E = 28 volt
         I = 6 amp.
         R = (?)

Solución: R = E ÷ I.
           R = 28 ÷ 6
           R = 4.666Ω

Calculando el voltaje.

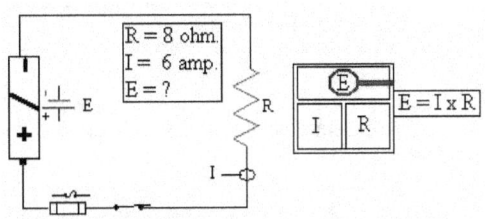

Valores: R = 8Ω
      I = 6 amp.
      E = (?)

Solución: E = I x R
          E = 6 x 8
          E = 48 volt.

Watts

En un circuito eléctrico, el voltaje estará presente mientras exista una fuente que proporcione la diferencia de potencial, pero la corriente no estará fluyendo, hasta el momento que se conecte una carga al sistema.

La capacidad de la carga para realizar trabajo, se mide en **Watts, Kilo Watts y Mega Watts** se usa la letra **W** para identificar Watts.

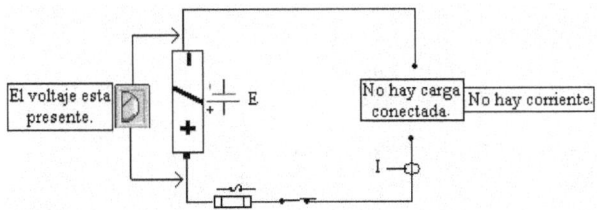

La carga es cualquier dispositivo que se conecte al sistema eléctrico con el propósito de utilizar y convertir la energía eléctrica. La carga determina la cantidad de corriente en el circuito.

Refrigeración y Aire Acondicionado

James Watt.

Nació en enero 19, 1736 murió en agosto 25, 1819. Escocés, ingeniero e inventor. Watt tuvo un papel clave en el desarrollo de la máquina de vapor como una fuente de fuerza práctica.

También estableció la relación que existía entre el voltaje, la corriente y la capacidad de la carga para realizar un trabajo. A la ecuación resultante se le conoce como la ley de Watt y se expresa de la manera siguiente:

Sus tres formas básicas son:

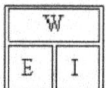

W = E x I
E = W / I
I = W / E

Calculando los Watts.

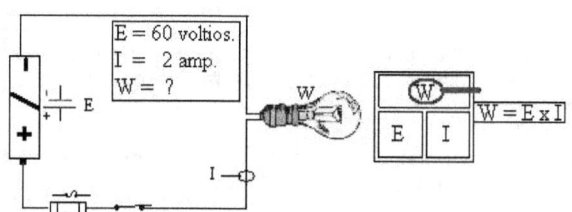

Estos son los valores conocidos: **E = 60 volt.**
                                   I = 2 amp.
Este es el valor desconocido: **W = (?)**

Cubra la W en la ley de watts y le contestara que W = E x I.

Resolviendo el problema: W = E x I
                          W = 60 x 2
                          W = 120

Calcule el voltaje.

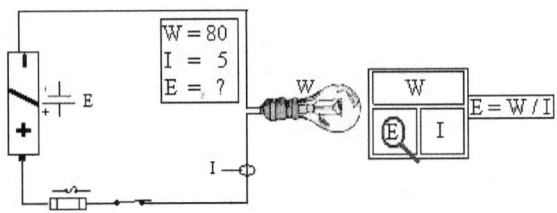

Valores: W = 80
     I = 5 amp.
     E = (?)

Solución: E = W / I
         E = 80 / 5
         E = 16 voltios.

Calculando la corriente.

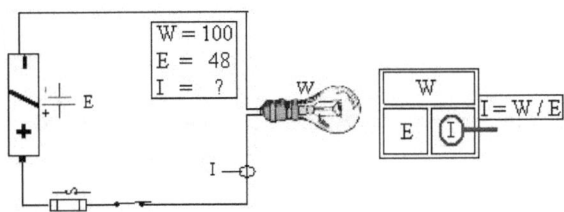

Valores: W = 100
       E = 48
       I = (?)

Solución: I = W / E
         I = 100 / 48
         I = 2.083 amp.

Ley de Ohm y Watts

E =	I x R	W / I	$\sqrt{W R}$
I =	E / R	W / E	$\sqrt{W / R}$
R =	E / I	E^2 / w	W / I^2
W =	E x I	$I^2 x R$	E^2 / R

Estudia las formas derivadas de la ley de Ohm y de Watt.

Refrigeración y Aire Acondicionado

Circuitos en serie y paralelo.

Circuito serie.

Las cargas en un circuito eléctrico estarán siempre conectadas en serie o en paralelo o en combinación de ambas, serie paralelo o paralelo serie.

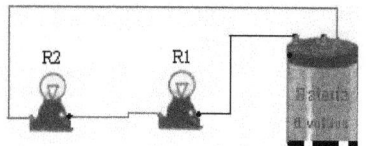

Una carga esta conectada en serie cuando la corriente total tiene que pasar a través de todas ellas para retornar a la fuente de voltaje.

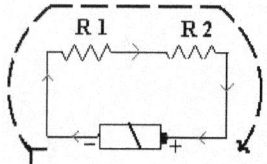

Hay un sólo camino en un circuito serie para que la corriente circule. Fíjese que la corriente sale del lado negativo de la fuente, pasa por R1, luego por R2 y retorna a la fuente de voltaje por el lado positivo.

En un circuito serie la resistencia total (Rt) será siempre la suma de todas las resistencias conectadas en el circuito. La ecuación matemática seria...

$$Rt = R1 + R2 + R3 + R4...$$

En el diagrama anterior R1 = 10 Ω y R2 = 5 Ω ¿Cuánto es Rt?

Solución: Rt = R1 + R2
Rt = 10 + 5 = 15 Ω

Un circuito eléctrico tiene conectadas en serie resistencias de 23, 34, 12, y 77 Ohmios. ¿Cuánto será la resistencia total?

Solución: Rt = R1 + R2 + R3 + R4
Rt = 23 + 34 + 12 + 77
Rt = 146 Ω

Circuito paralelo.

En un circuito eléctrico donde las cargas están conectadas en paralelo, hay más de un camino para que la corriente retorne a la fuente.

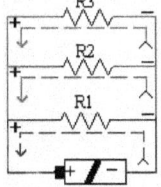

Si mira con atención el diagrama, podrá notar que cada una de las cargas está conectada al punto negativo en un extremo y al punto positivo en el otro extremo, esto es típico en un circuito conectado en paralelo.

En un circuito paralelo la resistencia se divide y la resistencia total será menor que la resistencia más pequeña conectada en el circuito.

Hay varios arreglos para considerar:

1.   Los valores de las resistencias son todos iguales.

$$R1 = 10\Omega \quad R2 = 10\Omega \quad R3 = 10\Omega$$

Solución: Se divide el valor de una de ellas, entre la suma de todas las resistencias conectadas en el circuito.

$$Rt = 10\ \Omega\ /\ 3 \quad Rt = 3.333\Omega$$

2. Hay **dos** resistencias conectadas con valores diferentes.
3.

$$R1 = 4\Omega \qquad R2 = 8\Omega$$

Solución: Use ésta ecuación $\dfrac{R1xR2}{R1+R2}$

$\dfrac{R1xR2}{R1+R2} = \dfrac{4x8}{4+8} = \dfrac{32}{12} = 2.666\Omega$ (Tome siempre tres lugares decimales después del punto)

Refrigeración y Aire Acondicionado

3. Cuando hay **más de dos** resistencias conectadas en paralelo con valores diferentes.

$$R1 = 75\Omega \quad R2 = 25\Omega \quad R3 = 5\Omega \quad R4 = 20\Omega$$

En este caso es más útil la ecuación del recíproco.

Paso 1. Escriba la ecuación matemática.

$$Rt = \frac{1}{1/R1 + 1/R2 + 1/R3 + 1/R4}$$

Paso 2. Escriba los valores de R1, R2, R3, R4.

$$Rt = \frac{1}{1/75 + 1/25 + 1/5 + 1/20}$$

Paso 3. Divida 1 entre el valor de R. Ejemplo: 1/75, 1/25...

$$Rt = \frac{1}{.013 + .04 + .2 + .05}$$

Paso 4. Sume todos los valores decimales anteriores.

$$Rt = \frac{1}{.303}$$

Paso 5. Divida 1 entre la suma de los decimales.

Este es el valor: Rt = **3.300Ω**

El recíproco de un número es **1** dividido entre el número dado.

Ejemplo: el recíproco de 25 se busca así $\frac{1}{25} = \mathbf{.04}$

En un circuito paralelo, la resistencia total es igual al recíproco, de la suma de los recíprocos, de las resistencias individuales en el circuito y el resultado será siempre menor que la resistencia más pequeña conectada.

En el caso anterior, la resistencia menor tenia 5Ω y el resultado de la ecuación fue 3.3Ω, menor que la más pequeña conectada.

Circuito serie paralelo.

Este circuito tiene componentes conectados en serie, con algunos componentes también conectados en paralelo.

R1 = 12Ω
R2 = 22Ω
R3 = 50Ω
R4 = 10Ω

Si observa el diagrama notará que la corriente pasa primero por R1 y luego por R2 en un sólo camino, ambas están conectadas en serie. Cuando la corriente alcanza R3 y R4 se divide en dos caminos diferentes, estas dos están conectadas en paralelo.

Después de pasar ambos arreglos, serie y paralelo, la corriente retorna a la fuente de voltaje por el lado positivo completando el circuito.

En un arreglo serie paralelo se calculan primero los componentes conectados en paralelo. Como hay sólo dos resistencias, usamos esta ecuación:

$$\text{Ecuación:} \quad \frac{R3 x R4}{R3 + R4} = \frac{50x10}{50+10} = \frac{500}{60} = 8.333\Omega$$

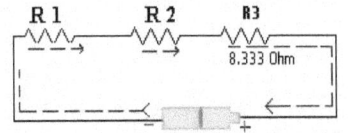

Ahora después de resolver los componentes conectados en paralelo el circuito anterior luce así:

Como ahora tenemos simplemente un circuito serie, sumamos todos los valores y el resultado será la resistencia total, (Rt.)

Solución: Rt = R1 + R2 + R3

Rt = 12 + 22 + 8.333

Rt = 42.333 Ω

Refrigeración y Aire Acondicionado

Circuito paralelo serie.

Este arreglo tiene sus componentes conectados en paralelo, más una que otra carga conectada en serie dentro del mismo circuito.

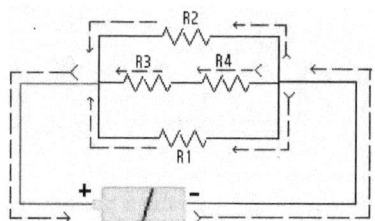

R1 = 9Ω   R2 = 30Ω   R3 = 22Ω   R4 = 28Ω

Si observa el diagrama notará que la corriente sale del lado negativo de la fuente y en la entrada de las cargas se divide en tres caminos diferentes, uno a través de R1, otro a través de R2, y otro a través de R4, esto sin duda es un circuito paralelo, más de un camino para retornar a la fuente de voltaje.

Mire con atención la parte del centro en el diagrama, la corriente tiene un solo camino a través de R4 y R3 para retornar a la fuente.

Sin duda estos dos dispositivos están conectados en serie, dentro de un circuito paralelo.

En un circuito paralelo se resuelven primero los componentes conectados en serie.

Solución: Rt = R3 + R4

Rt = 22 + 28

Rt = 50Ω

Para continuar solucionando esta ecuación, tomemos en cuenta que R3 y R4 se convirtieron en un solo valor al sumarlas. (50Ω)

Circuito paralelo serie.

Ahora R3 = 50Ω.

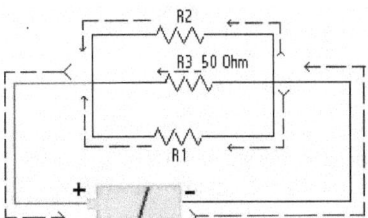

Ya calculamos las resistencias conectadas en serie sumándolas y ahora nos resta calcular el valor total de las que aún están conectadas en paralelo. Para esto usamos la siguiente ecuación:

$$Rt = \frac{1}{1/R1 + 1/R2 + 1/R3}$$

$$Rt = \frac{1}{1/9 + 1/30 + 1/50}$$

$$Rt = \frac{1}{.111 + .033 + .02}$$

$$Rt = \frac{1}{.164}$$

Rt = 6.097Ω

Practique esta ecuación matemática es muy útil cuando hay muchas resistencias en un circuito conectadas en paralelo, especialmente si sus valores son diferentes y no hay un denominador común.

Refrigeración y Aire Acondicionado

Voltaje, corriente y watts en circuitos serie.

En un circuito eléctrico la resistencia tiene tres efectos básicos:

1. Produce calor

2. Controla el flujo de los electrones.

3. Ocasiona una caída de voltaje. (Voltage drop)

En un circuito serie la corriente es la misma en cualquier punto, pero el voltaje total es la suma de la caída de voltaje en cada resistencia individualmente.

R1 = 04Ω
R2 = 10Ω
R3 = 20Ω

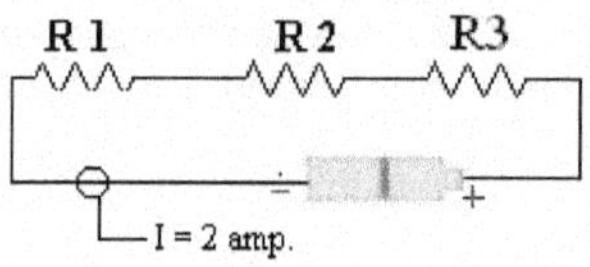

Se calcula así: VD = I x R

VD = I x R1 = 2 x 04Ω = 08

I x R2 = 2 x 10Ω = 20

I x R3 = 2 x 20Ω = <u>40</u>

Et = 68 voltios.

Circuito	Corriente	Voltaje	Watts
Serie	Es la misma en cualquier punto del circuito	Es la suma de las caídas de voltajes en todas las resistencias	Es la suma de todas las Cargas conectadas.

Voltaje, Corriente y Watts en circuitos paralelo.

A = 15Ω
B = 20Ω
C = 08Ω
E = 90Volts

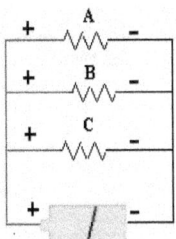

El voltaje en las cargas A, B, y C será el mismo en cualquiera de ellas, pero la corriente total, será la suma de las corrientes en cada ramal individual.

Tendremos que calcularla por la ley de Ohm.

It = (E / RA) + (E / RB) + (E / RC)

I R1 = 90 / 15 = 06 amp.

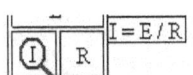

I R2 = 90 / 20 = 4.5 I R3 = 90 / 08 = 11.25

It = (06 + 4.5 + 11.25) = 21.75 amp.

Circuito	Corriente	Voltaje	Watts
Paralelo	Es la suma de las corrientes en los diferentes ramales.	Es el mismo en todas las cargas conectadas.	Es la suma de todas las Cargas conectadas.

Refrigeración y Aire Acondicionado

Corriente Alterna.

Cuando hacemos oscilar un conductor dentro de un campo magnético, el flujo de corriente en el conductor cambia de sentido tantas veces como lo hace el movimiento físico del conductor. Varios sistemas de generación de electricidad se basan en este principio y producen una forma de corriente oscilante llamada corriente alterna. Este tipo de corriente no es difícil de entender, ni de explicar, lo que sucede es que la fuente esta en constante movimiento giratorio. Cuando observamos un objeto circular moverse, tenemos la impresión de que la vuelta tiene una sola dirección, **pero observemos con cuidado el siguiente diagrama:**

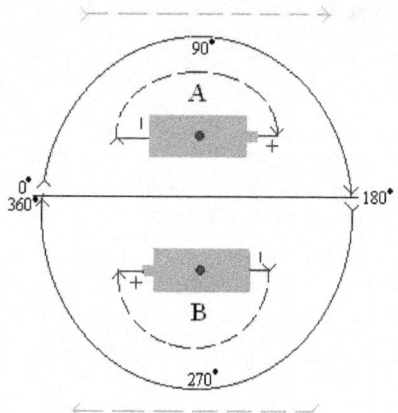

Inmediatamente en 0° comienza el medio ciclo **A**, alcanza su valor máximo positivo en los 90° y termina al alcanzar los 180º. (La fuente esta girando y cambia de dirección aquí.)

El medio ciclo **B** comienza después de los 180º alcanza su valor máximo negativo en los 270° y termina en los 360º. (Se completa una vuelta y la fuente cambia nuevamente de dirección.)

La rotación se divide en dos medias vueltas, ambas con direcciones diferentes. Una se mueve de cero hacia los 180° en una dirección y la otra de 180° hacia los 360° en dirección contraria.

El sistema eléctrico en Puerto Rico y los Estados Unidos es de 60 ciclos por segundo. Esto quiere decir que los generadores tienen que rotar a 3,600 vueltas por minutos para suplir esta frecuencia.

Si divide 3,600 vueltas por minutos entre 60 segundos que hay en un minuto le dará 60 vueltas o ciclos por segundos. 3,600 / 60 = 60 ciclos / segundo.

Frecuencia: Es la cantidad de ciclos que ocurren en un segundo.

Refrigeración y Aire Acondicionado

Una carga eléctrica alimentada con corriente alterna, recibe corriente en una dirección durante medio ciclo y en dirección contraria durante el otro medio ciclo.

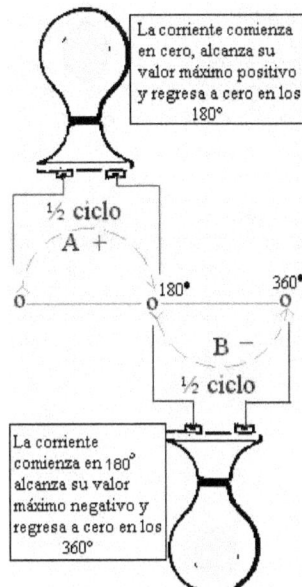

Notaremos que en una frecuencia de 60 ciclos por segundos hay 120 ocasiones que la carga no tiene corriente alguna circulando.

En los 180° y en los 360° el valor de la corriente es cero. Si esto ocurre dos veces en un ciclo, en 60 ciclos ocurrirá 120 veces. La onda de corriente en el área residencial es de una sola curva senoidal o **de una fase.**

Este es el símbolo de la corriente alterna de una fase.

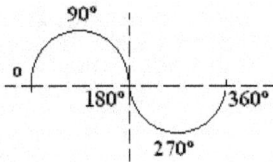

La cresta superior representa el valor positivo y la inferior el valor negativo.
Los números por arriba del cero son positivos y por debajo del cero son negativos (Tabla cartesiana.)

Distribución Residencial.

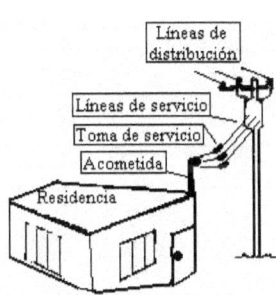

Como vimos en el arreglo anterior, el sistema de generación, transmisión y distribución termina en el poste más cercano a nuestras viviendas donde un transformador recibe el voltaje alterno y lo baja a uno capaz de suplir las necesidades de los enseres eléctricos que tenemos en nuestras casas. Las líneas eléctricas que llegan desde el transformador a nuestras casas se llaman: **líneas de servicio** y el punto donde estas se juntan con las líneas salientes de la estructura se llama: **toma de servicio.** El tubo que baja por la pared de la estructura con los conductores de electricidad hasta la base del contador se llama: **acometida.**

Más adelante en el capitulo de transformadores, estudiaremos las capacidades, cálculos y funcionamiento de estos dispositivos eléctricos. Lo importante aquí es entender que todo servicio eléctrico residencial comienza en un transformador diseñado para suplir 120 ó 240 voltios de corriente alterna. Este es el voltaje secundario nominal que esta disponible en Puerto Rico y los Estados Unidos para uso residencial y comercios pequeños.

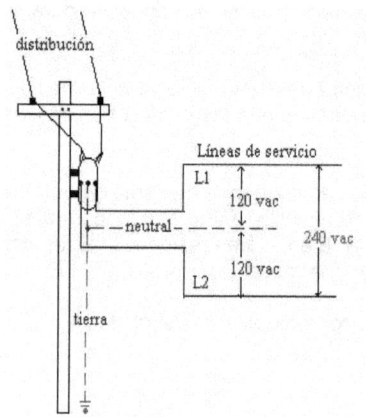

Refrigeración y Aire Acondicionado

Del transformador salen tres líneas de servicio L1, L2 y el neutral. L1 y L2 están conectadas en los extremos del transformador por lo que representan el voltaje mayor **240 voltios a-c.**

Fíjese que el neutral esta conectado a tierra con el propósito de establecer un punto de cero potencial. Como el neutral es cero, el valor de este punto a cualquier línea, debe ser la mitad del voltaje total **120v a-c.**

Voltajes rms y de pico.

Los voltajes en el sistema alterno están cambiando constantemente de dirección y de intensidad. El voltaje que se puede leer con el instrumento típico del electricista se llama RMS "Root Means Square" Esto significa en nuestro idioma la raíz cuadrada de algo.

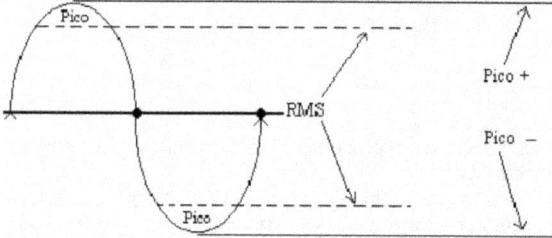

El voltaje de pico es la relación matemática que hay entre la raíz cuadrada de los dos tiempos o alternaciones $\sqrt{2}$ (1.41) y el voltaje rms registrado por el instrumento. Tomemos en este caso, 120 vac medidos entre L1 y el neutral.

$$E \text{ pico} = E \text{ rms} \times 1.41$$
$$120 \times 1.41$$
$$169.2$$

$$E \text{ rms} = E \text{ pico} \div 1.41$$
$$169.2 \div 1.41$$
$$120$$

El instrumento registra 240 voltios rms medidos de L1 A L2, el voltaje de pico será:

$$E \text{ p} = E \text{ rms} \times \sqrt{2}$$
$$240 \times 1.41$$
$$338.4$$

El voltaje de pico está presente en el sistema y cuando se diseñan equipos de consumo, es importante tomarlo en cuenta. En nuestro trabajo diario estaremos tratando con el voltaje rms que es el voltaje que leen los instrumentos.

Refrigeración y Aire Acondicionado

Electricidad básica.

Voltaje: Simplemente, voltaje es la diferencia de potencial que hay entre dos cargas eléctricas, llamado también fuerza electromotriz o presión eléctrica. Se utiliza la letra **E** para identificarlo y se expresa en voltios.

Repasemos este concepto:

Para describir las propiedades del campo eléctrico en el interior de un conductor se recurre a la noción de diferencia de potencial, también denominada presión eléctrica o fuerza electromotriz, porque de ella depende el movimiento de las cargas libres de un punto a otro. El sentido de la corriente eléctrica depende no sólo del signo de la diferencia de potencial, sino también del signo de los elementos portadores de carga presentes en el conductor.

En un conductor de cobre, los portadores de carga son los electrones negativos por lo que su desplazamiento se producirá, en términos de signos, desde el polo negativo hacia el positivo.

El potencial eléctrico que acumula una sustancia dependerá del movimiento de los electrones en esa sustancia. La cantidad de electrones que gana o pierde la sustancia es lo que determina su nivel de energía.

Si colocamos juntas dos materias que contengan niveles diferentes de energía, el resultado será una fuente de voltaje.

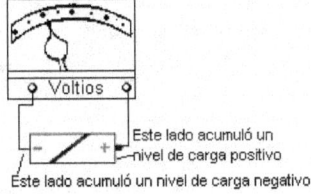

Este lado acumuló un nivel de carga positivo

Este lado acumuló un nivel de carga negativo.

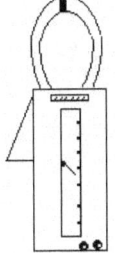

Instrumento típico del técnico de refrigeración para medir corriente, voltaje y resistencia. Un voltímetro calcula la diferencia de potencial entre los dos terminales y lo expresa como voltaje, fuerza electromotriz, presión eléctrica o diferencia de potencial, en cualquier caso hablamos de lo mismo.

Refrigeración y Aire Acondicionado

Corriente eléctrica.

Corriente eléctrica es el flujo de electrones en una sola dirección. Fíjese que hay un requisito, debe fluir en una sola dirección, de negativo a positivo, esta es la dirección lógica de la corriente en un circuito. Se usa la letra I para identificarla y se expresa en amperes.

Para que la corriente pueda fluir, se requiere de un circuito básico. Un circuito básico es el camino que recorren los electrones desde que salen de la parte negativa de la fuente de voltaje a través de los conductores, pasando por la carga y regresando a la fuente por el lado positivo.

Veamos como se comportan, la ley de las polaridades eléctricas de Benjamín Franklin y el flujo de la corriente en un circuito.

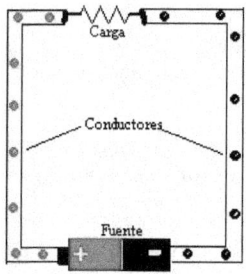

El lado negativo de la fuente, repele los electrones negativos y los impulsa hacia la carga, al pasar por la carga los electrones le dejan la energía que transportan y son atraídos fuertemente por el lado positivo de la fuente. En este proceso el lado negativo de la fuente pierde electrones y acumula carga positiva (Ausencia de electrones). Por el otro lado la parte positiva de la fuente gana electrones y acumula carga negativa (exceso de electrones). Cuando los dos potenciales estén al mismo nivel, dejará de fluir la corriente, la fuente se descarga y no hay voltaje

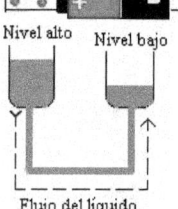

Flujo del líquido.

Semejante al circuito eléctrico, en este arreglo el agua fluirá mientras los tanques tengan una diferencia en sus niveles. Cuando los dos niveles sean iguales, cesará el flujo del líquido.

Existen dos teorías que tratan sobre el flujo de la corriente eléctrica en un circuito.

a) La teoría del flujo de electrones, la cual nos indica que la corriente fluye de negativo a positivo.

b) La teoría convencional acerca del flujo de la corriente, esta nos dice que la corriente fluye desde positivo hasta negativo.

En este libro utilizaremos la Teoría del Flujo de Electrones.

Refrigeración y Aire Acondicionado

Resistencia

Simplemente, resistencia es la oposición que ofrece un material, al paso de los electrones a través de su estructura física. Se utiliza la letra **R** para identificar la resistencia y se expresa su valor en ohmios. Su símbolo es la letra griega omega, ╴

La resistencia es un efecto que está presente en todo el circuito eléctrico y en sus componentes. Hasta el presente, todo lo que podemos hacer para reducir los efectos de la resistencia es seleccionar materiales con buena conductancia. Esto quiere decir que permiten el flujo de la corriente eléctrica con facilidad. La conductancia es igual al reciproco de la resistencia y se usa la letra **G** para identificarla. $G = \dfrac{1}{R\Omega}$

Requisitos para los conductores de corriente.

Los metales y no metales se encuentran separados en el sistema periódico por una línea diagonal de elementos. Los elementos a la izquierda de la diagonal son los metales y los elementos a la derecha son los no metales. Los elementos metálicos se pueden combinar unos con otros y también con otros elementos formando compuestos, disoluciones y mezclas. Una mezcla de dos o más metales o de un metal con algunos no metales como el carbono, se denomina aleación. Las aleaciones de mercurio con otros elementos metálicos son conocidas como amalgamas.

No todos los metales son conductores eléctricos apropiados para su uso en la construcción de sistemas de energía. Para que esto sea de esa manera los conductores deben cumplir con algunos requisitos de física, de costos y de volumen para su explotación comercial.

Para que un material sea escogido como conductor eléctrico:

¾ Su estructura atómica debe estar formada por átomos que contengan uno o dos electrones en la órbita exterior.
¾ Debe encontrarse en grandes cantidades.
¾ Debe ser un material manejable fácilmente.
¾ De buena conductancia.
¾ De baja resistencia.
¾ Fácil para explotar industrialmente a un costo razonable.

Los conductores más usados en trabajos de electricidad son, el cobre y el aluminio. En el pasado se uso el hierro como conductor de electricidad, pero ya esta desapareciendo como tal. La plata se usa en aplicaciones industriales, especialmente en la electrónica.

Refrigeración y Aire Acondicionado

Buenos conductores de electricidad.

Se puede definir un buen conductor como: Un material que su estructura atómica esta formada, por átomos que su órbita exterior contienen 1 ó 2 electrones. Ejemplos de estos son: La plata y el cobre. Si se fijan en el listado anterior, la plata no cumple con el siguiente requisito: Fácil para explotar a un precio razonable, por esta razón el cobre ocupa el primer lugar en el mercado.

Otro factor importante de los conductores es su resistencia específica **(RS)** para esta prueba se cortaron metales diferentes a la misma medida y se hicieron las pruebas a la misma temperatura, de modo que todo sucediera baja las mismas condiciones de laboratorio. Esta tabla contiene los resultados de las pruebas de resistencia específica con los materiales que más comúnmente se utilizan en el trabajo de electricidad. Hay también otros elementos que aunque no son de uso común vale la pena mencionarlos.

Los metales más usados	
Material	Resistencia (Rs)
Plata	9.65Ω
Cobre	10.37Ω
Aluminio	17.01Ω
Hierro	60.09Ω

Otros elementos	
Oro	14.70Ω
Tungsteno	35.60Ω
Bronce	42.20Ω
Plomo	132.30Ω
Mercurio	576.00Ω
Nicromio	612.00Ω

Factores influyentes en la resistencia.

Los factores que más influyen en la resistencia de los conductores de corriente eléctrica son:

1. **El largo del conductor**, se expresa en pies y pulgadas.

2. **El diámetro del conductor**, se expresa en milésimas circulares.

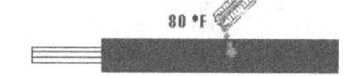

3. **La temperatura**, se mide en °F o °C.

4. **La cantidad de electrones por área cuadrada disponibles.** Esto nos puede dar una idea de porque unos materiales conducen la electricidad mejor que otros, a pesar de tener las mismas características requeridas en la ciencia física.

Materiales del mismo tamaño.

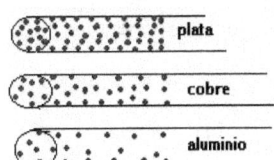

Cuando la carga conectada al circuito le pide electrones al conductor para realizar su tarea, solamente puede dar más el que mayor volumen de electrones contenga en su estructura física. Fíjese que para el cobre mover la misma cantidad de electrones que la plata, su diámetro tendría que ser mayor en milésimas circulares. Igualmente le pasaría al aluminio, para alcanzar el mismo volumen que el cobre, su diámetro debe aumentarse considerablemente.

Resistencia total de los conductores.

¿Cómo se calcula la resistencia total de un conductor eléctrico?

La resistencia total de 75 pies de conductor AWG #6 en cobre será...

Solución: Largo del conductor X la resistencia de 1,000 pies
                                         1,000

Ya sabemos que son 75 pies de conductor.

Busquemos en el Capítulo 9 del NEC, Tabla 8 (Propiedades de los conductores) la resistencia de 1,000 pies de conductor AWG #6 = (0.3962)

$$Rt = \frac{75X.3962}{1,000} = \frac{29.715}{1,000} = .029715\,\Omega$$

Puede usar esta ecuación matemática para llegar a un valor parecido al de la tabla 8 del NEC. $Rt = \frac{LxRS}{CM}$ **L** = Largo del conductor (Ida y vuelta) **Rs** = Resistencia especifica del material. **CM** = Milésimas circulares.

Un conductor eléctrico en cobre AWG #6 mide 500' desde el fusible a la carga, ¿Cuánto es la resistencia total?

Observe:
Son 500' del fusible a la carga y 500' de la carga retornando a la fuente de voltaje. Esto suma 1,000' en total.

$$Rt = \frac{LxRs}{CM} = \frac{1,000x10.37}{26,240} = \frac{10,370}{26,240} = 0.395\,\Omega$$

Mire la tabla 8 del código en la siguiente página y busque conductor AWG #6.
En la columna de la derecha, mire y compare la resistencia de 1,000' de este conductor, con el resultado obtenido en la ecuación.

Resistencia total de los conductores.

La tabla siguiente muestra los calibres de conductores más usados y su resistencia por 1,000 pies del conductor. Puede ver también el diámetro del conductor y las milésimas circulares.

La tabla 8 del capítulo 9 del NEC

Medida AWG	Diámetro	Milésimas circulares	Ohmios x 1,000 FT.
14	064.1	4,110	2.52
12	080.8	6,530	1.59
10	101.9	10,380	1.00
8	128.5	16,510	.6281
6	162.0	26,240	.3962
4	204.3	41,740	.2485
2	257.6	66,360	.1563
0	324.9	105,600	.09825
00	364.8	133,100	.0871
000	409.6	167,800	.0618
0000	460.0	211,600	.0490

Cuando no sepa las milésimas circulares, use este método: **CM = D²**
El diámetro de un conductor #12 es 080.8, las milésimas circulares serán:

$$CM = D^2 = 080.8 \times 080.8 = 6,528.64 \ CM$$

Nota: Para conductores en cobre y aluminio el código utiliza las letras (AWG) American Wire Gage, lo mismo que Brown and Sharp Gage (BS). Los conductores mayores de 4/0 se miden en milésimas circulares, comenzando en 250,000 milésimas circulares. Hasta el 1989 se les marcaba "250 MCM" en el 1990 el código lo cambia a **"250 kcmil"** El termino MCM se define como 1,000 milésimas circulares. ("M" en el sistema numérico Romano significa 1,000) La notación fue cambiada para reconocer la designación de "K" como el significado de 1,000.

("ANSI/IEEE Standard 100-1992, The IEEE Standard Dictionary of Electrical and Electronic Terms; recent UL standards; and IEEE standards now use the notation "kcmil" rather than "MCM.)

Refrigeración y Aire Acondicionado

Caída de voltaje.

¿Porque si el voltaje nominal es 120/240, algunas medidas reflejan 110, 115 de línea a neutral y 220, 230 de línea a línea?

Esto es un efecto causado por el largo del conductor, el grueso del conductor, la corriente del circuito y otros factores como la temperatura. A este efecto se le conoce como **caída de voltaje en el conductor**. "Voltage drop"

Ecuación matemática para calcular $VD = \dfrac{2xLxRxI}{1,000}$

Esta es la fórmula para calcular "Voltage drop" El **(2)** es porque la corriente viaja a la carga por un conductor y regresa a la fuente por el otro, **(L)** es el largo del conductor en pies, **(R)** es la resistencia del conductor en Ω, **(I)** es la corriente en el circuito, expresada en amperes.

Una residencia que tiene una carga continúa de 45 amperes, esta alimentada con conductor #8 en cobre, y la trenza mide 150' de la acometida al transformador más cercano. ¿Cuánto es la caída de voltaje en las líneas?

Busquemos la resistencia de 1,000' de conductor #8 en la tabla 8, capitulo 9 del NEC. Esta nos da .6281Ω por 1000' del conductor.
Apliquemos la ecuación:

$$VD = \frac{2xLxRxI}{1,000} = \frac{2x150x.6281x45}{1,000} = \frac{8479.35}{1,000} = 8.479$$

La caída o perdida total de voltaje es 8.47 voltios.

Como el voltaje nominal es 240 voltios, la restamos 8.47 y tendremos el voltaje real, que será medido por el voltímetro.

240 - 8.47 = 231.53 medidos entre L1 y L2.
115.76 medidos de cualquier línea a neutral.

$$\text{Por ciento} = \frac{240-231.53}{240} x100 = \frac{8.47}{240} x100 = 3.52\%$$

La caída de voltaje debe mantenerse entre el (3) y el (5) % máximo.

Refrigeración y Aire Acondicionado

Aisladores

Todos los cuerpos son capaces en alguna medida de permitir el paso de los electrones a través de su estructura física. Los materiales que ofrecen oposición mayor al flujo de la corriente, son llamados aisladores.

Se puede definir un aislador como: Un material que se opone al paso de la corriente a través de su estructura. Están formados por átomos que contienen de siete a ocho electrones en su órbita exterior. Un átomo que contiene en su orbita exterior ocho electrones, trata de mantenerlos en su sitio y se niega a desprenderse de ellos.

Claro esta, que si a esta estructura se le aplica suficiente energía externa, los electrones comenzaran a moverse.

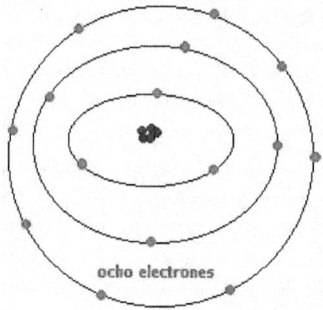

ocho electrones

Algunos aisladores conocidos son:

El plástico, la cerámica, la goma, el vidrio y la baquelita, entre otros. El tipo de aislador que debe tener un conductor de electricidad será determinado de acuerdo **al sitio donde se usará.**

NEC Table 310-13 "Conductor Application and Insulations"

600 Volts

El fabricante imprime a todo lo largo del conductor el voltaje al cual el material aislador es seguro. En este caso este tipo de aislador fue listado hasta 600 voltios, si le aplicamos un voltaje mayor, el material aislador conducirá dejando de ser seguro.

Refrigeración y Aire Acondicionado

El circuito eléctrico.

En un circuito se parte de un punto y se regresa a este mismo punto por algún medio disponible. En un circuito eléctrico se dice que todo electrón que parte del lado negativo de la fuente tiene que regresar por el lado positivo usando como medio los conductores de electricidad.

Todo electrón que sale de la fuente de voltaje tiene que retornar a ella luego de pasar por la carga.

Las partes básicas que componen un circuito eléctrico son:

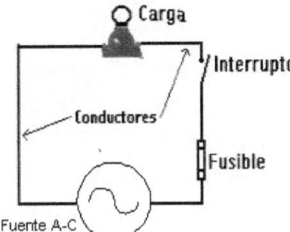

1. La fuente de energía.
2. Los conductores.
3. La carga.
4. El medio de control.
5. El medio de protección.

1. **La fuente de energía:** Esta produce la diferencia de potencial, voltaje o presión para impulsar los electrones a través de los conductores hacia la carga.

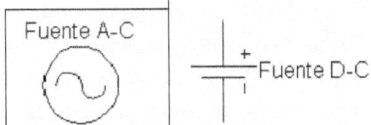

2. **Los conductores de electricidad:** Son el medio por donde los electrones viajan en el circuito.

Refrigeración y Aire Acondicionado

3. La carga: Es cualquier dispositivo que se conecte al sistema con el propósito de utilizar y convertir la energía eléctrica.

 (a) Motor eléctrico: Convierte energía eléctrica en mecánica

 (b) Bombilla: Convierte energía eléctrica en lumínica.

 (c) Plancha: Convierte energía eléctrica en calor.

4. Un medio de control: Este es un interruptor que permite detener el flujo de electrones, cuando deseamos apagar el dispositivo que funciona como carga.

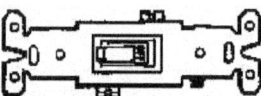

5. Un medio de protección: Este es un fusible, "Breaker", "Overload" o cualquiera otro que pueda detener el flujo de corriente si las condiciones no son seguras.

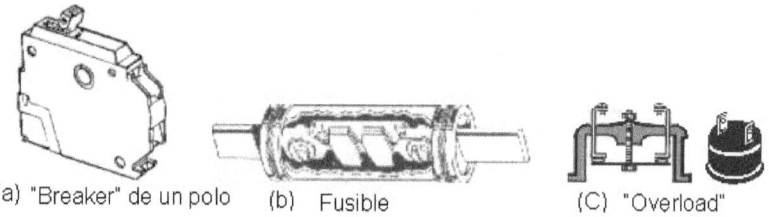

(a) "Breaker" de un polo   (b) Fusible   (C) "Overload"

Refrigeración y Aire Acondicionado

Georg Simon Ohm.

Cuando entre los extremos de un conductor se establece una diferencia de potencial (E), aparece en él una corriente eléctrica que lo atraviesa (I) Dado que I es consecuencia de E, debe existir una relación entre sus valores respectivos. En los conductores dicha relación es lineal y constituye la ley de Ohm.

GEORG SIMON OHM: Físico Alemán por el cual la unidad de resistencia eléctrica el Ohm, fue nombrado en su honor. Nació en marzo 16, 1789 murió el 6 de julio 1854.

En 1826 estableció la ley de Ohm la cual expresa la relación existente entre el flujo de la corriente, el voltaje y la resistencia, en un circuito completo. Toda su vida, Ohm obtuvo trabajos poco remunerados, pero en 1852 se le dio un gran reconocimiento en física, en la Universidad de Munich.

Ohm analizó y determino, que había una relación matemática entre el voltaje, la corriente y la resistencia del circuito eléctrico cuando se alimenta con corriente directa.

Esta relación matemática hoy la conocemos como la ley de Ohm y se expresa de la siguiente manera:

E =	I x R	E = Voltaje
I =	E ÷ R	I = Corriente
R =	E ÷ I	R = Resistencia

Algunos datos simples de matemática.	
X Puede sustituirlo así *	÷ Puede sustituirlo por /
% Por ciento	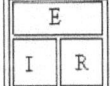 Raíz cuadrada
φ Fase	+/- Más o menos

Resolviendo el problema.

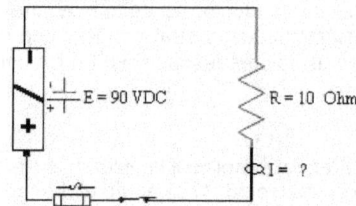

Busque en el plano que valores son conocidos y anótelos:

R = 10 Ω
E = 90 VDC
I = (?) Este es el valor desconocido.

Pregúntele la solución a la ley de Ohm tapando la I.

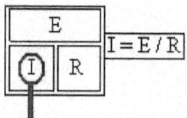

Le contestará que **I = E ÷ R.**

En el siguiente paso, sustituya las letras por los valores conocidos,

I = 90v ÷10Ω.

Luego termine, dividiendo 90 VDC entre 10Ω.

Este será el resultado I = E ÷ R = 90VDC ÷10Ω = 9 amperes.

Ohm puede sustituirlo por Ω en el resultado de la ecuación.

Resistor: Es un dispositivo utilizado con el propósito de introducirle resistencia a un circuito. Resistor es el nombre del dispositivo, resistencia es el efecto que produce en el circuito.

Refrigeración y Aire Acondicionado

Calculando la corriente. (I)

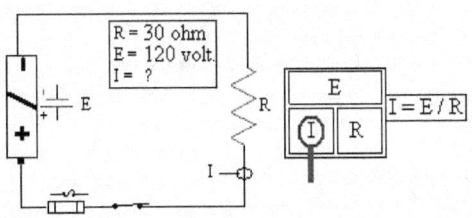

Valores: R = 30 Ω
        E = 120 volt.
        I = (?)

Solución: I = E ÷ R
I = 120 ÷ 30
I = 4 amp.

Calculando la resistencia. (R)

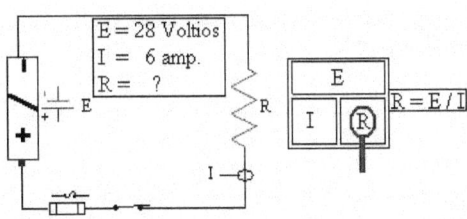

Valores: E = 28 volt
        I = 6 amp.
        R = (?)

Solución: R = E ÷ I.
R = 28 ÷ 6
R = 4.666Ω

Refrigeración y Aire Acondicionado

Calculando el voltaje.

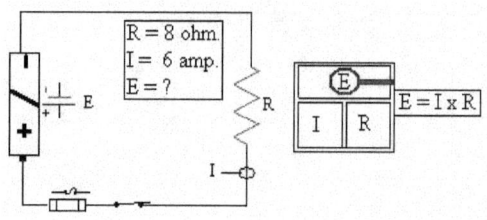

Valores: R = 8Ω
      I = 6 amp.
      E = (?)

Solución: E = I x R
         E = 6 x 8
         E = 48 volt.

Watts

En un circuito eléctrico, el voltaje estará presente mientras exista una fuente que proporcione la diferencia de potencial, pero la corriente no estará fluyendo, hasta el momento que se conecte una carga al sistema.

La capacidad de la carga para realizar trabajo, se mide en **Watts, Kilo Watts y Mega Watts** se usa la letra **W** para identificar Watts.

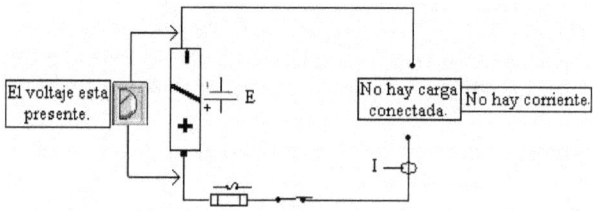

La carga es cualquier dispositivo que se conecte al sistema eléctrico con el propósito de utilizar y convertir la energía eléctrica. La carga determina la cantidad de corriente en el circuito.

Refrigeración y Aire Acondicionado

James Watt.

Nació en enero 19, 1736 murió en agosto 25, 1819. Escocés, ingeniero e inventor. Watt tuvo un papel clave en el desarrollo de la máquina de vapor como una fuente de fuerza práctica.

También estableció la relación que existía entre el voltaje, la corriente y la capacidad de la carga para realizar un trabajo. A la ecuación resultante se le conoce como la ley de Watt y se expresa de la manera siguiente:

Sus tres formas básicas son:

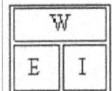

$$W = E \times I$$
$$E = W / I$$
$$I = W / E$$

Calculando los Watts.

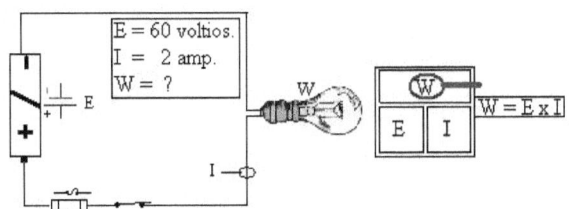

Estos son los valores conocidos: **E = 60 volt.**

I = 2 amp.

Este es el valor desconocido: **W = (?)**

Cubra la W en la ley de watts y le contestara que W = E x I.

Resolviendo el problema: W = E x I

W = 60 x 2

W = 120

Refrigeración y Aire Acondicionado

Calcule el voltaje.

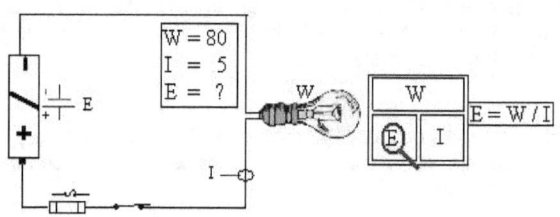

Valores: W = 80
      I = 5 amp.
      E = (?)

Solución: E = W / I
      E = 80 / 5
      E = 16 voltios.

Calculando la corriente.

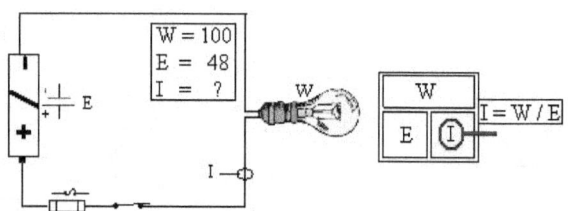

Valores: W = 100
      E = 48
      I = (?)

Solución: I = W / E
      I = 100 / 48
      I = 2.083 amp.

Ley de Ohm y Watts

E =	I x R	W / I	$\sqrt{W R}$
I =	E / R	W / E	$\sqrt{W / R}$
R =	E / I	E^2 / w	W / I^2
W =	E x I	$I^2 x R$	E^2 / R

Estudia las formas derivadas de la ley de Ohm y de Watt.

Circuitos en serie y paralelo.

Circuito serie.

Las cargas en un circuito eléctrico estarán siempre conectadas en serie o en paralelo o en combinación de ambas, serie paralelo o paralelo serie.

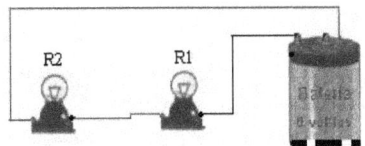

Una carga esta conectada en serie cuando la corriente total tiene que pasar a través de todas ellas para retornar a la fuente de voltaje.

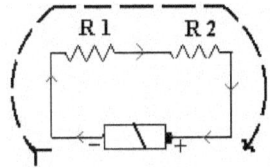

Hay un sólo camino en un circuito serie para que la corriente circule. Fíjese que la corriente sale del lado negativo de la fuente, pasa por R1, luego por R2 y retorna a la fuente de voltaje por el lado positivo.

En un circuito serie la resistencia total (Rt) será siempre la suma de todas las resistencias conectadas en el circuito. La ecuación matemática seria...

$$Rt = R1 + R2 + R3 + R4...$$

En el diagrama anterior R1 = 10 Ω y R2 = 5 Ω ¿Cuánto es Rt?

Solución: Rt = R1 + R2
Rt = 10 + 5 = 15 Ω

Un circuito eléctrico tiene conectadas en serie resistencias de 23, 34, 12, y 77 Ohmios. ¿Cuánto será la resistencia total?

Solución: Rt = R1 + R2 + R3 + R4
Rt = 23 + 34 + 12 + 77
Rt = 146 Ω

Refrigeración y Aire Acondicionado

Circuito paralelo.

En un circuito eléctrico donde las cargas están conectadas en paralelo, hay más de un camino para que la corriente retorne a la fuente.

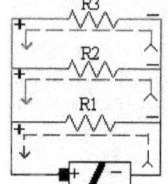

Si mira con atención el diagrama, podrá notar que cada una de las cargas está conectada al punto negativo en un extremo y al punto positivo en el otro extremo, esto es típico en un circuito conectado en paralelo.

En un circuito paralelo la resistencia se divide y la resistencia total será menor que la resistencia más pequeña conectada en el circuito.

Hay varios arreglos para considerar:

1.   Los valores de las resistencias son todos iguales.

$$R1 = 10\Omega \quad R2 = 10\Omega \quad R3 = 10\Omega$$

Solución: Se divide el valor de una de ellas, entre la suma de todas las resistencias conectadas en el circuito.

$$Rt = 10\ \Omega\ /\ 3 \quad Rt = 3.333\Omega$$

2. Hay **dos** resistencias conectadas con valores diferentes.
3.

$$R1 = 4\Omega \qquad R2 = 8\Omega$$

Solución: Use ésta ecuación $\dfrac{R1xR2}{R1+R2}$

$\dfrac{R1xR2}{R1+R2} = \dfrac{4x8}{4+8} = \dfrac{32}{12} = 2.666\Omega$ (Tome siempre tres lugares decimales después del punto)

Refrigeración y Aire Acondicionado

3. Cuando hay **más de dos** resistencias conectadas en paralelo con valores diferentes.

$$R1 = 75\Omega \quad R2 = 25\Omega \quad R3 = 5\Omega \quad R4 = 20\Omega$$

En este caso es más útil la ecuación del recíproco.

Paso 1. Escriba la ecuación matemática.

$$Rt = \frac{1}{1/R1 + 1/R2 + 1/R3 + 1/R4}$$

Paso 2. Escriba los valores de R1, R2, R3, R4.

$$Rt = \frac{1}{1/75 + 1/25 + 1/5 + 1/20}$$

Paso 3. Divida 1 entre el valor de R. Ejemplo: 1/75, 1/25...

$$Rt = \frac{1}{.013 + .04 + .2 + .05}$$

Paso 4. Sume todos los valores decimales anteriores.

$$Rt = \frac{1}{.303}$$

Paso 5. Divida 1 entre la suma de los decimales.

Este es el valor: Rt = **3.300Ω**

El recíproco de un número es **1** dividido entre el número dado.

Ejemplo: el recíproco de 25 se busca así $\frac{1}{25} = .04$

En un circuito paralelo, la resistencia total es igual al recíproco, de la suma de los recíprocos, de las resistencias individuales en el circuito y el resultado será siempre menor que la resistencia más pequeña conectada.

En el caso anterior, la resistencia menor tenia 5Ω y el resultado de la ecuación fue 3.3Ω, menor que la más pequeña conectada.

Circuito serie paralelo.

Este circuito tiene componentes conectados en serie, con algunos componentes también conectados en paralelo.

R1 = 12Ω
R2 = 22Ω
R3 = 50Ω
R4 = 10Ω

Si observa el diagrama notará que la corriente pasa primero por R1 y luego por R2 en un sólo camino, ambas están conectadas en serie. Cuando la corriente alcanza R3 y R4 se divide en dos caminos diferentes, estas dos están conectadas en paralelo.

Después de pasar ambos arreglos, serie y paralelo, la corriente retorna a la fuente de voltaje por el lado positivo completando el circuito.

En un arreglo serie paralelo se calculan primero los componentes conectados en paralelo. Como hay sólo dos resistencias, usamos esta ecuación:

Ecuación: $\dfrac{R3 x R4}{R3 + R4} = \dfrac{50 x 10}{50 + 10} = \dfrac{500}{60} = 8.333\Omega$

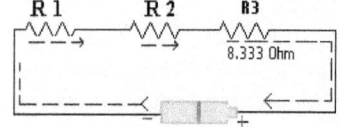

Ahora después de resolver los componentes conectados en paralelo el circuito anterior luce así:

Como ahora tenemos simplemente un circuito serie, sumamos todos los valores y el resultado será la resistencia total, (Rt.)

Solución: **Rt = R1 + R2 + R3**

Rt = 12 + 22 + 8.333

Rt = 42.333 Ω

Circuito paralelo serie.

Este arreglo tiene sus componentes conectados en paralelo, más una que otra carga conectada en serie dentro del mismo circuito.

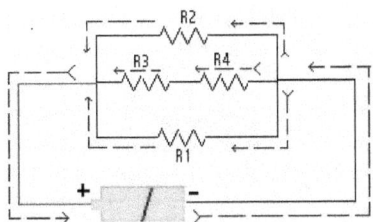

$$R1 = 9\Omega \quad R2 = 30\Omega \quad R3 = 22\Omega \quad R4 = 28\Omega$$

Si observa el diagrama notará que la corriente sale del lado negativo de la fuente y en la entrada de las cargas se divide en tres caminos diferentes, uno a través de R1, otro a través de R2, y otro a través de R4, esto sin duda es un circuito paralelo, más de un camino para retornar a la fuente de voltaje.

Mire con atención la parte del centro en el diagrama, la corriente tiene un solo camino a través de R4 y R3 para retornar a la fuente.

Sin duda estos dos dispositivos están conectados en serie, dentro de un circuito paralelo.

En un circuito paralelo se resuelven primero los componentes conectados en serie.

Solución: Rt = R3 + R4

Rt = 22 + 28

Rt = 50Ω

Para continuar solucionando esta ecuación, tomemos en cuenta que R3 y R4 se convirtieron en un solo valor al sumarlas. (50Ω**)**

Circuito paralelo serie.

Ahora R3 = 50Ω.

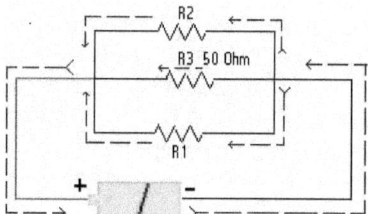

Ya calculamos las resistencias conectadas en serie sumándolas y ahora nos resta calcular el valor total de las que aún   están conectadas en paralelo. Para esto usamos la siguiente ecuación:

$$Rt = \frac{1}{1/R1 + 1/R2 + 1/R3}$$

$$Rt = \frac{1}{1/9 + 1/30 + 1/50}$$

$$Rt = \frac{1}{.111 + .033 + .02}$$

$$Rt = \frac{1}{.164}$$

Rt = 6.097Ω

Practique esta ecuación matemática es muy útil cuando hay muchas resistencias en un circuito conectadas en paralelo, especialmente si sus valores son diferentes y no hay un denominador común.

Refrigeración y Aire Acondicionado

Voltaje, corriente y watts en circuitos serie.

En un circuito eléctrico la resistencia tiene tres efectos básicos:

1. Produce calor

2. Controla el flujo de los electrones.

3. Ocasiona una caída de voltaje. (Voltage drop)

En un circuito serie la corriente es la misma en cualquier punto, pero el voltaje total es la suma de la caída de voltaje en cada resistencia individualmente.

R1 = 04Ω
R2 = 10Ω
R3 = 20Ω

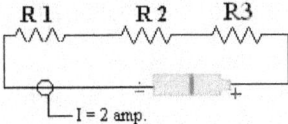

Se calcula así: VD = I x R

VD = I x R1 = 2 x 04Ω = 08

I x R2 = 2 x 10Ω = 20

I x R3 = 2 x 20Ω = <u>40</u>

Et = 68 voltios.

Circuito	Corriente	Voltaje	Watts
Serie	Es la misma en cualquier punto del circuito	Es la suma de las caídas de voltajes en todas las resistencias	Es la suma de todas las Cargas conectadas.

Voltaje, Corriente y Watts en circuitos paralelo.

A = 15Ω
B = 20Ω
C = 08Ω
E = 90Volts

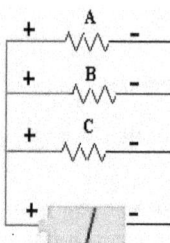

El voltaje en las cargas A, B, y C será el mismo en cualquiera de ellas, pero la corriente total, será la suma de las corrientes en cada ramal individual.

Tendremos que calcularla por la ley de Ohm.

It = (E / RA) + (E / RB) + (E / RC)

I R1 = 90 / 15 = 06 amp.

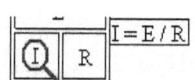

I R2 = 90 / 20 = 4.5 I R3 = 90 / 08 = 11.25

It = (06 + 4.5 + 11.25) = 21.75 amp.

Circuito	Corriente	Voltaje	Watts
Paralelo	Es la suma de las corrientes en los diferentes ramales.	Es el mismo en todas las cargas conectadas.	Es la suma de todas las Cargas conectadas.

Refrigeración y Aire Acondicionado

Corriente Alterna.

Cuando hacemos oscilar un conductor dentro de un campo magnético, el flujo de corriente en el conductor cambia de sentido tantas veces como lo hace el movimiento físico del conductor. Varios sistemas de generación de electricidad se basan en este principio y producen una forma de corriente oscilante llamada corriente alterna. Este tipo de corriente no es difícil de entender, ni de explicar, lo que sucede es que la fuente esta en constante movimiento giratorio. Cuando observamos un objeto circular moverse, tenemos la impresión de que la vuelta tiene una sola dirección, **pero observemos con cuidado el siguiente diagrama:**

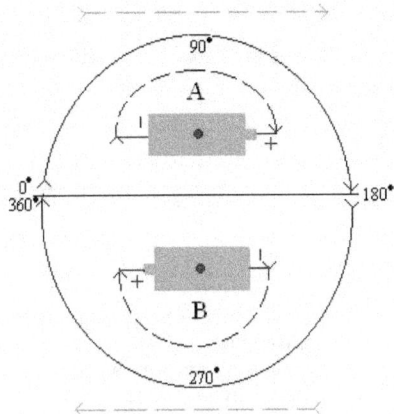

Inmediatamente en 0° comienza el medio ciclo **A**, alcanza su valor máximo positivo en los 90° y termina al alcanzar los 180°. (La fuente esta girando y cambia de dirección aquí.)

El medio ciclo **B** comienza después de los 180° alcanza su valor máximo negativo en los 270° y termina en los 360°. (Se completa una vuelta y la fuente cambia nuevamente de dirección.)

La rotación se divide en dos medias vueltas, ambas con direcciones diferentes. Una se mueve de cero hacia los 180° en una dirección y la otra de 180° hacia los 360° en dirección contraria.

El sistema eléctrico en Puerto Rico y los Estados Unidos es de 60 ciclos por segundo. Esto quiere decir que los generadores tienen que rotar a 3,600 vueltas por minutos para suplir esta frecuencia.

Si divide 3,600 vueltas por minutos entre 60 segundos que hay en un minuto le dará 60 vueltas o ciclos por segundos. 3,600 / 60 = 60 ciclos / segundo.

Frecuencia: Es la cantidad de ciclos que ocurren en un segundo.

Refrigeración y Aire Acondicionado

Una carga eléctrica alimentada con corriente alterna, recibe corriente en una dirección durante medio ciclo y en dirección contraria durante el otro medio ciclo.

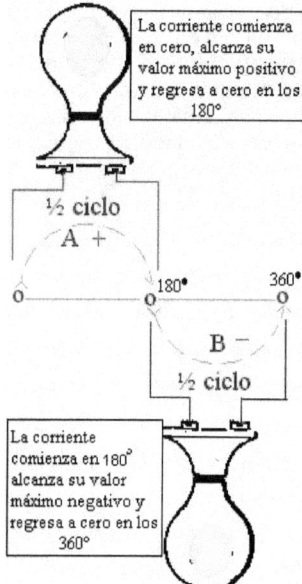

La corriente comienza en cero, alcanza su valor máximo positivo y regresa a cero en los 180°

½ ciclo
A +

180°   360°

B −
½ ciclo

La corriente comienza en 180° alcanza su valor máximo negativo y regresa a cero en los 360°

Notaremos que en una frecuencia de 60 ciclos por segundos hay 120 ocasiones que la carga no tiene corriente alguna circulando.

En los 180° y en los 360° el valor de la corriente es cero. Si esto ocurre dos veces en un ciclo, en 60 ciclos ocurrirá 120 veces. La onda de corriente en el área residencial es de una sola curva senoidal o **de una fase.**

Este es el símbolo de la corriente alterna de una fase.

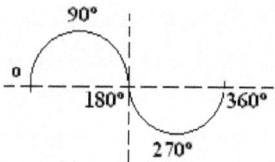

La cresta superior representa el valor positivo y la inferior el valor negativo.
Los números por arriba del cero son positivos y por debajo del cero son negativos (Tabla cartesiana.)

Distribución Residencial.

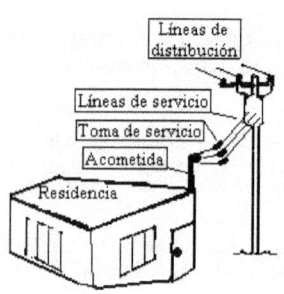

Líneas de distribución

Líneas de servicio
Toma de servicio
Acometida
Residencia

Como vimos en el arreglo anterior, el sistema de generación, transmisión y distribución termina en el poste más cercano a nuestras viviendas donde un transformador recibe el voltaje alterno y lo baja a uno capaz de suplir las necesidades de los enseres eléctricos que tenemos en nuestras casas. Las líneas eléctricas que llegan desde el transformador a nuestras casas se llaman: **líneas de servicio** y el punto donde estas se juntan con las líneas salientes de la estructura se llama: **toma de servicio.** El tubo que baja por la pared de la estructura con los conductores de electricidad hasta la base del contador se llama: **acometida.**

Más adelante en el capitulo de transformadores, estudiaremos las capacidades, cálculos y funcionamiento de estos dispositivos eléctricos. Lo importante aquí es entender que todo servicio eléctrico residencial comienza en un transformador diseñado para suplir 120 ó 240 voltios de corriente alterna. Este es el voltaje secundario nominal que esta disponible en Puerto Rico y los Estados Unidos para uso residencial y comercios pequeños.

Refrigeración y Aire Acondicionado

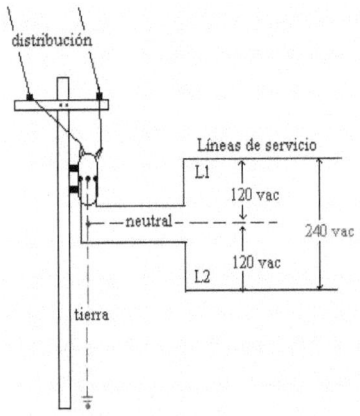

Del transformador salen tres líneas de servicio L1, L2 y el neutral. L1 y L2 están conectadas en los extremos del transformador por lo que representan el voltaje mayor **240 voltios a-c.**

Fíjese que el neutral esta conectado a tierra con el propósito de establecer un punto de cero potencial. Como el neutral es cero, el valor de este punto a cualquier línea, debe ser la mitad del voltaje total **120v a-c.**

Voltajes rms y de pico.

Los voltajes en el sistema alterno están cambiando constantemente de dirección y de intensidad. El voltaje que se puede leer con el instrumento típico del electricista se llama RMS "Root Means Square" Esto significa en nuestro idioma la raíz cuadrada de algo.

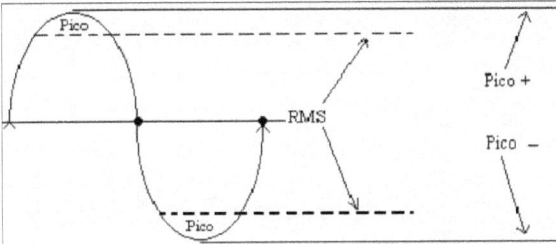

El voltaje de pico es la relación matemática que hay entre la raíz cuadrada de los dos tiempos o alternaciones $\sqrt{2}$ (1.41) y el voltaje rms registrado por el instrumento. Tomemos en este caso, 120 vac medidos entre L1 y el neutral.

E pico = E rms x 1.41	E rms = E pico ÷ 1.41
120 x 1.41	169.2 ÷ 1.41
169.2	120

El instrumento registra 240 voltios rms medidos de L1 A L2, el voltaje de pico será:

$$E\,p = E\ rms\ x\ \sqrt{2}$$
$$240 \times 1.41$$
$$338.4$$

El voltaje de pico está presente en el sistema y cuando se diseñan equipos de consumo, es importante tomarlo en cuenta. En nuestro trabajo diario estaremos tratando con el voltaje rms que es el voltaje que leen los instrumentos.

Magnetismo y electromagnetismo.

Michael Faraday

Físico y Químico británico, nació el 22 de septiembre del 1791, en Newington, Londres y Murió el 25 de agosto de 1867, en Hampton Court - Londres.

Inicio su actividad en 1813 como encuadernador y ayudante de laboratorio en la Royal Institution de Londres.

Hacia 1818 desarrolló aleaciones de acero inoxidable.

Fue el primero en licuar el gas cloro y otros gases. Sin embargo, sus contribuciones más importantes las realizo en el campo de la electricidad.

Pensó en la posibilidad de transformar la energía eléctrica en otras formas de energías tales como **magnetismo, luz y calor.**

Faraday descubrió la **inducción electromagnética** y con ello el principio del dinamo.

En 1833 formuló la ley de la electrolisis conocida con el nombre de ley de Faraday.

En el año 1845 descubrió el giro del plano de polarización de la luz sometida a la acción de un campo magnético.

Faraday enriqueció también el lenguaje científico mediante la introducción de términos tales como:

"Líneas de fuerza magnética y campo magnético".

Refrigeración y Aire Acondicionado

William Gilbert

William Gilbert: Físico y médico Ingles. Nació el 24 de mayo del 1544, murió el 10 de diciembre del 1603 en Londres.

Además de su actividad como médico en la que logró alcanzar el cargo de médico de la corte de la reina Isabel 1ra de Inglaterra (1601), en 1600 publicó un libro que llevaba por titulo De Magnete (Del magnetismo) en el que recogía parte de sus investigaciones experimentales acerca del magnetismo y los imanes.

Gilbert demostró tanto la orientación (Norte-Sur) de los imanes, así como la inclinación magnética (es decir, el ángulo formado por la aguja magnética respecto de la horizontal y que es consecuencia del campo magnético terrestre)

Formuló también la teoría de que la tierra es un inmenso imán lo que justificaba que las agujas magnéticas se orientasen hacia sus polos.

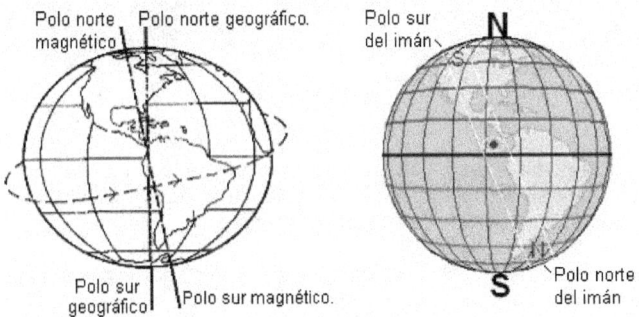

El polo Norte queda en el Océano del Ártico. Una expedición americana llevada por Robert E. Peary fue la primera en llegar allí, el 6 de abril de 1909. El polo magnético norte es el punto real que se indica por los compases magnéticos usado en la navegación. Está a más de 1600 Km. del polo Norte geográfico, y debido a esta diferencia, las lecturas del compás deben ser corregidas por un factor llamado la declinatoria.

El polo sur de un imán o el lado sur de la aguja de una brújula, apuntaran siempre hacia el polo magnético norte de la tierra. El polo Sur, apunta hacia Antártica central, aproximadamente 2600 Km. del polo magnético sur. El primero en alcanzarlo fue el explorador noruego Ronald Amundsen, el 14 de diciembre de 1911.

Refrigeración y Aire Acondicionado

Magnetismo

Hace más de dos mil años que en Magnesia, ciudad antigua del Asía Menor fueron encontrados los imanes naturales o magnetita, piedra con propiedades magnéticas. Años más tarde se le llamo Oxido de Hierro y en química Oxido Magnético.

La magnetita, representa no sólo uno de los óxidos más abundantes, sino también el más útil mineral para la extracción del hierro, ya que está constituida por más del 70% de este metal.

La magnetita es un imán natural.

Su apariencia puede variar dependiendo del lugar donde es explotada.

El término magnetismo tiene su origen en el nombre que en la época de los filósofos griegos recibía una región del Asia Menor, entonces denominada Magnesia; en ella abundaba la piedra imán capaz de atraer otros objetos por efecto magnético.

A pesar de que ya en el siglo VI A. C. se conocía un cierto número de fenómenos magnéticos, el magnetismo no comienza a desarrollarse hasta más de veinte siglos después, cuando la experimentación se convierte en una herramienta esencial para el desarrollo del conocimiento científico.

Los fenómenos magnéticos habían permanecido en la historia de la ciencia como independientes de los eléctricos. Pero el avance de la electricidad por un lado y del magnetismo por otro, preparó la síntesis de ambas partes de la física en una sola, el electromagnetismo, que reúne las relaciones mutuas existentes entre los campos magnéticos y las corrientes eléctricas.

James Clark Maxwell fue el científico que explico claramente estas relaciones al elaborar su teoría electromagnética.

Refrigeración y Aire Acondicionado

Magnetismo

Substancias Magnéticas.

Hasta hoy día pensamos que los fenicios fueron los primeros en hacer uso de la energía magnética, la usaban como brújula para sus viajes marítimos.

Los metales que pueden ser fácilmente atraídos por un imán se clasifican como magnéticos; Hierro, Acero, Cobalto, Níquel y Tungsteno...

Una sustancia no magnetizada tiene sus moléculas en completo desorden de polaridad, mientras que una sustancia magnetizada, la composición molecular es uniforme, produciéndose un polo sur y otro norte. Como parte de esta teoría cuando un imán se parte, se produce otro imán, con un polo sur y un polo norte

Imanes Permanentes

Se les llama imanes a las substancias con la propiedad de afectar otros metales ya sea por atracción o por repulsión. La piedra imán o imán natural se explota en algunos países como mineral de hierro. Cuando un imán guarda su propiedad de atracción o repulsión por largo tiempo, es un imán permanente.

Las barras de hierro que han adquirido artificialmente propiedades magnéticas son llamadas imanes artificiales. Pueden ser de herradura, anillo, curvo, etc.

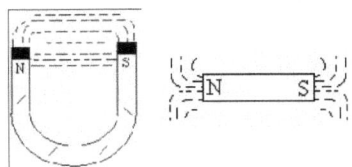

Refrigeración y Aire Acondicionado

Composición de los imanes.

Alnico: Fabricados por fusión, compuesto por un 8% de Aluminio, un 14% de Níquel, un 24% de Cobalto, un 51% de Hierro y un 3% de Cobre. Son los que presentan mejor comportamiento en las temperaturas elevadas, aunque son susceptibles a la desmagnetización.

Ferrita: Fabricados con Bario y Estroncio. Están compuestos de aproximadamente un 80 % de Óxido de Hierro y de un 20% de Óxido de Estroncio (óxidos cerámicos) Son resistentes a muchas sustancias químicas, disolventes y ácidos. Pueden trabajar a temperaturas de -40 ° C a 260° C. Las materias primas son de fácil adquisición y de bajo costo.

Aleaciones: Tienen una fuerza de 6 a 10 veces superior a los materiales magnéticos tradicionales y sus temperaturas de trabajo varían según el compuesto.

Neodimio: Su temperatura de trabajo puede llegar de 90° C hasta 150° C.

Cobalto: Pueden llegar hasta 350° C. La utilización de estos imanes está condicionada por la temperatura. Para evitar problemas de oxidación se recubren según las necesidades.

Samario: Estos no presentan problemas de oxidación.

Espectro magnético

El espectro magnético de un imán, no sólo permite distinguir con claridad los polos magnéticos, también proporciona una representación de la influencia magnética del imán en el espacio que le rodea.

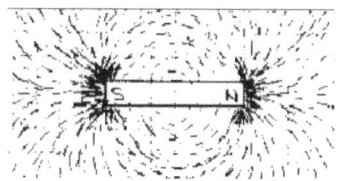

Esta imagen física de la influencia de los imanes sobre el espacio que les rodea, hace posible una aproximación a la idea del campo magnético.

Refrigeración y Aire Acondicionado

Líneas de fuerza Magnética.

No importa la forma de un imán, veremos que a su alrededor existe un campo de atracción o campo magnético. El poder de atracción del campo magnético es mayor en sus extremos, llamados polo norte y polo sur.

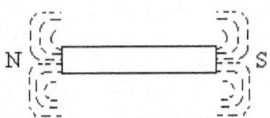

Leyes de Polaridad

Si colocamos dos imanes en una superficie de modo que los polos sur de ambos estén próximos, notaremos un efecto de repulsión.

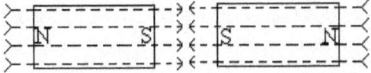

Lo mismo pasaría con los dos polos norte al colocarlos uno cerca del otro.

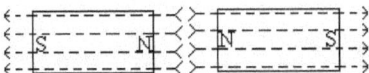

De otro modo, si colocamos dos imanes en una superficie de modo que el polo sur de uno quede próximo al polo norte del otro imán, notaremos un efecto de atracción.

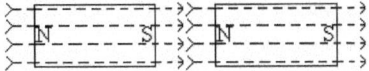

Por lo estudiado anteriormente surge esta ley:

A. Polos de igual polaridad se rechazan.

B. Polos de distinta polaridad se atraen.

Refrigeración y Aire Acondicionado

Términos usados en magnetismo.

Densidad del Campo Magnético:

Es el número de líneas magnéticas por pulg.² de sección transversal del material magnético.

Flujo Magnético:
Es el número de líneas de fuerza magnética que fluyen a través del imán completo.

Saturación Magnética:
La saturación ocurre cuando la barra magnética (núcleo) ya no resiste más líneas magnéticas. El campo magnético ha sido saturado a tal magnitud, que ya no puede seguir aumentando más.

Tipos de sustancias magnéticas.

Ferromagnético:
La misma fuerza de atracción en los polos.

Paramagnético:
Se alinea con el flujo magnético.

Diamagnético:
Se alinea en contra del flujo magnético.

La atracción y la repulsión **disminuyen al aumentar la distancia**.

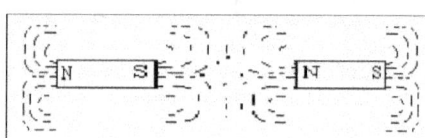

Pero aumentan al disminuir la distancia entre dos sustancias magnéticas.

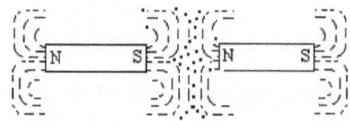

Refrigeración y Aire Acondicionado

Hans Christian Orstedt

Hans Christian Orstedt, Físico y químico danés. Nació el 18 de agosto del 1777, murió el 9 de marzo del 1851, en Copenhague. Orstedt fue catedrático de física y química y a partir del año 1829, director de la Escuela Técnica Superior de Copenhague. Realizo estudios teóricos y experimentales en el campo del magnetismo.

En 1820 descubrió la interacción entre la electricidad y el magnetismo. Observo que la aguja magnética de una brújula se desvía como consecuencia de la acción del campo magnético que genera el paso de una corriente eléctrica a través de un conductor.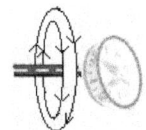

De este modo estableció los fundamentos del electromagnetismo y fundo la disciplina conocida con el nombre de electrodinámica. (Electricidad en movimiento)

Estamos hablando en esta ocasión del magnetismo producido por una corriente eléctrica al pasar a través de un conductor de electricidad.

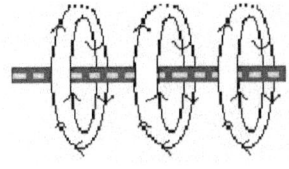 Siempre que una corriente eléctrica esta pasando por un conductor de electricidad se genera un campo magnético alrededor del conductor, el cual es proporcional a la cantidad de corriente que fluye.

Si aumenta la corriente, aumenta el campo magnético.
Si la corriente disminuye, también disminuye el campo magnético.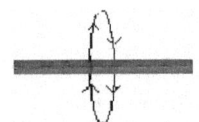

La intensidad de un campo magnético se mide en Gauss, en honor al matemático Friedrich Gauss. (1777 – 1855)

I = 5 amp.
1 cm
Campo
Conductor magnético

Un conductor de electricidad en el cual una corriente de 5 amperes produce un campo magnético que se expande 1 cm a todo lo largo del conductor, tiene una intensidad magnética de un Gauss.

Regla de la mano izquierda para conductores.

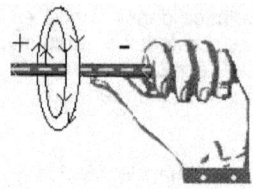

Michael Faraday, estableció la regla de la mano izquierda para determinar la dirección del campo magnético en un conductor eléctrico.

Si tomamos el conductor con la mano izquierda, de modo que el dedo pulgar apunte hacia la trayectoria de la corriente en el circuito, los dedos restantes de la mano al cerrar, indicaran la dirección del flujo magnético alrededor del conductor.

(Recordemos que los electrones fluyen siempre de negativo a positivo.)

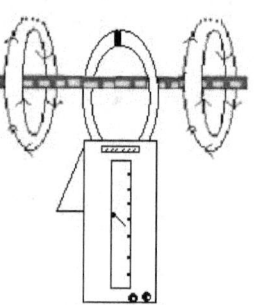

El instrumento de medir corriente eléctrica, capta por inducción el campo magnético que se genera alrededor del conductor,lo traduce y lo expresa matemáticamente en amperes.

Recuerde que el campo magnético y la corriente son directamente proporcionales y se pueden expresar uno en proporción del otro.

Los instrumentos antiguos de medir corriente había que instalarlos en serie con el circuito y era necesario cortar el conductor eléctrico para colocar el dispositivo de medición.

Hoy día es más fácil, se abre el instrumento oprimiendo la palanca provista para esos fines y se coloca de tal modo que el conductor quede en el centro de la bobina, que tiene la apariencia de una tenaza.

Refrigeración y Aire Acondicionado

Bobina, solenoide y electroimán.

Una bobina es un enrollado de alambre, cuando usted le da vueltas a un conductor eléctrico esta creando una bobina ya sea accidentalmente o con un propósito específico.

El proceso de construir una bobina exacta y colocarla en un espacio provisto específicamente para ella, se llama embobinado.

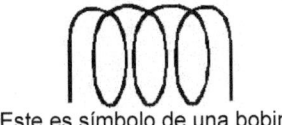

Este es símbolo de una bobina.

Hay varios tipos de bobinas, clasificados de acuerdo a su construcción. Cuando la bobina no tiene un centro o núcleo, como en la figura anterior, se le llama **solenoide**. Cuando se coloca un centro o núcleo en el embobinado, entonces su nombre cambia de solenoide a **electroimán**.

Electroimán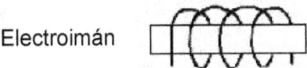

El núcleo puede ser de hierro, acero de silicio, ferrita y cualquiera otro que sea un buen conductor de líneas magnéticas.

Cuando usted hace circular una corriente a través de un conductor, inmediatamente aparece un campo magnético en su alrededor. Si el conductor de electricidad mide mil pies de largo, el campo magnético esta presente en toda su longitud.

Si tomamos los mil pies de conductor eléctrico y los enrollamos en un núcleo que solamente mide seis pulgadas de largo, el campo magnético se concentrará en este espacio pequeño, haciendo aparecer líneas de flujo magnético en el centro y alrededor del núcleo, acompañadas de un polo norte y un polo sur en sus extremos, donde se puede apreciar la fuerza mayor del campo magnético.

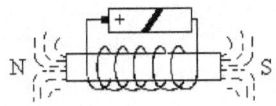

Refrigeración y Aire Acondicionado

Uso del electroimán como "relay" de control.

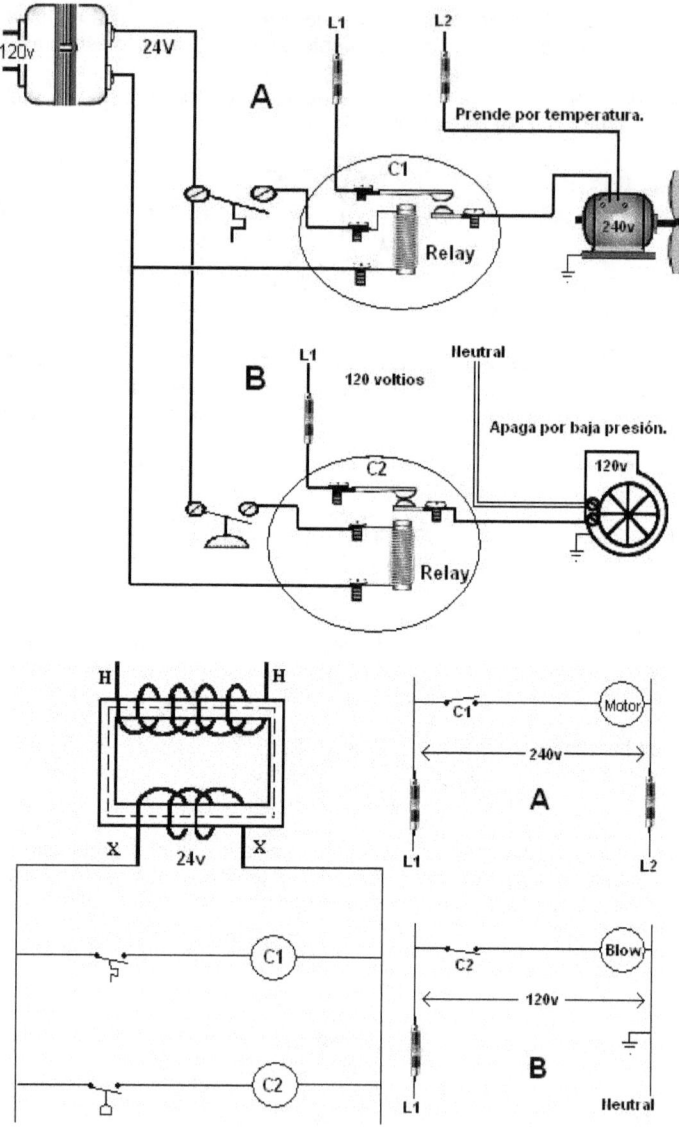

Refrigeración y Aire Acondicionado

Funcionamiento del "relay"

En la figura "A" el contacto del "relay" es normalmente abierto (N. O.)

Cuando el termostato cierra por temperatura, el núcleo de la bobina se magnetiza y hala el contacto C1.

El circuito esta activado y el motor funcionan correctamente.

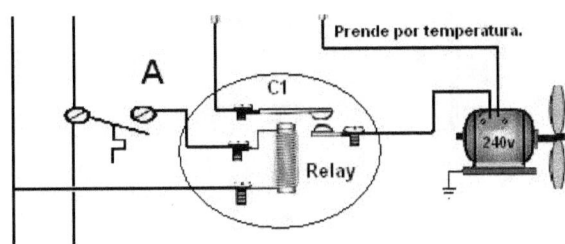

En el circuito "B" el contacto del "relay" es normalmente cerrado (N.C.)

El ventilador esta recibiendo voltaje a través del contacto C2.

Cuando la presión sube, el sensor se activa magnetizando la bobina del "relay.

El núcleo de la bobina hala el contacto C2 y el ventilador se apaga.

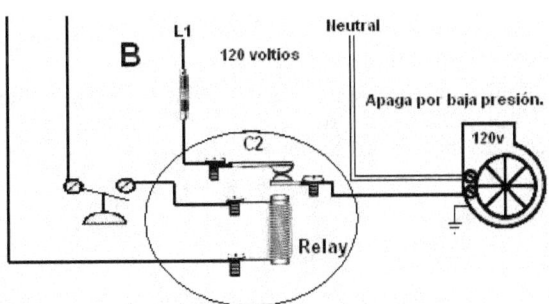

Refrigeración y Aire Acondicionado

Regla de la mano izquierda para bobinas.

Usando la regla de la mano izquierda, si colocamos el dedo pulgar de modo que apunte la dirección de la corriente, el resto de los dedos indicaran el flujo magnético en el **interior** de la bobina, **de sur a norte.**

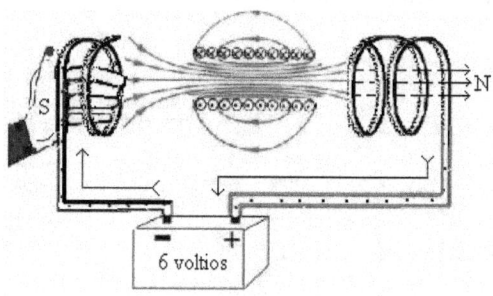

También puede colocar los dedos de la mano izquierda señalando la dirección de la corriente y el dedo pulgar quedará apuntando hacia el polo norte del embobinado.

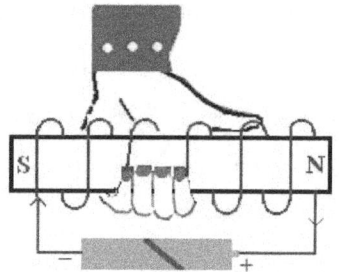

La capacidad que tiene una bobina para realizar trabajo se llama: **Fuerza magnemótriz.** Esta fuerza es la relación que existe entre el número de vueltas en la bobina, multiplicada por la cantidad de corriente que fluye a través de ella y se expresa en amperios - vuelta.

FMM = Número de vueltas X amperes.

Un embobinado de 6 vueltas, deja pasar una corriente de 3 amperes.

FMM = 6 x 3 = 9 amperes – vuelta

Refrigeración y Aire Acondicionado

Más acerca de substancias magnéticas.

El hierro es el material magnético por excelencia, cuando es sometido a la acción de un campo magnético, adquiere también propiedades magnéticas.

El tipo de materiales que como el hierro, presentan una atracción fuerte, reciben el nombre de sustancias ferromagnéticas. Los materiales que por el contrario poseen un magnetismo débil se denominan paramagnéticos o diamagnéticos según su comportamiento.

Las sustancias ferromagnéticas se caracterizan porque poseen una permeabilidad magnética elevada. En las sustancias paramagnéticas el valor es ligeramente mayor, mientras que en las diamagnéticas es ligeramente menor. Por tal motivo el magnetismo en este tipo de sustancias es inapreciable a simple vista.

El hierro, el níquel, el cobalto y algunas otras aleaciones son sustancias ferromagnéticas. El estaño, el aluminio y el platino son ejemplos de materiales paramagnéticos, mientras el cobre, el oro, la plata y el cinc son diamagnéticos.

A pesar de esta diferencia en su intensidad, el magnetismo es una propiedad presente en todo tipo de materiales, pues tiene su origen en los átomos que al fin son los que componen y le dan forma a la materia.

El hecho de que los campos magnéticos producidos por los imanes sean semejantes a los producidos por las corrientes eléctricas, llevó a Ampere a explicar el magnetismo natural en términos de corrientes eléctricas.

Según este físico francés, en el interior de los materiales existían unas corrientes eléctricas circulares de resistencia nula y de duración indefinida. Cada una de estas corrientes producirían un campo magnético elemental y la suma de todos ellos explicaría las propiedades magnéticas de los materiales.

En los imanes, las orientaciones de esas corrientes circulares serían todas paralelas con un efecto conjunto máximo. Al estar tales corrientes orientadas al azar, se compensarían mutuamente sus efectos magnéticos y su campo resultante sería prácticamente nulo.

La imantación del hierro fue explicada por Ampere en la siguiente forma:

En estos tipos de materiales, el campo magnético exterior podría orientar las corrientes elementales paralelamente, de modo que al desaparecer las corrientes, los átomos quedarían ordenados como en un imán.

Cada electrón efectúa una especie de rotación en torno a sí mismo e induce al próximo electrón a alinearse con él, ambos contribuyen al magnetismo del átomo y todos los átomos juntos al magnetismo del material.

Refrigeración y Aire Acondicionado

Reactancia Inductiva:

Cuando una bobina se conecta a una fuente de tensión alterna resulta que existe una relación entre la intensidad de la corriente que circula por el circuito y el valor del potencial eléctrico que se le aplica. El término que indica la relación entre ellos es la reactancia inductiva X_L.

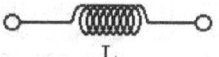

$$X_L = 2 \pi f L$$

- ¾ X_L es la reactancia inductiva en Ohms (Ω),
- ¾ f es la frecuencia en Hertz (Hz)
- ¾ L la inductividad de la bobina en Henrios (H)

Nota:

Se puede expresar:
f en Kilo hertz (KHz)
L en mili henrios (mH)

Reactancia Capacitiva:

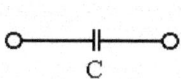

$$X_C = \frac{1}{2 \pi f C}$$

- ¾ X_c Es la reactancia capacitiva en Ohms (Ω)
- ¾ f Es la frecuencia en Hertz (Hz)
- ¾ C La capacidad en Faradios (F)

Se pueden expresar:

- ¾ X_c En kilohms (KΩ)
- ¾ f En kilohertz (KHz)
- ¾ C En microfaradios (uF)

Refrigeración y Aire Acondicionado

Impedancia: (Z)

La impedancia es la oposición total que ofrece un circuito que contiene resistencia y reactancia al paso de la corriente.

En un circuito eléctrico, tanto la reactancia inductiva (XL) como la reactancia capacitiva (Xc) se encuentran en un vector de 90° eléctricos en relación con la resistencia.

Aquí vemos dos circuitos, el circuito (A) que contiene resistencia e inductancia y el circuito (B) que contiene resistencia y capacitancia.

- ¾ Z: (Impedancia) Es la oposición total del circuito, expresada enΩ.
- ¾ X_c: (Reactancia capacitiva) Expresada enΩ.
- ¾ X_L: (Reactancia inductiva) También expresada enΩ.

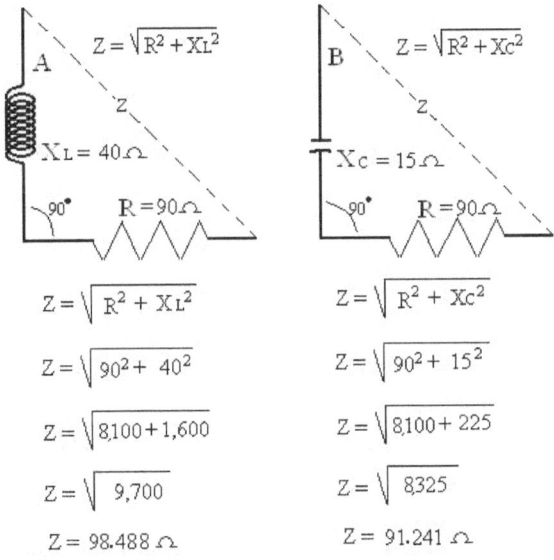

Este estilo de cálculo matemático, tiene sus bases en el teorema de Pitágoras.

Refrigeración y Aire Acondicionado

El teorema de Pitágoras.

Pitágoras fue un filósofo y matemático griego del periodo 500 A. C.

Hombre místico que fundó la Escuela Pitagórica, una especie de secta cuyo símbolo era el pentágono estrellado, y dedicada al estudio de la filosofía, la matemática y la astronomía.

El enunciado que dieron los antiguos griegos al Teorema de Pitágoras es el siguiente:

El área del cuadrado construido sobre la hipotenusa de un triángulo rectángulo, es igual a la suma de las áreas de los cuadrados construidos sobre los catetos.

El enunciado moderno es:

En un triángulo rectángulo, el cuadrado de la hipotenusa es igual a la suma de los cuadrados de los catetos.

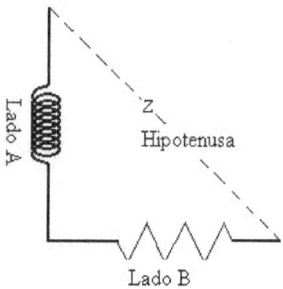

En este cálculo, la impedancia (Z) esta demostrada por la hipotenusa.

Por muchos años se le ha atribuido a Pitágoras el enunciado y demostración del teorema geométrico que lleva su nombre.

Aunque algunos historiadores consideran lo contrario, ha resultado difícil probarlo.

Magnetismo y electromagnetismo.

Michael Faraday

Físico y Químico británico, nació el 22 de septiembre del 1791, en Newington, Londres y Murió el 25 de agosto de 1867, en Hampton Court - Londres.

Inicio su actividad en 1813 como encuadernador y ayudante de laboratorio en la Royal Institution de Londres.

Hacia 1818 desarrolló aleaciones de acero inoxidable.

Fue el primero en licuar el gas cloro y otros gases. Sin embargo, sus contribuciones más importantes las realizo en el campo de la electricidad.

Pensó en la posibilidad de transformar la energía eléctrica en otras formas de energías tales como **magnetismo, luz y calor.**

Faraday descubrió la **inducción electromagnética** y con ello el principio del dinamo.

En 1833 formuló la ley de la electrolisis conocida con el nombre de ley de Faraday.

En el año 1845 descubrió el giro del plano de polarización de la luz sometida a la acción de un campo magnético.

Faraday enriqueció también el lenguaje científico mediante la introducción de términos tales como:

"Líneas de fuerza magnética y campo magnético".

Refrigeración y Aire Acondicionado

William Gilbert

William Gilbert: Físico y médico Ingles.   Nació el 24 de mayo del 1544, murió el 10 de diciembre del 1603 en Londres.

Además de su actividad como médico en la que logró alcanzar el cargo de médico de la corte de la reina Isabel 1ra de Inglaterra (1601), en 1600 publicó un libro que llevaba por titulo De Magnete (Del magnetismo) en el que recogía parte de sus investigaciones experimentales acerca del magnetismo y los imanes.

Gilbert demostró tanto la orientación (Norte-Sur) de los imanes, así como la inclinación magnética (es decir, el ángulo formado por la aguja magnética respecto de la horizontal y que es consecuencia del campo magnético terrestre)

Formuló también la teoría de que la tierra es un inmenso imán lo que justificaba que las agujas magnéticas se orientasen hacia sus polos.

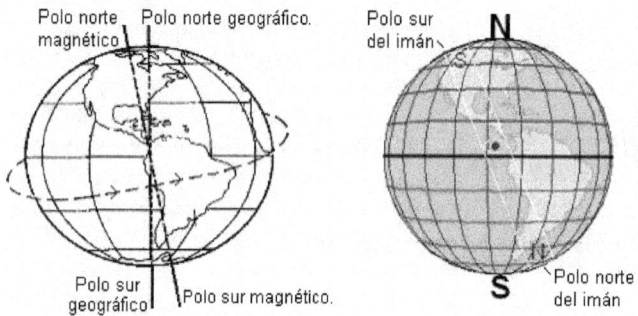

El polo Norte queda en el Océano del Ártico. Una expedición americana llevada por Robert E. Peary fue la primera en llegar allí, el 6 de abril de 1909. El polo magnético norte es el punto real que se indica por los compases magnéticos usado en la navegación. Está a más de 1600 Km. del polo Norte geográfico, y debido a esta diferencia, las lecturas del compás deben ser corregidas por un factor llamado la declinatoria.

El polo sur de un imán o el lado sur de la aguja de una brújula, apuntaran siempre hacia el polo magnético norte de la tierra. El polo Sur, apunta hacia Antártica central, aproximadamente 2600 Km. del polo magnético sur. El primero en alcanzarlo fue el explorador noruego Ronald Amundsen, el 14 de diciembre de 1911.

Magnetismo

Hace más de dos mil años que en Magnesia, ciudad antigua del Asía Menor fueron encontrados los imanes naturales o magnetita, piedra con propiedades magnéticas. Años más tarde se le llamo Oxido de Hierro y en química Oxido Magnético.

La magnetita, representa no sólo uno de los óxidos más abundantes, sino también el más útil mineral para la extracción del hierro, ya que está constituida por más del 70% de este metal.

La magnetita es un imán natural.

Su apariencia puede variar dependiendo del lugar donde es explotada.

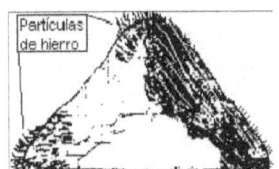

El término magnetismo tiene su origen en el nombre que en la época de los filósofos griegos recibía una región del Asia Menor, entonces denominada Magnesia; en ella abundaba la piedra imán capaz de atraer otros objetos por efecto magnético.

A pesar de que ya en el siglo VI A. C. se conocía un cierto número de fenómenos magnéticos, el magnetismo no comienza a desarrollarse hasta más de veinte siglos después, cuando la experimentación se convierte en una herramienta esencial para el desarrollo del conocimiento científico.

Los fenómenos magnéticos habían permanecido en la historia de la ciencia como independientes de los eléctricos. Pero el avance de la electricidad por un lado y del magnetismo por otro, preparó la síntesis de ambas partes de la física en una sola, el electromagnetismo, que reúne las relaciones mutuas existentes entre los campos magnéticos y las corrientes eléctricas.

James Clark Maxwell fue el científico que explico claramente estas relaciones al elaborar su teoría electromagnética.

Refrigeración y Aire Acondicionado

Magnetismo

Substancias Magnéticas.

Hasta hoy día pensamos que los fenicios fueron los primeros en hacer uso de la energía magnética, la usaban como brújula para sus viajes marítimos.

Los metales que pueden ser fácilmente atraídos por un imán se clasifican como magnéticos; Hierro, Acero, Cobalto, Níquel y Tungsteno...

Una sustancia no magnetizada tiene sus moléculas en completo desorden de polaridad, mientras que una sustancia magnetizada, la composición molecular es uniforme, produciéndose un polo sur y otro norte. Como parte de esta teoría cuando un imán se parte, se produce otro imán, con un polo sur y un polo norte

Imanes Permanentes

Se les llama imanes a las substancias con la propiedad de afectar otros metales ya sea por atracción o por repulsión. La piedra imán o imán natural se explota en algunos países como mineral de hierro. Cuando un imán guarda su propiedad de atracción o repulsión por largo tiempo, es un imán permanente.

Las barras de hierro que han adquirido artificialmente propiedades magnéticas son llamadas imanes artificiales. Pueden ser de herradura, anillo, curvo, etc.

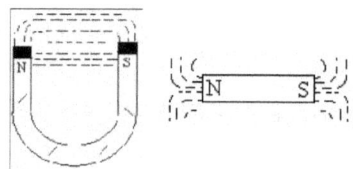

Composición de los imanes.

Alnico: Fabricados por fusión, compuesto por un 8% de Aluminio, un 14% de Níquel, un 24% de Cobalto, un 51% de Hierro y un 3% de Cobre. Son los que presentan mejor comportamiento en las temperaturas elevadas, aunque son susceptibles a la desmagnetización.

Ferrita: Fabricados con Bario y Estroncio. Están compuestos de aproximadamente un 80 % de Óxido de Hierro y de un 20% de Óxido de Estroncio (óxidos cerámicos) Son resistentes a muchas sustancias químicas, disolventes y ácidos. Pueden trabajar a temperaturas de -40 º C a 260º C. Las materias primas son de fácil adquisición y de bajo costo.

Aleaciones: Tienen una fuerza de 6 a 10 veces superior a los materiales magnéticos tradicionales y sus temperaturas de trabajo varían según el compuesto.

Neodimio: Su temperatura de trabajo puede llegar de 90º C hasta 150º C.

Cobalto: Pueden llegar hasta 350º C. La utilización de estos imanes está condicionada por la temperatura. Para evitar problemas de oxidación se recubren según las necesidades.

Samario: Estos no presentan problemas de oxidación.

Espectro magnético

El espectro magnético de un imán, no sólo permite distinguir con claridad los polos magnéticos, también proporciona una representación de la influencia magnética del imán en el espacio que le rodea.

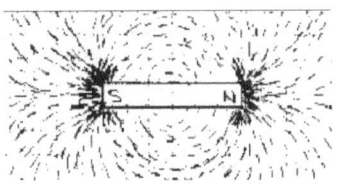

Esta imagen física de la influencia de los imanes sobre el espacio que les rodea, hace posible una aproximación a la idea del campo magnético.

Líneas de fuerza Magnética.

No importa la forma de un imán, veremos que a su alrededor existe un campo de atracción o campo magnético. El poder de atracción del campo magnético es mayor en sus extremos, llamados polo norte y polo sur.

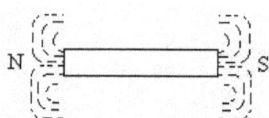

Leyes de Polaridad

Si colocamos dos imanes en una superficie de modo que los polos sur de ambos estén próximos, notaremos un efecto de repulsión.

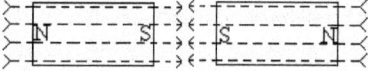

Lo mismo pasaría con los dos polos norte al colocarlos uno cerca del otro.

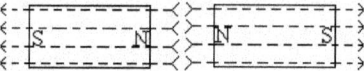

De otro modo, si colocamos dos imanes en una superficie de modo que el polo sur de uno quede próximo al polo norte del otro imán, notaremos un efecto de atracción.

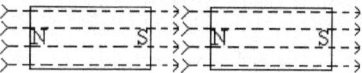

Por lo estudiado anteriormente surge esta ley:

A. Polos de igual polaridad se rechazan.

B. Polos de distinta polaridad se atraen.

Refrigeración y Aire Acondicionado

Términos usados en magnetismo.

Densidad del Campo Magnético:

Es el número de líneas magnéticas por pulg.^{2} de sección transversal del material magnético.

Flujo Magnético:
Es el número de líneas de fuerza magnética que fluyen a través del imán completo.

Saturación Magnética:
La saturación ocurre cuando la barra magnética (núcleo) ya no resiste más líneas magnéticas. El campo magnético ha sido saturado a tal magnitud, que ya no puede seguir aumentando más.

Tipos de sustancias magnéticas.

Ferromagnético:
La misma fuerza de atracción en los polos.

Paramagnético:
Se alinea con el flujo magnético.

Diamagnético:
Se alinea en contra del flujo magnético.

La atracción y la repulsión **disminuyen al aumentar la distancia.**

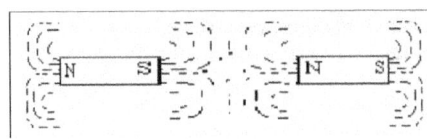

Pero aumentan al disminuir la distancia entre dos sustancias magnéticas.

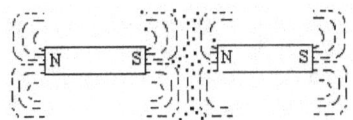

Refrigeración y Aire Acondicionado

Hans Christian Orstedt

Hans Christian Orstedt, Físico y químico danés. Nació el 18 de agosto del 1777, murió el 9 de marzo del 1851, en Copenhague. Orstedt fue catedrático de física y química y a partir del año 1829, director de la Escuela Técnica Superior de Copenhague. Realizo estudios teóricos y experimentales en el campo del magnetismo.

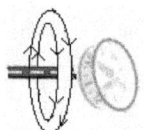

En 1820 descubrió la interacción entre la electricidad y el magnetismo. Observo que la aguja magnética de una brújula se desvía como consecuencia de la acción del campo magnético que genera el paso de una corriente eléctrica a través de un conductor.

De este modo estableció los fundamentos del electromagnetismo y fundo la disciplina conocida con el nombre de electrodinámica. (Electricidad en movimiento)

Estamos hablando en esta ocasión del magnetismo producido por una corriente eléctrica al pasar a través de un conductor de electricidad.

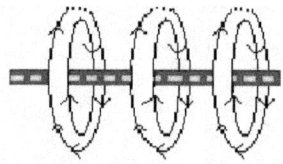

Siempre que una corriente eléctrica esta pasando por un conductor de electricidad se genera un campo magnético alrededor del conductor, el cual es proporcional a la cantidad de corriente que fluye.

Si aumenta la corriente, aumenta el campo magnético.
Si la corriente disminuye, también disminuye el campo magnético.

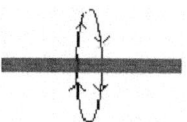

La intensidad de un campo magnético se mide en Gauss, en honor al matemático Friedrich Gauss. (1777 – 1855)

I = 5 amp.
1 cm
Campo
Conductor magnético

Un conductor de electricidad en el cual una corriente de 5 amperes produce un campo magnético que se expande 1 cm a todo lo largo del conductor, tiene una intensidad magnética de un Gauss.

Refrigeración y Aire Acondicionado

Regla de la mano izquierda para conductores.

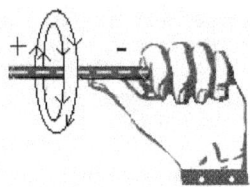

Michael Faraday, estableció la regla de la mano izquierda para determinar la dirección del campo magnético en un conductor eléctrico.

Si tomamos el conductor con la mano izquierda, de modo que el dedo pulgar apunte hacia la trayectoria de la corriente en el circuito, los dedos restantes de la mano al cerrar, indicaran la dirección del flujo magnético alrededor del conductor.

(Recordemos que los electrones fluyen siempre de negativo a positivo.)

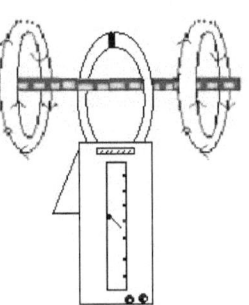

El instrumento de medir corriente eléctrica, capta por inducción el campo magnético que se genera alrededor del conductor,lo traduce y lo expresa matemáticamente en amperes.

Recuerde que el campo magnético y la corriente son directamente proporcionales y se pueden expresar uno en proporción del otro.

Los instrumentos antiguos de medir corriente había que instalarlos en serie con el circuito y era necesario cortar el conductor eléctrico para colocar el dispositivo de medición.

Hoy día es más fácil, se abre el instrumento oprimiendo la palanca provista para esos fines y se coloca de tal modo que el conductor quede en el centro de la bobina, que tiene la apariencia de una tenaza.

Refrigeración y Aire Acondicionado

Bobina, solenoide y electroimán.

Una bobina es un enrollado de alambre, cuando usted le da vueltas a un conductor eléctrico esta creando una bobina ya sea accidentalmente o con un propósito específico.

El proceso de construir una bobina exacta y colocarla en un espacio provisto específicamente para ella, se llama embobinado.

Este es símbolo de una bobina.

Hay varios tipos de bobinas, clasificados de acuerdo a su construcción. Cuando la bobina no tiene un centro o núcleo, como en la figura anterior, se le llama **solenoide**. Cuando se coloca un centro o núcleo en el embobinado, entonces su nombre cambia de solenoide a **electroimán**.

Electroimán

El núcleo puede ser de hierro, acero de silicio, ferrita y cualquiera otro que sea un buen conductor de líneas magnéticas.

Cuando usted hace circular una corriente a través de un conductor, inmediatamente aparece un campo magnético en su alrededor. Si el conductor de electricidad mide mil pies de largo, el campo magnético esta presente en toda su longitud.

Si tomamos los mil pies de conductor eléctrico y los enrollamos en un núcleo que solamente mide seis pulgadas de largo, el campo magnético se concentrará en este espacio pequeño, haciendo aparecer líneas de flujo magnético en el centro y alrededor del núcleo, acompañadas de un polo norte y un polo sur en sus extremos, donde se puede apreciar la fuerza mayor del campo magnético.

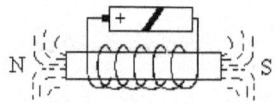

Refrigeración y Aire Acondicionado

Uso del electroimán como "relay" de control.

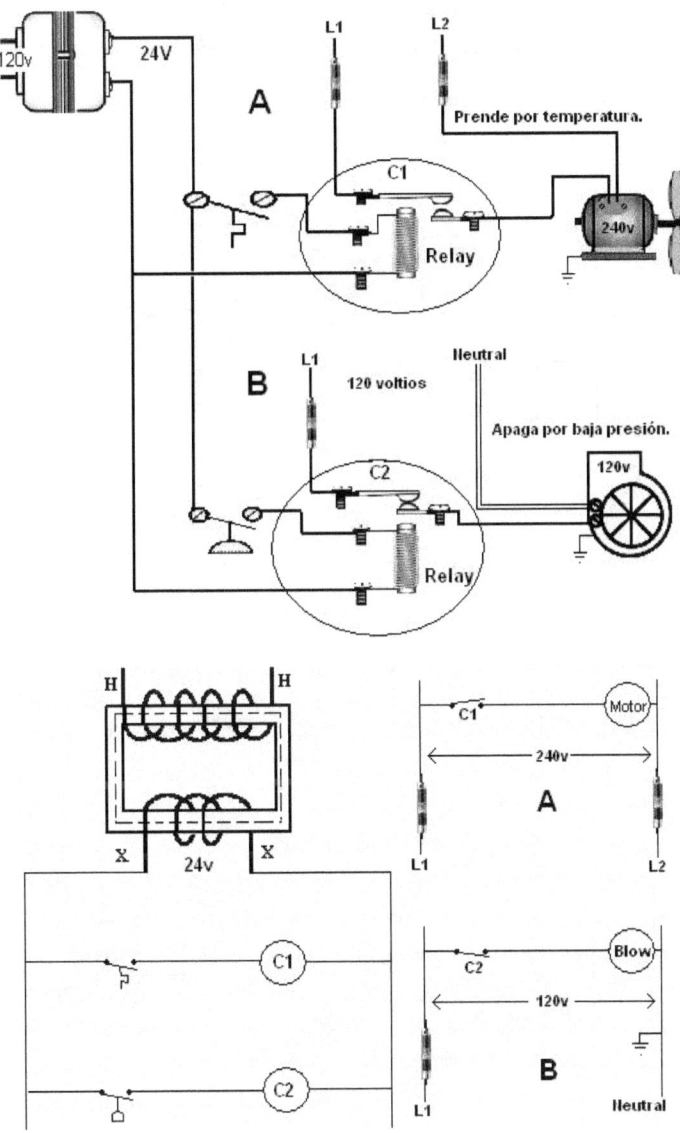

Refrigeración y Aire Acondicionado

Funcionamiento del "relay"

En la figura "A" el contacto del "relay" es normalmente abierto (N. O.)

Cuando el termostato cierra por temperatura, el núcleo de la bobina se magnetiza y hala el contacto C1.

El circuito esta activado y el motor funcionan correctamente.

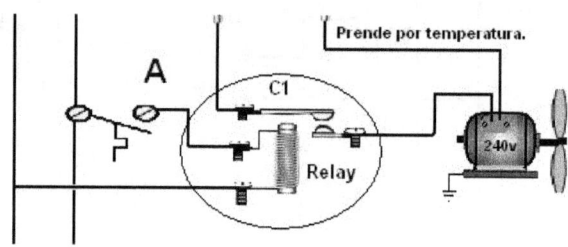

En el circuito "B" el contacto del "relay" es normalmente cerrado (N.C.)

El ventilador esta recibiendo voltaje a través del contacto C2.

Cuando la presión sube, el sensor se activa magnetizando la bobina del "relay.

El núcleo de la bobina hala el contacto C2 y el ventilador se apaga.

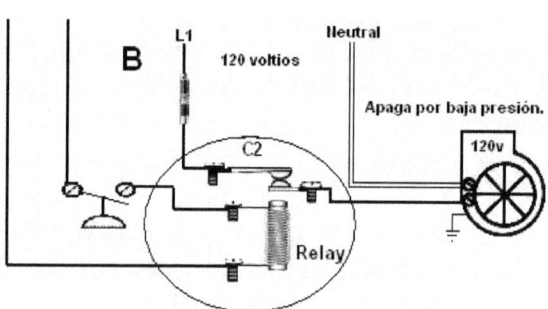

Refrigeración y Aire Acondicionado

Regla de la mano izquierda para bobinas.

Usando la regla de la mano izquierda, si colocamos el dedo pulgar de modo que apunte la dirección de la corriente, el resto de los dedos indicaran el flujo magnético en el **interior** de la bobina, **de sur a norte.**

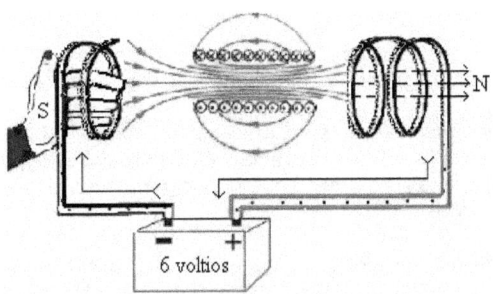

También puede colocar los dedos de la mano izquierda señalando la dirección de la corriente y el dedo pulgar quedará apuntando hacia el polo norte del embobinado.

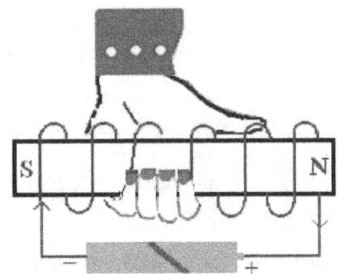

La capacidad que tiene una bobina para realizar trabajo se llama: **Fuerza magnemótriz**. Esta fuerza es la relación que existe entre el número de vueltas en la bobina, multiplicada por la cantidad de corriente que fluye a través de ella y se expresa en amperios - vuelta.

FMM = Número de vueltas X amperes.

Un embobinado de 6 vueltas, deja pasar una corriente de 3 amperes.

FMM = 6 x 3 = 9 amperes – vuelta

Refrigeración y Aire Acondicionado

Más acerca de substancias magnéticas.

El hierro es el material magnético por excelencia, cuando es sometido a la acción de un campo magnético, adquiere también propiedades magnéticas.

El tipo de materiales que como el hierro, presentan una atracción fuerte, reciben el nombre de sustancias ferromagnéticas. Los materiales que por el contrario poseen un magnetismo débil se denominan paramagnéticos o diamagnéticos según su comportamiento.

Las sustancias ferromagnéticas se caracterizan porque poseen una permeabilidad magnética elevada. En las sustancias paramagnéticas el valor es ligeramente mayor, mientras que en las diamagnéticas es ligeramente menor. Por tal motivo el magnetismo en este tipo de sustancias es inapreciable a simple vista.

El hierro, el níquel, el cobalto y algunas otras aleaciones son sustancias ferromagnéticas. El estaño, el aluminio y el platino son ejemplos de materiales paramagnéticos, mientras el cobre, el oro, la plata y el cinc son diamagnéticos.

A pesar de esta diferencia en su intensidad, el magnetismo es una propiedad presente en todo tipo de materiales, pues tiene su origen en los átomos que al fin son los que componen y le dan forma a la materia.

El hecho de que los campos magnéticos producidos por los imanes sean semejantes a los producidos por las corrientes eléctricas, llevó a Ampere a explicar el magnetismo natural en términos de corrientes eléctricas.

Según este físico francés, en el interior de los materiales existían unas corrientes eléctricas circulares de resistencia nula y de duración indefinida. Cada una de estas corrientes producirían un campo magnético elemental y la suma de todos ellos explicaría las propiedades magnéticas de los materiales.

En los imanes, las orientaciones de esas corrientes circulares serían todas paralelas con un efecto conjunto máximo. Al estar tales corrientes orientadas al azar, se compensarían mutuamente sus efectos magnéticos y su campo resultante sería prácticamente nulo.

La imantación del hierro fue explicada por Ampere en la siguiente forma:

En estos tipos de materiales, el campo magnético exterior podría orientar las corrientes elementales paralelamente, de modo que al desaparecer las corrientes, los átomos quedarían ordenados como en un imán.

Cada electrón efectúa una especie de rotación en torno a sí mismo e induce al próximo electrón a alinearse con él, ambos contribuyen al magnetismo del átomo y todos los átomos juntos al magnetismo del material.

Refrigeración y Aire Acondicionado

Reactancia Inductiva:

Cuando una bobina se conecta a una fuente de tensión alterna resulta que existe una relación entre la intensidad de la corriente que circula por el circuito y el valor del potencial eléctrico que se le aplica. El término que indica la relación entre ellos es la reactancia inductiva X_L.

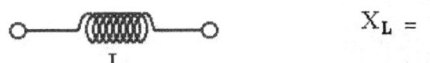

$$X_L = 2 \pi f L$$

- ¾ X_L es la reactancia inductiva en Ohms (Ω),
- ¾ f es la frecuencia en Hertz (Hz)
- ¾ L la inductividad de la bobina en Henrios (H)

Nota:

Se puede expresar:
f en Kilo hertz (KHz)
L en mili henrios (mH)

Reactancia Capacitiva:

$$X_C = \frac{1}{2 \pi f C}$$

- ¾ X_c Es la reactancia capacitiva en Ohms (Ω)
- ¾ f Es la frecuencia en Hertz (Hz)
- ¾ C La capacidad en Faradios (F)

Se pueden expresar:

- ¾ X_c En kilohms (KΩ)
- ¾ f En kilohertz (KHz)
- ¾ C En microfaradios (uF)

Refrigeración y Aire Acondicionado

Impedancia: (Z)

La impedancia es la oposición total que ofrece un circuito que contiene resistencia y reactancia al paso de la corriente.

En un circuito eléctrico, tanto la reactancia inductiva (XL) como la reactancia capacitiva (Xc) se encuentran en un vector de 90° eléctricos en relación con la resistencia.

Aquí vemos dos circuitos, el circuito (A) que contiene resistencia e inductancia y el circuito (B) que contiene resistencia y capacitancia.

- ¾ Z: (Impedancia) Es la oposición total del circuito, expresada en Ω.
- ¾ X_c: (Reactancia capacitiva) Expresada en Ω.
- ¾ X_L: (Reactancia inductiva) También expresada en Ω.

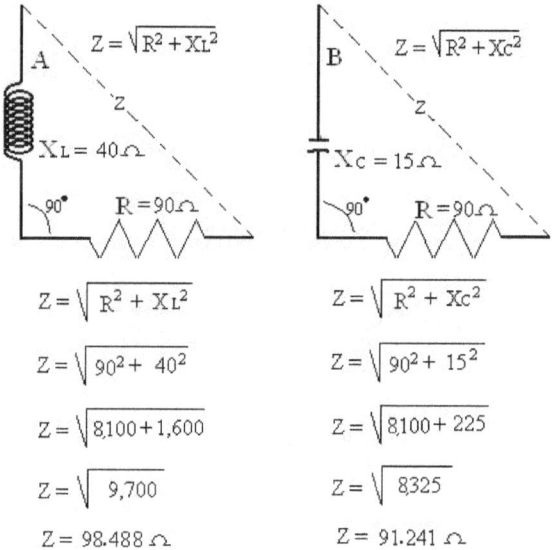

$$A \quad Z = \sqrt{R^2 + X_L^2}$$
$$X_L = 40\,\Omega$$
$$90° \quad R = 90\,\Omega$$

$$B \quad Z = \sqrt{R^2 + X_c^2}$$
$$X_c = 15\,\Omega$$
$$90° \quad R = 90\,\Omega$$

$$Z = \sqrt{R^2 + X_L^2}$$
$$Z = \sqrt{90^2 + 40^2}$$
$$Z = \sqrt{8{,}100 + 1{,}600}$$
$$Z = \sqrt{9{,}700}$$
$$Z = 98.488\ \Omega$$

$$Z = \sqrt{R^2 + X_c^2}$$
$$Z = \sqrt{90^2 + 15^2}$$
$$Z = \sqrt{8{,}100 + 225}$$
$$Z = \sqrt{8325}$$
$$Z = 91.241\ \Omega$$

Este estilo de cálculo matemático, tiene sus bases en el teorema de Pitágoras.

El teorema de Pitágoras.

Pitágoras fue un filósofo y matemático griego del periodo 500 A. C.

Hombre místico que fundó la Escuela Pitagórica, una especie de secta cuyo símbolo era el pentágono estrellado, y dedicada al estudio de la filosofía, la matemática y la astronomía.

El enunciado que dieron los antiguos griegos al Teorema de Pitágoras es el siguiente:

El área del cuadrado construido sobre la hipotenusa de un triángulo rectángulo, es igual a la suma de las áreas de los cuadrados construidos sobre los catetos.

El enunciado moderno es:

En un triángulo rectángulo, el cuadrado de la hipotenusa es igual a la suma de los cuadrados de los catetos.

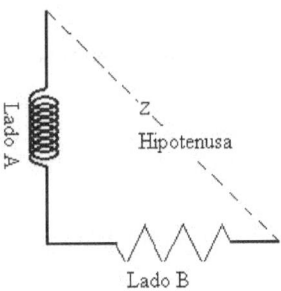

En este cálculo, la impedancia (Z) esta demostrada por la hipotenusa.

Por muchos años se le ha atribuido a Pitágoras el enunciado y demostración del teorema geométrico que lleva su nombre.

Aunque algunos historiadores consideran lo contrario, ha resultado difícil probarlo.

Refrigeración y Aire Acondicionado

Diferentes Multímetros.

Básicamente contamos con dos tipos de Multímetros para realizar medidas en un circuito eléctrico, el análogo y el digital.

Multímetros análogos: Tienen una aguja que se mueve a través de toda la escala, pasando por todos los números en forma ascendente o descendente hasta alcanzar el valor medido.

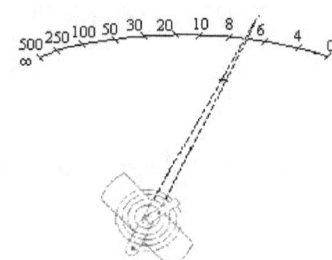

No puede saltar de un valor a otro sin pasar por toda la escala.

Multímetros digitales: Presentan en forma numérica el valor medido en una pantalla.

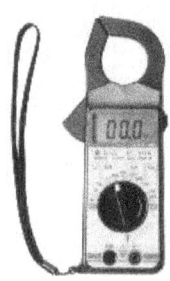

Los Multímetros (todos) tienen un medio de protección por fusible, instalado usualmente para proteger la escala de continuidad.

Es recomendable que nunca deje su instrumento en esta posición, mueva el selector a OFF o A-C.

Los instrumentos digitales pueden saltar de un valor a otro sin tener que pasar por toda la escala numérica. Se les llama también (DVM) "Digital Voltmeter"

Refrigeración y Aire Acondicionado

Multímetros análogos.

Calibrando el Multímetro.

Un Multímetro debe funcionar como un instrumento de precisión y como tal, debe ser calibrado periódicamente especialmente para pruebas de continuidad.

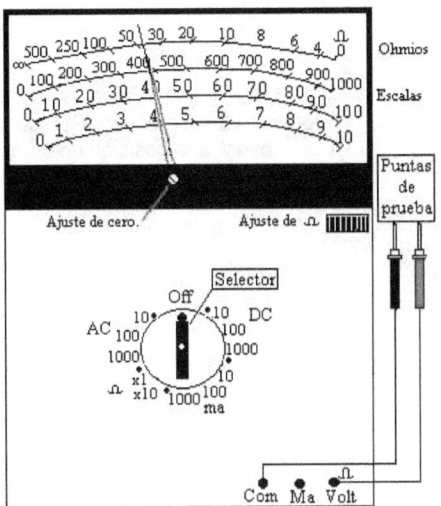

Cuando las puntas de prueba están separadas, la aguja debe estar exactamente en infinito. De no ser así, con un destornillador pequeño, mueva suavemente el <u>tornillo de ajuste de cero</u>, ¼ de vuelta a la derecha o a la izquierda, hasta que logre su posición correcta. (∞) símbolo de infinito.

Ahora ajustaremos la posición de cero ohmios.
Coloque el selector en la escala de ohm (x1) y con las puntas tocándose, mueva suavemente el botón de ajuste de Ω, hasta que logre su posición correcta en la escala.

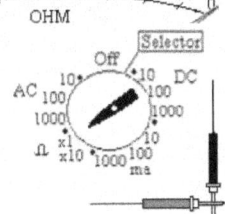

Refrigeración y Aire Acondicionado

Multímetros análogos.

Continuidad

Decimos que hay continuidad cuando la corriente puede fluir libremente, desde un punto del circuito a otro, sin interrupciones.

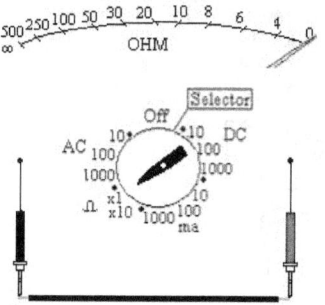

Si colocamos el selector en la escala de ohmios (x1) y tocamos los extremos de un conductor electrico, la aguja se moverá a la posición de cero.

Esto nos indica que la corriente puede fluir sin interrupciones.

El conductor, **tiene** continuidad.

La prueba de continuidad de un tramo corto de conductor no registrará una medida amplia en la escala de resistencia, porque usualmente es muy bajito su valor en Ω.

En el selector, X1, X10 y X100 son factores de multiplicación para ampliar la escala, si tiene una lectura de 20 en la escala de ohmios y el selector esta en X10, esto leerá 20 x 10 = 200Ω, si el selector esta en X100 sería 20 x 100 = 2,000Ω.

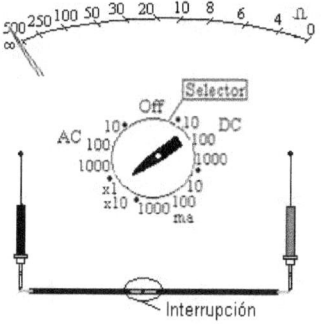

Cuando tocamos los extremos del conductor con las puntas de prueba y la aguja no se mueve (Con el selector en la escala de ohmios x1)

Esto nos indica, que la corriente no puede fluir, porque hay una interrupción.

El conductor **no tiene** continuidad.

Refrigeración y Aire Acondicionado

Multímetros análogos.

Medir voltajes.

Primero nos aseguramos que la calibración es correcta, la aguja debe estar situada sobre los ceros a la izquierda y sobre el símbolo de infinito. (Verifique y ajuste)

El Multímetro análogo tiene varias escalas de voltajes, que deben coincidir con las escalas en el selector de voltaje.

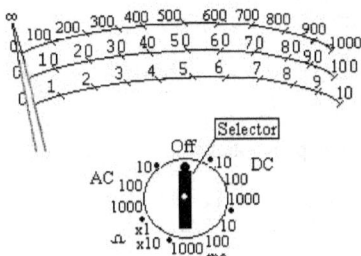

En este Multímetro hay tres escalas:
1. 0 - 10
2. 0 - 100
3. 0 - 1,000

En el selector usted escoge primero el tipo de voltaje que se medirá, A-C ó DC.
Luego la escala numérica en la que hará la medición.

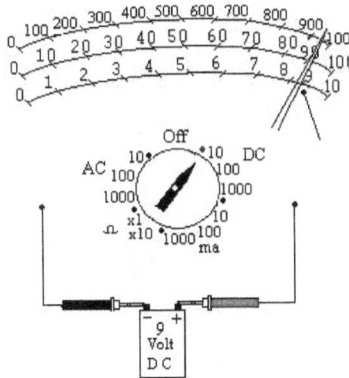

Mediremos el voltaje, en esta batería.

Esta fuente de voltaje es DC y dice que su voltaje máximo es 9 Voltios.

Como 9 Voltios caben en la escala de 10, movemos el selector de voltajes a la escala de 10, en la sección marcada para voltaje DC.

La aguja indicará el voltaje de la fuente, en la escala de 10 voltios.

Cuando desconozca el voltaje de la fuente, coloque el selector en la escala mayor y vaya bajándola hasta obtener una lectura cómoda de leer.

Refrigeración y Aire Acondicionado

Multímetros análogos.

Medir voltajes A-C.

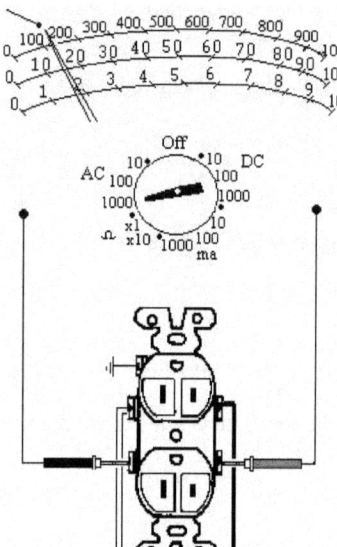

Ya usted sabe que en nuestro trabajo la fuente de voltaje principal es A-C.

Si colocamos las puntas de prueba en los terminales de este receptáculo y el circuito que lo alimenta esta correcto, entonces el voltímetro debe indicar aproximadamente 120 voltios.

(Siempre hay que contar con una caída de voltaje en las líneas eléctricas.)

Este receptáculo es para 120 voltios 15 amperes.

Puesto que 120 no cabe en la escala de 100, pondremos el selector en la escala de 1,000 voltios A-C.

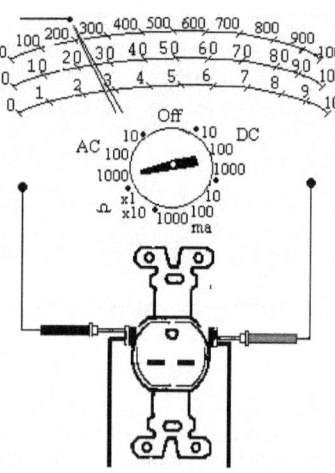

Un receptáculo 240 voltios.

Colocamos el selector en 1,000 A-C

La aguja indica 240v en la escala seleccionada.

Algunos voltímetros para electricistas traen una escala de 600 voltios, la que nos permite leer 120, 240 y 480 voltios.

Refrigeración y Aire Acondicionado

Multímetros digitales.

Lo viejo, viejo y el pasado a la historia.

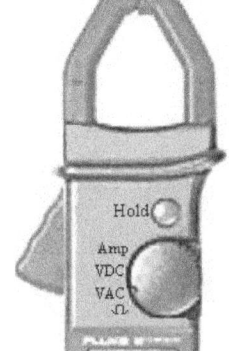

La tecnología cambia y simplifica las cosas.

Los Multímetros digitales, seleccionan la escala apropiada automáticamente.

Despliegan en pantalla el número exacto de la medición.

Pueden leer voltajes A-C y DC.

Leen amperajes de 300, 600, y 1,000 dependiendo del modelo del instrumento.

Pueden retener la lectura en memoria electrónicamente apretando el botón de "Hold"

No requieren calibración, como los análogos.

(Para servicio residencial-comercial uno de 600v-300 amperes, será suficiente.)

Diagrama en bloques de un sistema digital.

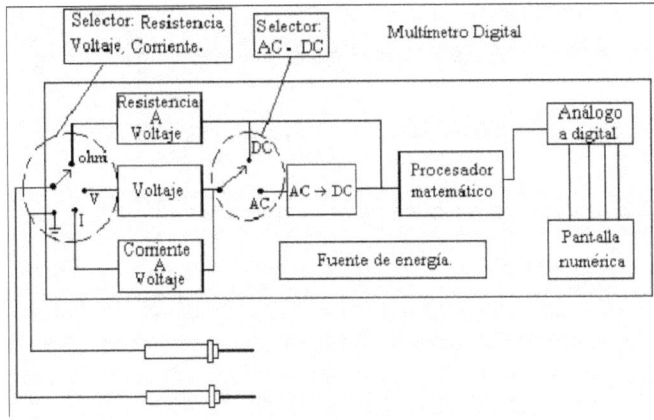

Refrigeración y Aire Acondicionado

Multímetros digitales.

Midiendo el amperaje.

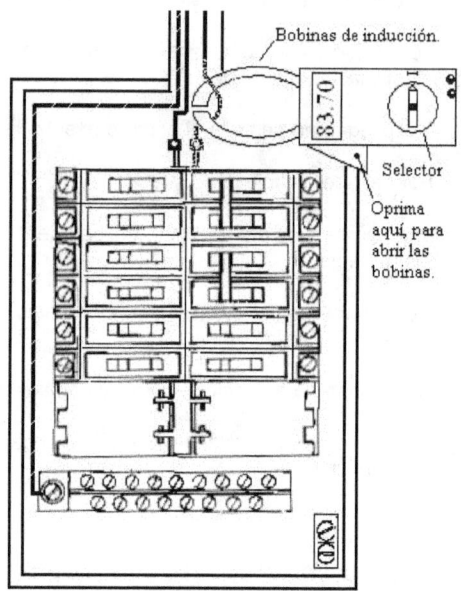

Coloque solamente una línea en el medidor de corriente.

El selector debe estar en la (I) ó en (Amp), ambas significan lo mismo.

Asegurase que las bobinas de inducción cierren correctamente.

Este sistema, apoya su funcionamiento en el principio de que la corriente al pasar por un conductor electrico, genera un campo magnético alrededor del mismo, el cual es proporcional a la cantidad de corriente que fluye.

Las bobinas del amperímetro captan este campo magnético, lo convierten y lo expresa numéricamente en una pantalla digital, como amperes.

Refrigeración y Aire Acondicionado

Multímetros digitales.

Midiendo voltaje A-C.

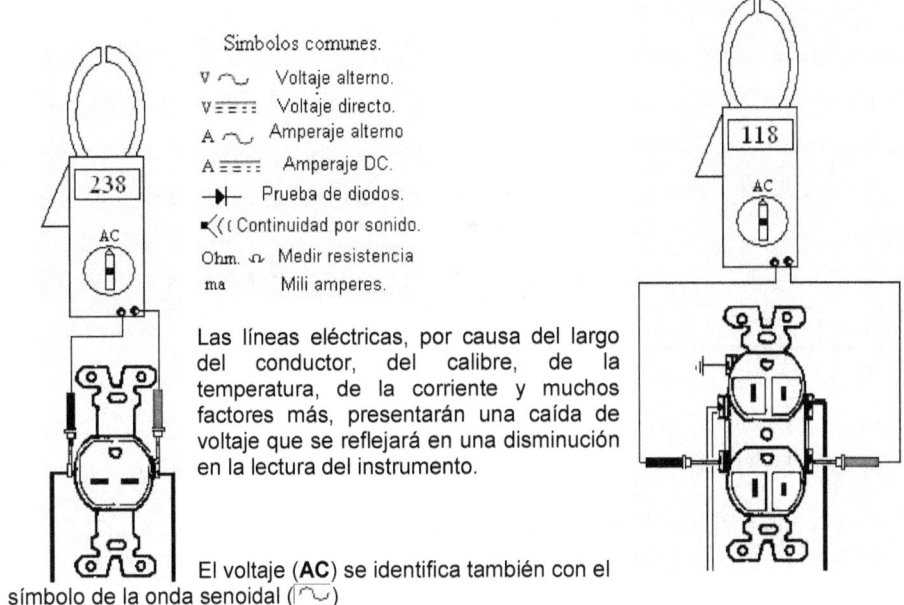

Símbolos comunes.

V ∿ Voltaje alterno.

V ⎓ Voltaje directo.

A ∿ Amperaje alterno

A ⎓ Amperaje DC.

▸|‐ Prueba de diodos.

◂((Continuidad por sonido.

Ohm. Ω Medir resistencia

ma Mili amperes.

Las líneas eléctricas, por causa del largo del conductor, del calibre, de la temperatura, de la corriente y muchos factores más, presentarán una caída de voltaje que se reflejará en una disminución en la lectura del instrumento.

El voltaje (**AC**) se identifica también con el símbolo de la onda senoidal (∿)

Midiendo Voltaje DC.

Sería ideal que nuestro Multímetro pueda medir voltaje **DC** (V ⎓) (Cuestan un poco más.)

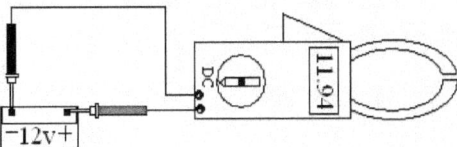

Mueva el selector a la posición DC, es importante observar la polaridad de la fuente, el terminal + con la punta de prueba +.

Refrigeración y Aire Acondicionado

Multímetros digitales.

Midiendo continuidad.

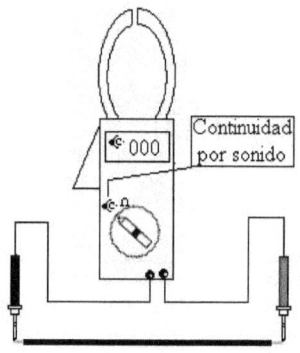

Como mencionamos en la lección anterior, las medidas de continuidad en algunos dispositivos eléctricos, como conductores e interruptores, por tener una resistencia muy bajita, no mostrarán una lectura amplia en la pantalla digital.

Los fabricantes incorporan una opción de continuidad por sonido, que es muy útil en estos casos.

Cuando movemos el selector a esta posición en la pantalla, aparecerá el símbolo de sonido ◄ semejante a éste.

Midiendo resistencia.

Para medir resistores, embobinados y otras pruebas semejantes utilice la escala de Ohmios.

Cuando mida resistores, desconéctelos del circuito primero.

Mueva el selector al símbolo de ohmios Ω.

Algunos modelos dicen (Ohm) en lugar del símbolo.

El valor de la resistencia contenida será mostrado en la pantalla digital, expresada en Ohmios

Cuando pruebe una bobina, desconecte cualquier resistor, capacitor o dispositivo conectado en serie o en paralelo con la misma.

Ultimo: Reemplace siempre el fusible del Multímetro por otro del mismo modelo y amperaje original.

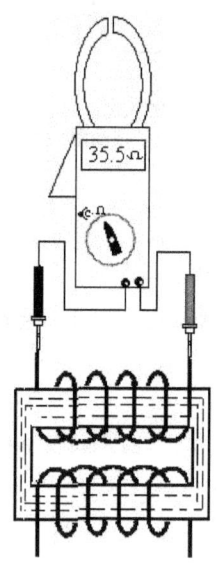

Refrigeración y Aire Acondicionado

Diferentes Multímetros.

Básicamente contamos con dos tipos de Multímetros para realizar medidas en un circuito eléctrico, el análogo y el digital.

Multímetros análogos: Tienen una aguja que se mueve a través de toda la escala, pasando por todos los números en forma ascendente o descendente hasta alcanzar el valor medido.

 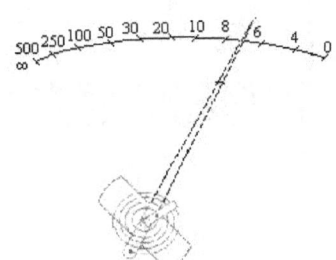

No puede saltar de un valor a otro sin pasar por toda la escala.

Multímetros digitales: Presentan en forma numérica el valor medido en una pantalla.

Los Multímetros (todos) tienen un medio de protección por fusible, instalado usualmente para proteger la escala de continuidad.

Es recomendable que nunca deje su instrumento en esta posición, mueva el selector a OFF o A-C.

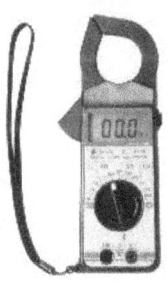

Los instrumentos digitales pueden saltar de un valor a otro sin tener que pasar por toda la escala numérica. Se les llama también (DVM) "Digital Voltmeter"

Refrigeración y Aire Acondicionado

Multímetros análogos.

Calibrando el Multímetro.

Un Multímetro debe funcionar como un instrumento de precisión y como tal, debe ser calibrado periódicamente especialmente para pruebas de continuidad.

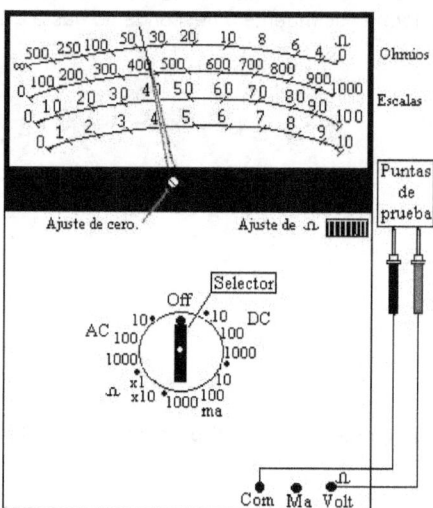

Cuando las puntas de prueba están separadas, la aguja debe estar exactamente en infinito. De no ser así, con un destornillador pequeño, mueva suavemente el <u>tornillo de ajuste de cero</u>, ¼ de vuelta a la derecha o a la izquierda, hasta que logre su posición correcta. (∞) símbolo de infinito.

Ahora ajustaremos la posición de cero ohmios.
Coloque el selector en la escala de ohm (x1) y con las puntas tocándose, mueva suavemente el botón de ajuste de Ω, hasta que logre su posición correcta en la escala.

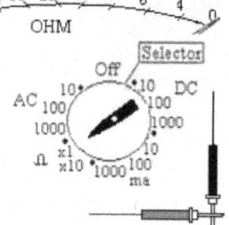

Refrigeración y Aire Acondicionado

Multímetros análogos.

Continuidad

Decimos que hay continuidad cuando la corriente puede fluir libremente, desde un punto del circuito a otro, sin interrupciones.

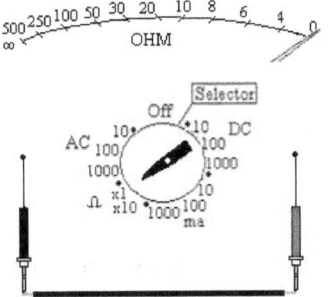

Si colocamos el selector en la escala de ohmios (x1) y tocamos los extremos de un conductor electrico, la aguja se moverá a la posición de cero.

Esto nos indica que la corriente puede fluir sin interrupciones.

El conductor, **tiene** continuidad.

La prueba de continuidad de un tramo corto de conductor no registrará una medida amplia en la escala de resistencia, porque usualmente es muy bajito su valor en Ω.

En el selector, X1, X10 y X100 son factores de multiplicación para ampliar la escala, si tiene una lectura de 20 en la escala de ohmios y el selector esta en X10, esto leerá 20 x 10 = 200Ω, si el selector esta en X100 sería 20 x 100 = 2,000Ω.

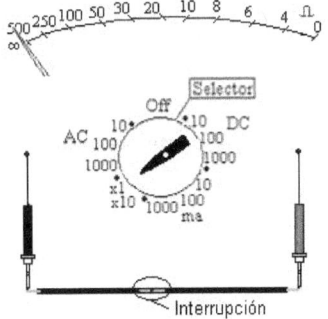

Cuando tocamos los extremos del conductor con las puntas de prueba y la aguja no se mueve (Con el selector en la escala de ohmios x1)

Esto nos indica, que la corriente no puede fluir, porque hay una interrupción.

El conductor **no tiene** continuidad.

Refrigeración y Aire Acondicionado

Multímetros análogos.

Medir voltajes.

Primero nos aseguramos que la calibración es correcta, la aguja debe estar situada sobre los ceros a la izquierda y sobre el símbolo de infinito. (Verifique y ajuste)

El Multímetro análogo tiene varias escalas de voltajes, que deben coincidir con las escalas en el selector de voltaje.

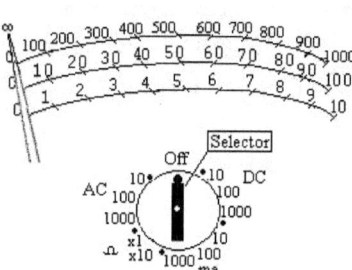

En este Multímetro hay tres escalas:
1. 0 - 10
2. 0 - 100
3. 0 - 1,000

En el selector usted escoge primero el tipo de voltaje que se medirá, A-C ó DC.
Luego la escala numérica en la que hará la medición.

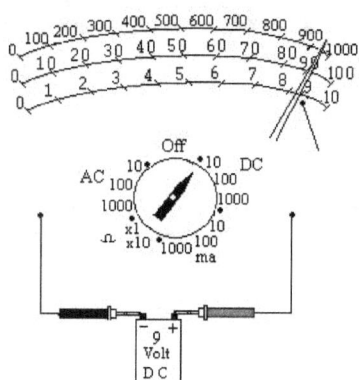

Mediremos el voltaje, en esta batería.

Esta fuente de voltaje es DC y dice que su voltaje máximo es 9 Voltios.

Como 9 Voltios caben en la escala de 10, movemos el selector de voltajes a la escala de 10, en la sección marcada para voltaje DC.

La aguja indicará el voltaje de la fuente, en la escala de 10 voltios.

Cuando desconozca el voltaje de la fuente, coloque el selector en la escala mayor y vaya bajándola hasta obtener una lectura cómoda de leer.

Refrigeración y Aire Acondicionado

Multímetros análogos.

Medir voltajes A-C.

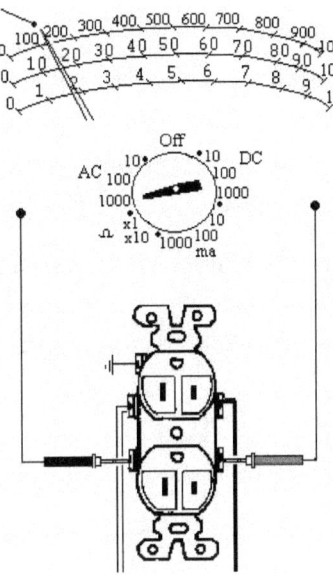

Ya usted sabe que en nuestro trabajo la fuente de voltaje principal es A-C.

Si colocamos las puntas de prueba en los terminales de este receptáculo y el circuito que lo alimenta esta correcto, entonces el voltímetro debe indicar aproximadamente 120 voltios.

(Siempre hay que contar con una caída de voltaje en las líneas eléctricas.)

Este receptáculo es para 120 voltios 15 amperes.

Puesto que 120 no cabe en la escala de 100, pondremos el selector en la escala de 1,000 voltios A-C.

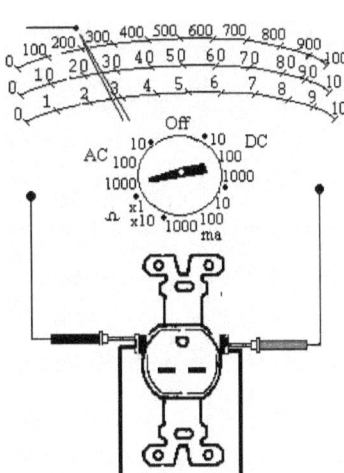

Un receptáculo 240 voltios.

Colocamos el selector en 1,000 A-C

La aguja indica 240v en la escala seleccionada.

Algunos voltímetros para electricistas traen una escala de 600 voltios, la que nos permite leer 120, 240 y 480 voltios.

Refrigeración y Aire Acondicionado

Multímetros digitales.

Lo viejo, viejo y el pasado a la historia.

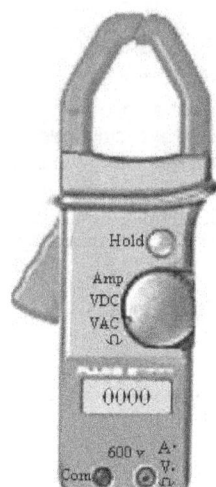

La tecnología cambia y simplifica las cosas.

Los Multímetros digitales, seleccionan la escala apropiada automáticamente.

Despliegan en pantalla el número exacto de la medición.

Pueden leer voltajes A-C y DC.

Leen amperajes de 300, 600, y 1,000 dependiendo del modelo del instrumento.

Pueden retener la lectura en memoria electrónicamente apretando el botón de "Hold"

No requieren calibración, como los análogos.

(Para servicio residencial-comercial uno de 600v-300 amperes, será suficiente.)

Diagrama en bloques de un sistema digital.

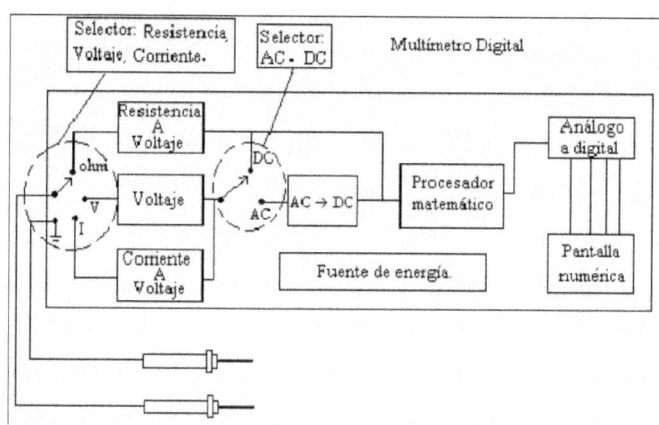

Multímetros digitales.

Midiendo el amperaje.

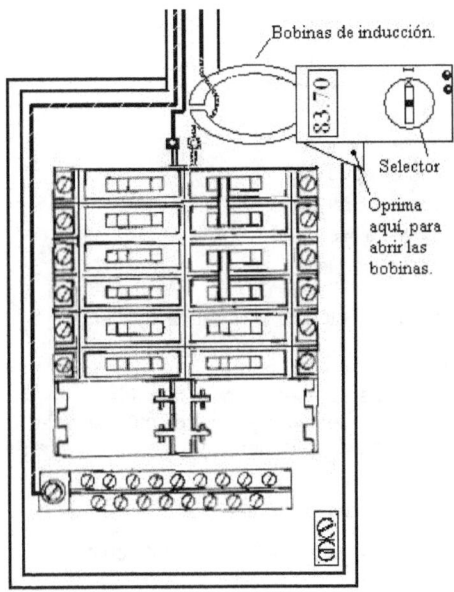

Coloque solamente una línea en el medidor de corriente.

El selector debe estar en la (I) ó en (Amp), ambas significan lo mismo.

Asegurase que las bobinas de inducción cierren correctamente.

Este sistema, apoya su funcionamiento en el principio de que la corriente al pasar por un conductor electrico, genera un campo magnético alrededor del mismo, el cual es proporcional a la cantidad de corriente que fluye.

Las bobinas del amperímetro captan este campo magnético, lo convierten y lo expresa numéricamente en una pantalla digital, como amperes.

Multímetros digitales.

Midiendo voltaje A-C.

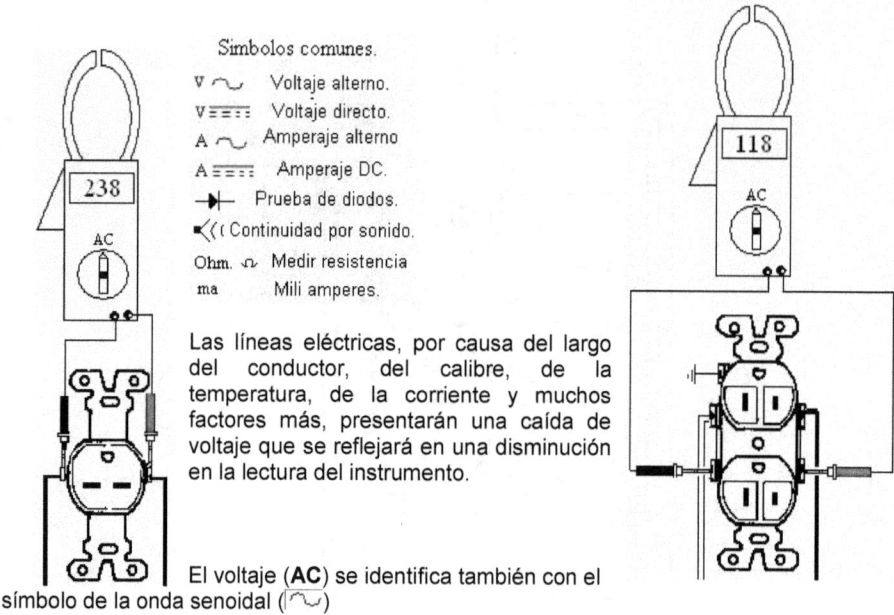

Símbolos comunes.

V ∿ Voltaje alterno.
V ≡≡ Voltaje directo.
A ∿ Amperaje alterno
A ≡≡ Amperaje DC.
⊣⊢ Prueba de diodos.
◀((Continuidad por sonido.
Ohm. ᘯ Medir resistencia
ma Mili amperes.

Las líneas eléctricas, por causa del largo del conductor, del calibre, de la temperatura, de la corriente y muchos factores más, presentarán una caída de voltaje que se reflejará en una disminución en la lectura del instrumento.

El voltaje (**AC**) se identifica también con el símbolo de la onda senoidal (∿)

Midiendo Voltaje DC.

Sería ideal que nuestro Multímetro pueda medir voltaje **DC** (V≡≡≡) (Cuestan un poco más.)

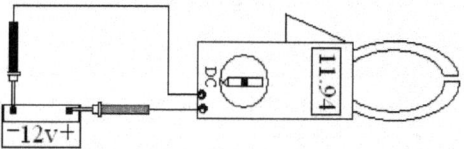

Mueva el selector a la posición DC, es importante observar la polaridad de la fuente, el terminal + con la punta de prueba +.

Refrigeración y Aire Acondicionado

Multímetros digitales.

Midiendo continuidad.

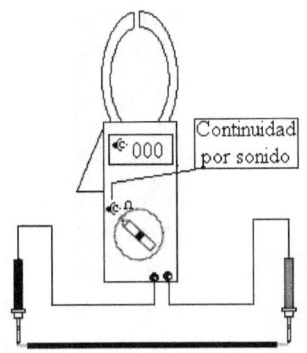

Como mencionamos en la lección anterior, las medidas de continuidad en algunos dispositivos eléctricos, como conductores e interruptores, por tener una resistencia muy bajita, no mostrarán una lectura amplia en la pantalla digital.

Los fabricantes incorporan una opción de continuidad por sonido, que es muy útil en estos casos.

Cuando movemos el selector a esta posición en la pantalla, aparecerá el símbolo de sonido ◄ semejante a éste.

Midiendo resistencia.

Para medir resistores, embobinados y otras pruebas semejantes utilice la escala de Ohmios.

Cuando mida resistores, desconéctelos del circuito primero.

Mueva el selector al símbolo de ohmios Ω.

Algunos modelos dicen (Ohm) en lugar del símbolo.

El valor de la resistencia contenida será mostrado en la pantalla digital, expresada en Ohmios

Cuando pruebe una bobina, desconecte cualquier resistor, capacitor o dispositivo conectado en serie o en paralelo con la misma.

Ultimo: Reemplace siempre el fusible del Multímetro por otro del mismo modelo y amperaje original.

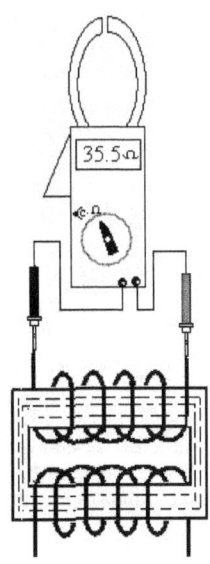

Introducción, controles electromagnéticos.

Cuando las cargas son conectadas de línea-a-línea, se exigen dispositivos de 2-polos o 3-polos capaces de desconectar todos los conductores vivos del circuito simultáneamente.

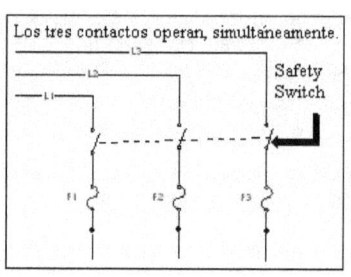 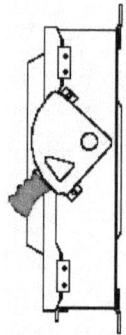

Control electromagnético, opera los tres contactos simultáneamente.

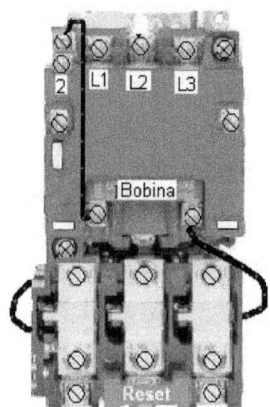 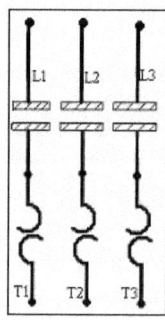

Los motores de una fase, **mayores** de dos HP que funcionan con 300 voltios o más y todos los motores de tres fases, deben ser operados a través de controles que puedan interrumpir todas las líneas vivas del circuito en un solo tiro.

Ver: NEC 99 430-109(c) (1) Motores de una fase, **menores** de dos HP con 300 voltios o menos. Pueden ser operados por interruptores de uso general apropiados.

Controles electromagnéticos.

Símbolos comunes.

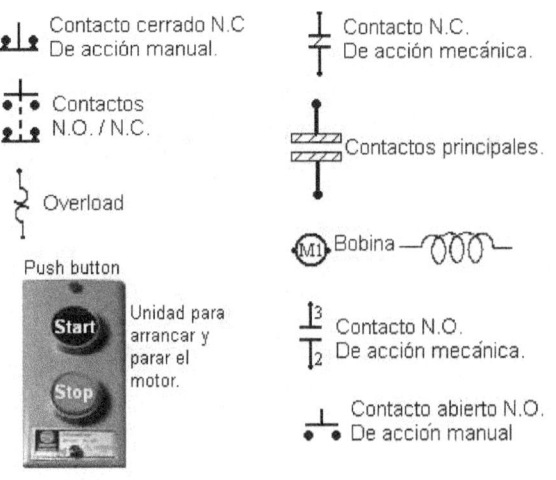

N. O. (Normalmente abierto.)   N. C. (Normalmente cerrado.)

De acción mecánica: Significa un contacto que es accionado por algún mecanismo de la maquinaría.

De acción manual: Significa un contacto que es activado con la mano.

El símbolo industrial de bobina, en la parte del centro, muestra la letra y el número del motor al cual ella controla. (M1, M2...)

El arreglo doble (N.O.) (N.C.), cuando uno cierra, el otro abre al mismo tiro.

Funcionamiento básico.

De los controles existentes en el mercado, el más comúnmente usado es el control electro-magnético.

Este dispositivo tiene su principio de funcionamiento en las leyes del electromagnetismo. Cuando se coloca una bobina en un núcleo de hierro y la bobina es energizada, el campo magnético resultante fluye a través del núcleo de hierro ocasionando que éste, se magneti- ce.

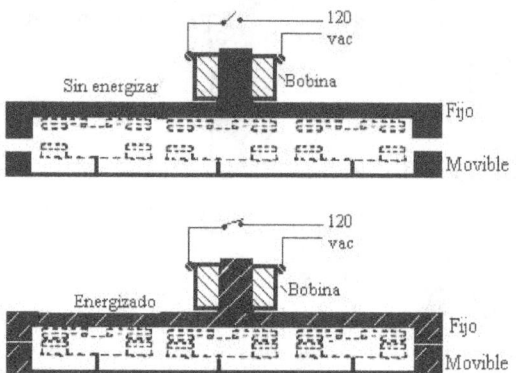

Los tres contactos están aislados unos de otros.

Utilizando este principio, si colocamos un grupo de contactos eléctricos en el núcleo fijo y otro grupo de contactos en el núcleo movible, de tal modo que el núcleo fijo al magnetizarse hale el metal magnético movible, los contactos cerraran simultáneamente.

Esta parte del control que contiene solamente la **bobina** y los **contactos principales**, se le llama:

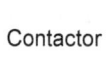 Contactor  "Main contacts unit"

Dispositivos de protección.

Un motor de uso continuo con más de 1 caballo de fuerza, se protegerá contra la carga excesiva (Overload) mediante dispositivos que se activen por temperatura o sobre corriente.

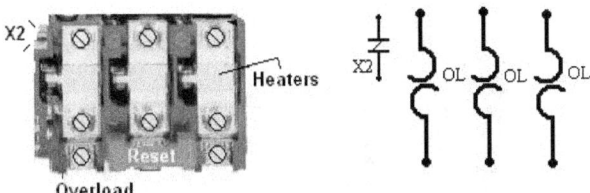

La unidad que contiene estos dispositivos de protección se llama "Unit trip".
Aquí se instalan los "heaters" que producen calor en proporción a la cantidad de corriente que pasa a través de ellos. También contiene un contacto N.C., marcado usualmente X2. Este contacto abre cuando la temperatura o la corriente sobrepasan el por ciento (%) de se- guridad del diseño. Cuando se ponen juntos, un contactor, con una unidad de "Unit trip", en- tonces tenemos un sistema de control electromagnético capaz de arrancar y proteger un mo- tor eléctrico.

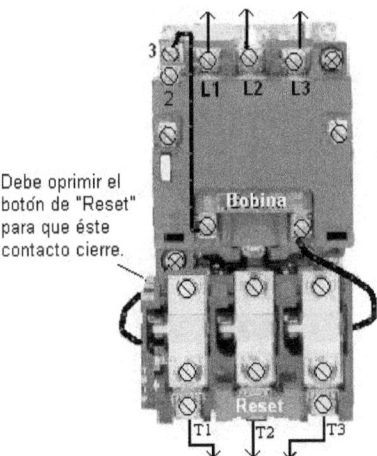

La corriente calienta los "heaters", el calor inducido por estos expande y separa los bimetales que componen los "Overloads," forzando el contacto normalmente cerrado a cambiar de estado.

Las partes que componen el control.

La ciencia de los controles electromagnéticos es fácil, consiste en conocer todas sus partes y poder identificarlas con precisión.

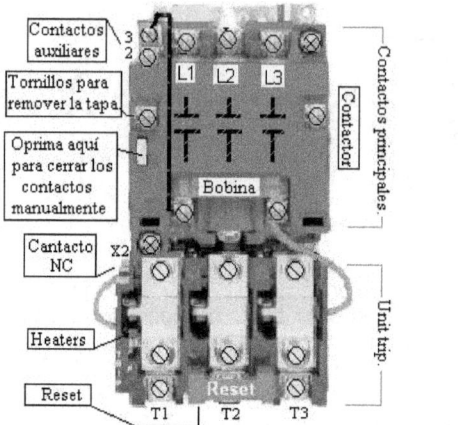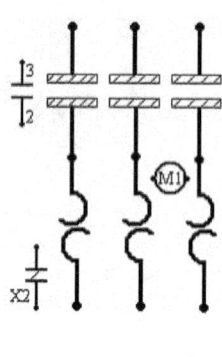

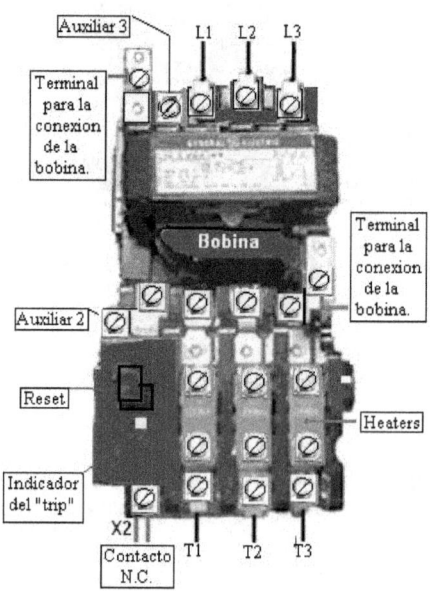

Tipos de alambrados.

El control electromagnético tiene dos tipos de alambrados:

1. Alambrado de "Power"

Es el que alimenta los contactos principales para que al cerrar, pongan en movimiento el motor.

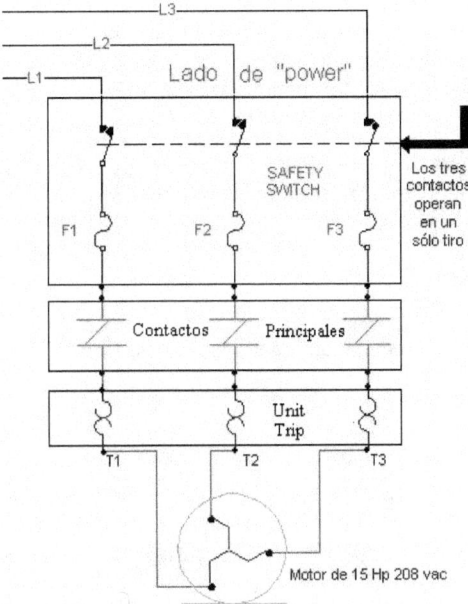

Si cerramos el "Safety switch" y forzamos los contactos principales manualmente, el motor arrancará, sin necesidad de algún medio de control adicional.

Es cierto que esta forma deja el motor sin ningún tipo de protección, pero arranca, porque el lado de "power" esta completo.

La corriente fluye desde los contactos del interruptor de seguridad hacia los fusibles. De los fusibles la corriente pasa a los contactos principales del magnético y de aquí sigue su camino hacia el motor, pasando primero por los "heaters"

Tipos de alambrados.

2. **Alambrado del sistema de control:** Este sistema permite controlar el motor desde una estación remota de "Start - Stop". También incorpora un medio de protección, el contacto X2 (N.C.)

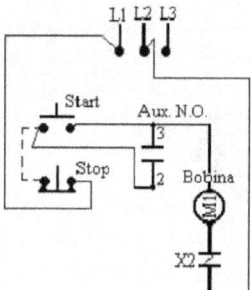

El lado de control esta compuesto por:

1. La estación de "Start - Stop"
2. La bobina.
3. El contacto auxiliar N. O.
4. El contacto X2, N. C.

Un terminal de la bobina debe coincidir siempre, con el conductor (3) de la estación remota y el terminal (3) del contacto auxiliar.

Alambre primero la estación remota, en orden, de A hasta D.

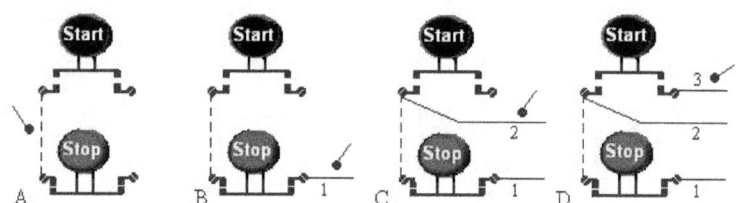

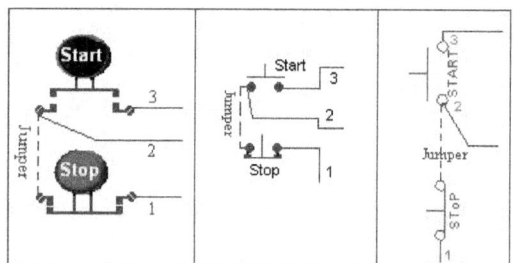

Visto el diagrama, de diferentes formas.

Controles electromagnéticos.

Preparando el magnético.

1. Instale un conductor, desde un terminal de la bobina, hasta un terminal del interruptor X2. (Puede conectarse a cualquiera de los dos tornillos)

2. El otro tornillo del contacto X2 lo conectará directamente al terminal marcado L2 en el magnético.

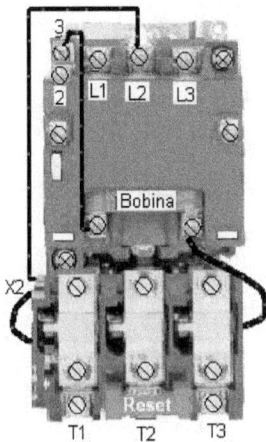 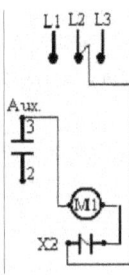

3. Instale un conductor desde el otro terminal de la bobina, hasta el contacto auxiliar marcado número 3.

4. Para proceder con la conexión de la unidad remota, identifique el terminal L1, y el contacto auxiliar marcado con los números 2 y 3 en el magnético.

Los terminales principales, comúnmente tienen tornillos auxiliares más pequeños, provistos para la conexión de los conductores de control y otros usos.

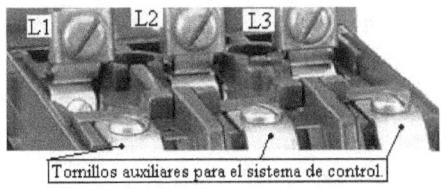

Tornillos auxiliares para el sistema de control.

375

Controles electromagnéticos

Instalando el alambrado del magnético.

1. Instale el terminal marcado 3 de la unidad remota, al terminal número 3 en el contacto auxiliar del magnético.
2. Instale el terminal marcado 2 de la unidad remota, al terminal número 2 del contacto auxiliar.
3. Instale el terminal 1 de la unidad remota, al terminal marcado L1 del control electromagnético.
4. Instale el alambrado de las líneas principales en los terminales L1, L2 y L3.
5. Instale el motor en los terminales T1, T2 y T3

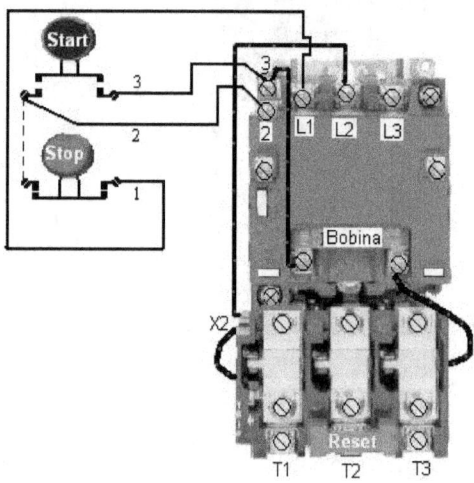

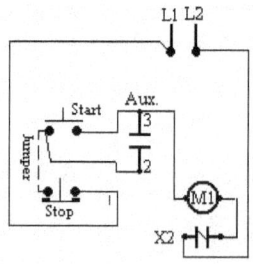

Un terminal de la bobina debe coincidir siempre, con el conductor (3) de la estación remota, y el terminal (3) del contacto auxiliar.

El "Safety switch" y el control electromagnético deben estar en un área común, lo más cerca posible del motor.

Controles electromagnéticos.

Plano esquemático.

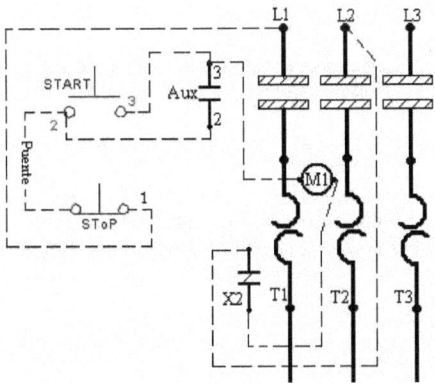

Otro control electromagnético, instalado siguiendo los mismos pasos.

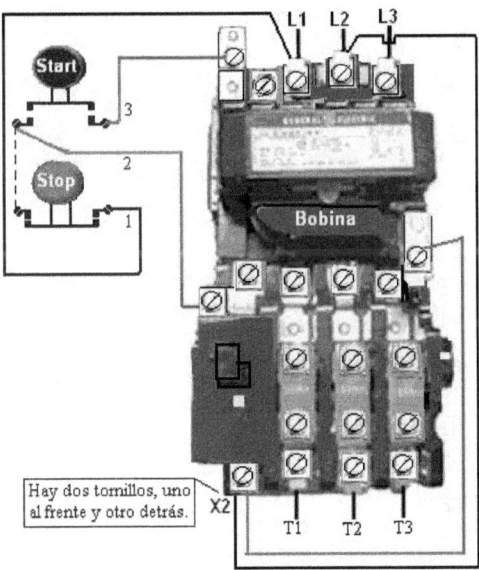

Tablas para determinar la corriente de los motores eléctricos, a plena carga.

Tabla 430-148		
Motores monofásicos		
HP	120V	240V
1/6	4.4	2.2
¼	5.8	2.9
1/3	7.2	3.6
½	9.8	4.9
3/4	13.8	6.9
1	16	8
1 ½	20	10
2	24	12
3	34	17
5	---	28
7	---	40
1/2	---	50
10		

Busque la placa del motor eléctrico de una fase y anote el voltaje de funcionamiento y los (HP) según el fabricante.

La placa del motor dice, 1 HP, 240 voltios.

Busque en la columna de la izquierda (1hp) y corra a la derecha hasta la columna de 240 voltios, donde se cruzan ambas columnas esta es la corriente del motor, 8 amperes.

Tabla 430 - 150			
Motores trifásicos			
HP	208	240	480
½	2.4	2.2	1.1
¾	3.5	3.2	1.6
1	4.6	4.2	2.1
1½	6.6	6.0	3.0
2	7.5	6.8	3.4
3	10.6	9.6	4.8
5	16.7	15.2	7.6
7 ½	24.2	22	11
10	30.8	28	14
15	46.2	42	21
20	59.4	54	27
25	74.8	68	34
30	88	80	40
40	114.4	104	52
50	143	130	65
60	169.4	154	77
75	211.2	192	96
100	273	248	124

Busque la placa del motor eléctrico de tres fases y anote el voltaje de funcionamiento y los (HP) según el fabricante.

La placa del motor dice, 7½ HP, 480 voltios.

Busque en la columna de la izquierda (7½ hp) y deslícese a la derecha, hasta la columna de 480 voltios, donde se cruzan ambas columnas esta es la corriente del motor, 11 amperes.

Estas tablas son para facilitar el estudio en el salón de clases, en su trabajo profesional utilice las tablas de Código Eléctrico y el Reglamento Complementario.

Controles electromagnéticos.

Calculando los conductores y los "Overloads".

NEC.99 Artículo 430-32 (1). Motores de uso constante:
Cada motor con más de 1 caballo de fuerza, se protegerá contra la carga excesiva mediante un dispositivo de "Overload" el cual funciona por sobrecarga o calor.

Usando las tablas 430- 148 ó 150 anote la corriente **a plena carga** del motor (It).
Multiplique la (It) por el % que corresponde según las tres alternativas abajo.

Los motores con un factor de servicio no menor de 1.15----------------- 125%
Los motores con una temperatura marcada no mayor de 40°C-------- 125%
Todos los otros motores--115%

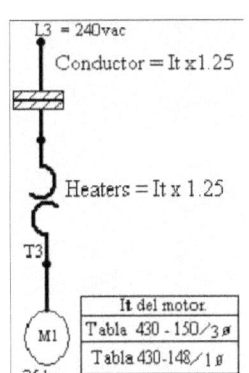

Motor trifásico de 25 HP, 240V, con un factor de servicio de 1.15 (Según la placa.)

Vamos a la tabla 430-150 y encontramos una It de (68) amperes. (Página 306)

La primera alternativa nos dice, que para un factor de servicio de 1.15 usemos (125%)

OL = It x 1.25
OL = 68 x 1.25
OL = 85 amperes

La corriente que tendrá que soportar el conductor eléctrico es la misma que se calculó para el OL.

Vamos a la tabla 310-16 del NEC para buscar un conductor que soporte 85 amperes a una temperatura de 194° F y con un aislador THWN que puede soportar algo de humedad.

Conforme a esta consulta, debemos usar AWG # 4.

Estas tablas son solamente para facilitar el estudio en el salón de clases.

Tabla 310-16

A W G	90° C 194° F THHN, THW, RHW, THWN, USE
12	20
10	30
8	55
6	75
4	95
2	110
1/0	170

Controles electromagnéticos.

Tablas para determinar el "Size" del control electromagnético.

¾ Determine los HP del motor y el voltaje, según la placa del fabricante.

¾ En las dos columnas de la derecha, escoja el voltaje y los HP del motor, deslícese hacia la izquierda y encontrara el "Size" correcto.

NEMA Size	H.P. del motor 1Ø	
	120 V	240 V
00	½	1
0	1	2
1	2	3
1½	3	5
2	---	7½
3	---	15

NEMA Size	H.P. del motor. 3Ø		
	208 V	240 V	480 V
00	1½	1½	2½
0	3	3	5
1	7½	7½	10
2	10	15	25
3	25	30	50
4	40	50	100
6	150	200	400
7	----	300	600
8	----	450	900
9	----	800	1,600

Un motor de 1Ø 120V 2 HP, utilizará para su arranque un control "Size" (1)

Un motor de 1Ø 240V 7½ HP, utilizará para su arranque un control "Size" (2)

Un motor de 3Ø 240V 30 HP, utilizará para su arranque un control "Size" (3)

Un motor de 3Ø 480V 100 HP, utilizará para su arranque un control "Size" (4)

Estas tablas son para facilitar el estudio en el salón de clases, en su trabajo profesional utilice las tablas de Código Eléctrico y el Reglamento Complementario.

www.ingramcontent.com/pod-product-compliance
Lightning Source LLC
Chambersburg PA
CBHW051850170526
45168CB00001B/43